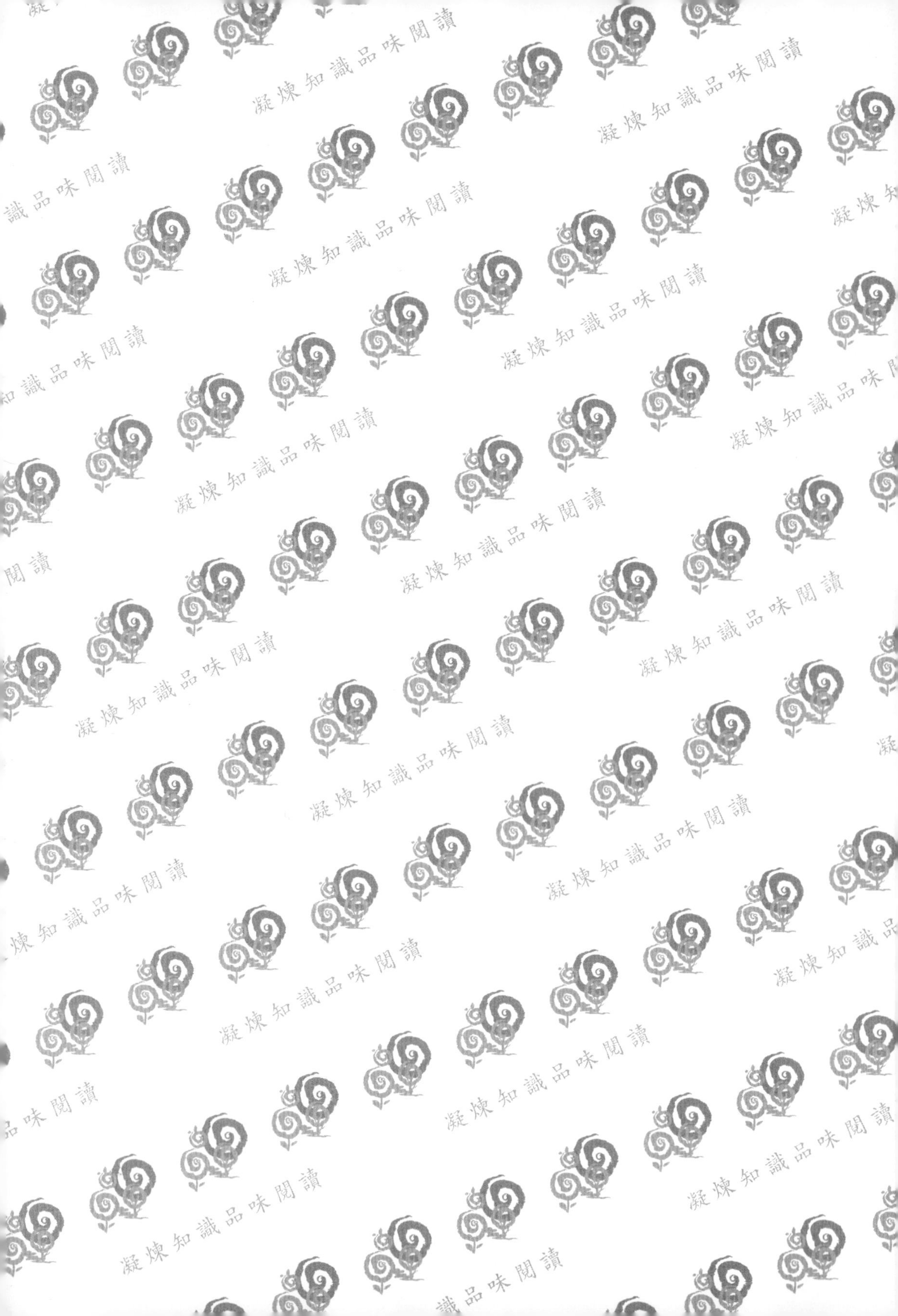
凝煉知識品味閱讀

普通數學

General Mathematics

●林原宏、謝闓如　主編

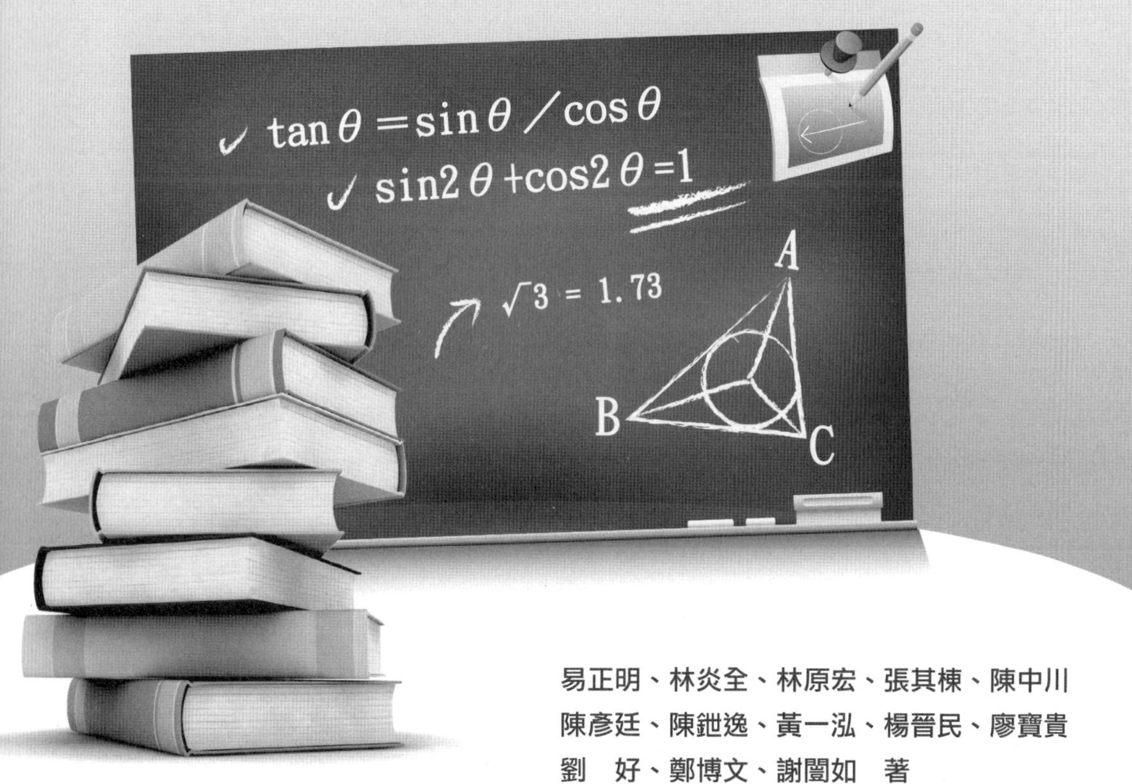

易正明、林炎全、林原宏、張其棟、陳中川
陳彥廷、陳鉗逸、黃一泓、楊晉民、廖寶貴
劉　好、鄭博文、謝闓如　著

五南圖書出版公司 印行

校長序

本校創校歷史悠久，以師資培育為根本，向來為國民小學師資培育的重鎮。本於「良師興國」的教育使命，本校多年來培育優質國民小學教師，成為國家發展與社會人才培育的基石。本校數學教育學系是非常具有特色的學系，以培育國民小學數學教育專業的師資人才為職志，並且不斷為數學教育的學術發展與社群服務努力，該系教師團隊在數學教育學術研究、教學及專業服務方面著有績效。近年來國民小學教師的數學教學專業能力廣受重視，「數學教材教法」和「普通數學」是國民小學師資培育重要的數學教育專業課程，前者旨在增進數學教學內容知識（mathematics pedagogical content knowledge），後者期能提升數學內容知識（mathematics content knowledge）。本校數學教育學系教師團隊已於幾年前撰寫完成《數學教材教法》一書，並已由五南圖書公司出版。為求數學教育師資培育用書之完備，數學教育學系教師團隊繼續努力，於教學研究與輔導服務忙碌之餘，現由林原宏、謝闓如兩位老師擔任主編，規劃該系教師團隊共同撰寫並完成本書，可作為國小教師數學教學專業培育之參考，渠等敬業與專業的態度，令人非常敬佩。本書係為國小數學教學專業培育之重要用書，故樂為序並推薦，個人亦深感欣慰且與有榮焉。

王如哲

國立臺中教育大學　校長

序

數學為科學之母，也是科學與科技發展的基礎，且國民的數學能力常被國際上視為國家人才素質的指標之一。國小數學是數學學習的啟蒙階段，國小教師的數學能力素養直接或間接影響學童的數學學習成就。「普通數學」科目是國小職前教師培育的重要科目之一，主要在涵養職前教師的數學內容知識。本系曾於 1998 年編撰《普通數學》一書，該書是國內各大學國小師資培育課程常用的教科書。但由於近年來高中數學課程變革頗大，該書已不適用，本系教師本於國小數學師資培育之責，遂提議重新編寫《普通數學》，以供國小師資培育課程之用。此外，職前教師的數學能力是近年來師資培育的焦點，我國自 2014 年起，國小教師資格檢定考試已將「數學能力測驗」列為檢定的科目。因此，本系重新編寫這本《普通數學》，除了提供國小職前師資培育課程使用之外，亦適合職前教師做為數學內容的自習。

本書首先介紹基礎邏輯與集合，強化讀者之數學思考能力，其後再分別依照數學概念先後順序加以說明，包含：數系、數的計算、坐標系統、多項式、函數、直線方程式、曲線方程式、空間中的平面與直線、證明、幾何圖形、解析幾何級數、指數函數與對數函數、排列與組合、機率與統計、三角函數等共計 17 章。本書所涵蓋的內容頗多，可符合國小職前教師數學知識所需。授課教師可依課程內容需要，選擇授課的章節；而做複習之用的職前教師，亦可根據本身數學知識，決定研讀的章節。

本書之撰寫者（依姓名筆劃排序）為易正明、林炎全、林原宏、張其棟、陳中川、陳彥廷、陳鉗逸、黃一泓、楊晉民、廖寶貴、劉好、鄭博文和謝闓如等 13 位教師，皆為國立臺中教育大學數學教育學系之專兼任教師，採個別執筆，集體修訂之方式執行，成稿雖經多次校訂，難免仍有疏漏之處，尚祈學界先進不吝指正。

林原宏　謝闓如

國立臺中教育大學　數學教育學系

目　錄

第 1 章 基礎邏輯與集合

【教學目標】

- 能了解邏輯符號的意義及其性質
- 能了解有效論證的意義及判斷方法
- 能了解集合的表示法以及相關的集合概念
- 能了解集合的基本運算並熟悉它們的符號
- 能了解集合基本運算的性質

1.1 邏輯符號

邏輯是除去事物的表象，而研究事物的本身結構及其相互關係的一門學問，它不僅能培養我們發現問題的能力，亦能訓練我們推理思考與解決問題的能力，因此邏輯是數學學習上不可或缺的一項基本工具。在本節中我們將介紹基礎的邏輯符號及其性質，而在 1.2 節中我們將介紹有效論證。

1.1.1 敘述

句子是語言運用的基本單位，若依照用途或功能分類，可以簡單分為直述句、疑問句、祈使句和感嘆句四種。而「能夠客觀辨別真假的直述句」，我們才稱之為「敘述」。例如：

(a)小明長的很高。

(b)小明身高超過 180 公分。

(c)你吃飽了嗎？

(d)上課請不要吃東西。

(e)今天的夕陽好美喔！

其中，(a)和(b)是直述句，(c)是疑問句，(d)是祈使句，(e)是感嘆句；而(a)雖然是直述句但卻無法客觀決定其真假，所以(a)不是敘述，相反的，(b)可以明確地知道其真假，所以(b)是敘述。

如果一個敘述所表述的內容與事實完全相符，我們就稱此敘述為「真（ture）」，否則就稱此敘述為「假（false）」。因為敘述是可客觀辨別真假的句子，因此，一個敘述不是真的便是假的，不會有既不真也不假這種模稜兩可的情形。

句子若依照結構分類，則可以分成單句和複句兩種。單句是最小單位的句子，在邏輯學上，通常以英文字母 P、Q、R、…來表示單句；複句（或稱複合敘述）則是由兩個或兩個以上的單句合起來所構成的一個比較複雜的句子，而將這些單句合起來的字詞則稱為「語句連詞」，以下將介紹常用的語句連詞及其性質。

1.1.2 否定敘述

給定一個敘述，我們可以述說一個新的敘述，使其真、假與原敘述正好相反，此新的敘述稱為原敘述的「否定敘述」，例如：

(a)「小明今天上課遲到」的否定敘述是「小明今天上課沒有遲到」。

(b)「所有的學生都認識校長」的否定敘述是「有些學生不認識校長」。

注意：「這隻狗的毛是黑的」的否定敘述不是「這隻狗的毛是白的」。「這隻狗的毛是黑的」的否定敘述為何？留給讀者自行思考。

假若 P 代表一個敘述，則我們以「～P」表示其否定敘述。因為否定敘述和原敘述間正好真假相反，因此，P 與～P 間的真假關係如表 1.1 所示。表中「T」表示「真」，「F」表示「假」，而此種列舉各敘述間的真假關係的表稱做「真值表」。

表 1.1　否定敘述～P 的真值表

P	～P
T	F
F	T

1.1.3　連言

將兩個敘述用「而且」、「並且」、「和」、「與」、「但是」、…等類似的連接詞連接起來，其所形成的敘述稱為這兩個敘述的「連言」，而此個別的兩個敘述則稱為此一連言敘述的「連言因子」。例如：

(a)牛頓是英國人而高斯是德國人。

(b)大一學生必須選修國文和英文。

(c)$2+3=5$ 而 $2\times3=6$。

上述三句都是連言，其中(a)的兩個連言因子是「牛頓是英國人」以及「高斯是德國人」；(b)的連言因子是「大一學生必須選修國文」以及「大一學生必須選修英文」；(c)的連言因子是「$2+3=5$」以及「$2\times3=6$」。

一個連言敘述要為真，必須其連言因子皆為真，若連言因子中至少有一個為假，則其所形成的連言敘述就為假。例如：

「$2+3=5$ 而 $2\times3=6$」是真（正確）的；

「$2+3=5$ 而 $2\times3=5$」是假（錯誤）的。

若以P、Q分別代表兩個敘述，則我們以符號「$P\wedge Q$」來表示其連言，其中 P、Q 即為此連言的連言因子，而連言 $P\wedge Q$ 的真值表則如表 1.2 所示。

表 1.2　連言 $P\wedge Q$ 的真值表

P	Q	$P\wedge Q$
T	T	T
T	F	F
F	T	F
F	F	F

1.1.4 選言

將兩個敘述用「或」、「或者」、…等類似的連接詞連接起來，其所形成的敘述稱為這兩個敘述的「選言」，而此個別的兩個敘述則稱為此一選言敘述的「選言因子」。例如：

(a)小明或小華喜歡打籃球。

(b)大二學生可以選修日文或法文。

(c)$x>3$ 或者 $x=3$。

上述三句都是選言，其中(a)的選言因子是「小明喜歡打籃球」以及「小華喜歡打籃球」；(b)的選言因子是「大二學生可以選修日文」以及「大二學生可以選修法文」；(c)的選言因子是「$x>3$」以及「x

＝3」。

一個選言要為真，只要其中一個選言因子為真就為真，若選言因子皆為假，則其所形成的選言就為假。若以P、Q分別代表兩個敘述，則我們以符號「P∨Q」來表示其選言，其中 P、Q 即為此選言的選言因子，而選言 P∨Q 的真值表則如表 1.3 所示。

表 1.3　選言 P∨Q 的真值表

P	Q	P∨Q
T	T	T
T	F	T
F	T	T
F	F	F

1.1.5　條件句

兩個敘述P、Q，若用「如果P，則Q」或者「假若P，則Q」或者其它類似的字詞連接起來，所形成的敘述稱之為「條件句」，其中介於「如果」和「則」之間的敘述 P 稱為此條件句的「前件」，在「則」後面的敘述Q稱之為「後件」。例如：

(a)若是傍晚下雨，我就開車送你回家。

(b)只要今天天氣晴朗，我們就去爬山。

(c)如果x是偶數，則x可被 2 整除。

上述三句都是條件句，其中條件句(a)的前件是「傍晚下雨」，後件是「我開車送你回家」；條件句(b)的前件是「今天天氣晴朗」，後件是「我們去爬山」；條件句(c)的前件是「x是偶數」，後件是「x可被 2

整除」。

以敘述P作為前件、敘述Q作為後件所形成的條件句，我們用符號「P→Q」來表示。一個條件句，若前件為真後件為假，則此條件句為假，而在其餘的三種情形，此條件句皆為真，其真值表如表 1.4 所列。

表 1.4 條件句 P→Q 的真值表

P	Q	P→Q
T	T	T
T	F	F
F	T	T
F	F	T

當條件句 P→Q 成立時（也就是說當 P→Q 是真話時），則我們稱「前件 P 語句涵蘊後件 Q」，並且稱「前件 P 是後件 Q 的充分條件」、「後件 Q 是前件 P 的必要條件」。舉例來說：

因為「如果$x=2$，則$x^2=4$。」是一句為真的條件句，

所以我們可以說「$x=2$語句涵蘊$x^2=4$」，同時也可以說「$x=2$是$x^2=4$的充分條件」、「$x^2=4$是$x=2$的必要條件」。

更淺顯的說，「P語句涵蘊Q」所表示的意思是：後件Q所敘述的內容並未超出前件P的內容，亦即，前件P隱含著後件Q，只是未明白說出而已；因此「P是Q的充分條件」所表達的意思是說：有了P這個條件以後Q就會成立；而「Q是P的必要條件」所表達的意思則是說：P成立最少需要Q這個條件，但有了Q也不一定保證P會成立。

1.1.6 雙條件句

將兩個條件句「P→Q」、「Q→P」用連言加以連接，所形成的複合敘述稱為「雙條件句」，以符號「P↔Q」表示之，在數學上通常讀作「P 若且唯若（if and only if）Q」，例如：

「如果 x 是偶數，則 x 可被 2 整除；而且，如果 x 可被 2 整除，則 x 是偶數。」是雙條件句，並且可以簡寫成「x 是偶數若且唯若 x 可被 2 整除。」

一個雙條件句 P↔Q 要為真必須 P→Q 和 Q→P 皆為真，而此情形只有在 P、Q 同時為真或同時為假時才會發生，因此，當兩個敘述 P、Q 真假各一時，雙條件句 P↔Q 為假，是故 P↔Q 的真值表可表列成表 1.5。

表 1.5　雙條件句 P↔Q 的真值表

P	Q	P↔Q
T	T	T
T	F	F
F	T	F
F	F	T

當雙條件句 P↔Q 成立時（也就是說當 P↔Q 是真話時），則條件句 P→Q 和 Q→P 皆成立；由 P→Q 成立可知 P 是 Q 的充分條件；而由 Q→P 成立可知 P 是 Q 的必要條件；所以我們通常合併起來說「P 是 Q 的充分且必要條件」，並簡稱為「P 是 Q 的充要條件」。同理，

此時「Q 也是 P 的充要條件」。舉例來說：

「x是偶數若且唯若x可被 2 整除」是一句為真的雙條件句，所以我們說「x是偶數是x可被 2 整除的充要條件」，也可以說「x可被 2 整除是x是偶數的充要條件」。

1.1.7 邏輯等值

當兩個敘述的真假情形皆相同時，我們稱這兩個敘述「邏輯等值」，並以符號「≡」表之。例如：在 P、Q 的四種不同的真假情形下，P→Q和～P∨Q皆對應相同的真假值（如表 1.6 中第 3 行和第 5 行所示），因此 P→Q 和～P∨Q 邏輯等值，以 P→Q≡～P∨Q 表之。

表 1.6 「P→Q≡～P∨Q」

P	Q	P→Q	～P	～P∨Q
T	T	T	F	T
T	F	F	F	F
F	T	T	T	T
F	F	T	T	T

（相同）

一些常用的邏輯等值的敘述如表 1.7 所列，其中前六個邏輯等值關係是語句連詞「～、∧、∨」的代數性質。

表 1.7　常用的邏輯等值關係

1	雙重否定律（laws of double negation）	$\sim\sim P\equiv P$
2	交換律（commutative laws）	$P\wedge Q\equiv Q\wedge P$ $P\vee Q\equiv Q\vee P$
3	結合律（associative laws）	$(P\wedge Q)\wedge R\equiv P\wedge(Q\wedge R)$ $(P\vee Q)\vee R\equiv P\vee(Q\vee R)$
4	冪等律（idempotent laws）	$P\wedge P\equiv P$ $P\vee P\equiv P$
5	分配律（distributive laws）	$P\wedge(Q\vee R)\equiv(P\wedge Q)\vee(P\wedge R)$ $P\vee(Q\wedge R)\equiv(P\vee Q)\wedge(P\vee R)$
6	狄摩根律（DeMorgan's laws）	$\sim(P\wedge Q)\equiv\sim P\vee\sim Q$ $\sim(P\vee Q)\equiv\sim P\wedge\sim Q$
7	異質位換律（law of contraposition）	$P\to Q\equiv\sim Q\to\sim P$
8	條件句與選言的等值律	$P\to Q\equiv\sim P\vee Q$
9	雙條件句與條件句的等值律	$P\leftrightarrow Q\equiv(P\to Q)\wedge(Q\to P)$
10	雙條件句與選言的等值律	$P\leftrightarrow Q\equiv(P\wedge Q)\vee(\sim P\wedge\sim Q)$
11	移出律（law of exportation）	$P\to(Q\to R)\equiv(P\wedge Q)\to R$

在表 1.7 中，每一個邏輯等值的關係都可以用真值表的方式證明，舉例來說：

P	Q	R	Q∨R	P∧(Q∨R)	P∧Q	P∧R	(P∧Q)∨(P∧R)
T	T	T	T	T	T	T	T
T	T	F	T	T	T	F	T
T	F	T	T	T	F	T	T
T	F	F	F	F	F	F	F
F	T	T	T	F	F	F	F
F	T	F	T	F	F	F	F
F	F	T	T	F	F	F	F
F	F	F	F	F	F	F	F

（相同）

所以，P∧(Q∨R)≡(P∧Q)∨(P∧R)。

P	Q	P→Q	～Q	～P	～Q→～P
T	T	T	F	F	T
T	F	F	T	F	F
F	T	T	F	T	T
F	F	T	T	T	T

（相同）

所以，P→Q≡～Q→～P。

P	Q	$P\wedge Q$	$\sim(P\wedge Q)$	$\sim P$	$\sim Q$	$\sim P\vee\sim Q$
T	T	T	F	F	F	F
T	F	F	T	F	T	T
F	T	F	T	T	F	T
F	F	F	T	T	T	T

（相同）

所以，$\sim(P\wedge Q)\equiv\sim P\vee\sim Q$。其它未列出的證明，留給讀者自行練習。

1.2 有效論證

1.2.1 論證

在日常生活中我們經常會為自己的主張（結論）提出理由（前提）來說服別人接受該主張，例如：

天空烏雲密布，等一下應該會下雨。（前提）

所以，你最好攜帶雨傘出門。（結論）

類似地，在數學的問題解決上，我們也經常藉由一些公設、定義、定理或已知的事實，推論出一個結論，例如：

在$\triangle ABC$中，$\overline{AB}$與$\overline{AC}$等長。
等腰三角形的底角必相等。 }（前提）

所以，在此$\triangle ABC$中，$\angle B=\angle C$。（結論）

上述兩個例子的論述都是由前提與結論所構成，像這種由前提與結論所構成的一段論述，我們稱之為論證，更明確地說，所謂的「論證」

乃是由若干個敘述作為前提以及一個敘述作為結論所構成的推理方式，其中「前提」是說明證據或理由的敘述，而「結論」則是前提所支持的敘述。

1.2.2 有效論證與無效論證

論證的功用之一是要說服別人接受你的結論或主張，當論證所提的理由足以說服他人接受該論證的結論時，我們才稱之為有效論證，而要達成此一目的，必須要前提的真能夠保證結論的真，也就是說，不能有前提皆真而結論為假的情形發生，而要特別注意的是，在判斷是否會有前提皆真而結論為假的情形發生時，也不是單純地看論證中前提與結論敘述的真假，必須要看的是論證的結構（形式），針對這樣的論證結構，判斷是否前提的真能夠真正地保證結論的真，所以更精確地說，一個論證是「有效論證」必須「與此論證同其形式的所有論證，皆不會有前提皆真而結論為假的情形發生」，相反的，當「與此論證同其形式的論證中，有前提皆真而結論為假的可能」時，我們就稱為「無效論證」。以下茲舉數例以說明之。

例 1　有一論證如下：

「如果下雨，則室外球場的地面是濕的。剛剛下雨了，所以室外球場的地面是濕的。」

試判斷此論證是否為有效論證。

解： 分析其結構可知，此論證的形式為

$P \to Q$

P

$\therefore Q$

而由 $P \to Q$ 的真值表可知，在「$P \to Q$」和「P」皆為真的情況下，保證「Q」也是真的，因此與此論證同其形式的所有論證，皆不會有前提真而結論假的情形發生，所以此論證是一個有效論證。

例 2　有一論證如下：

「如果地球暖化的現象確實存在，則北極的冰帽就會逐漸融化。北極的冰帽正逐漸在融化，所以地球暖化的現象確實存在。」

試判斷此論證是否為有效論證。

解： 分析其結構可知，此論證的形式為

$P \to Q$

Q

$\therefore P$

而與此論證同其形式的論證有前提真而結論假的可能，例如：

如果 18 能被 4 整除，則 18 能被 2 整除。（真）

18 能被 2 整除。（真）

所以，18 能被 4 整除。（假）

所以此論證是一個無效論證。

例 3 有一論證如下：

「所有的偶數都是整數。所有的整數都是有理數。所以所有的偶數都是有理數。」

試判斷此論證是否為有效論證。

解： 分析其結構可知，此論證的形式為

所有的 A 都是 B。

所有的 B 都是 C。

∴所有的 A 都是 C。

若以集合的概念並以文氏圖（Venn diagram，參見 1.3.10 節）來表現前提的兩個敘述，則可得下圖。

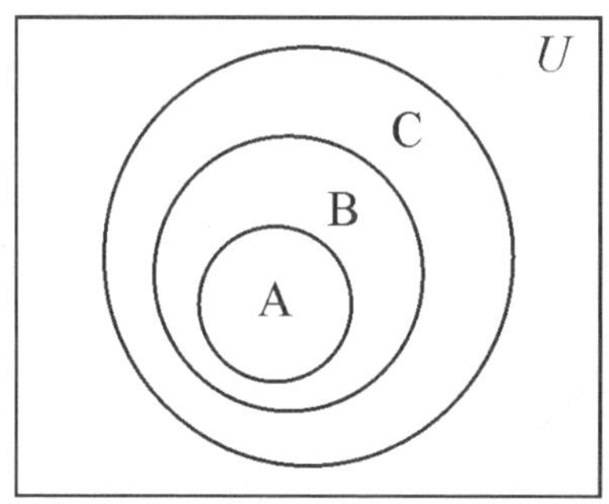

由此圖可知當此論證的兩個前提都成立時，必定保證所有的 A 也都是 C，換句話說，與此論證同其形式的所有論證，皆不會有前提真而結論假的情形發生，所以此論證是一個有效論證。

例 4　有一論證如下：

「所有的鯨魚都是哺乳類動物。有些哺乳類動物是雄性的。所以有些鯨魚是雄性的。」

試判斷此論證是否為有效論證。

解： 分析其結構可知，此論證的形式為

所有的 A 都是 B。

有些 B 是 C。

∴有些 A 是 C。

而與此論證同其形式的論證有前提真而結論假的可能，例如：

所有的老鼠都是四條腿動物。（真）

有些四腿動物是大象。（真）

所以有些老鼠是大象。（假）

所以此論證是一個無效論證。

1.2.3　基本的有效論證形式

有效論證非常的多，在表 1.8 中我們列出七個基本的有效論證形式。

表 1.8 基本的有效論證形式

1	肯定前件因而肯定後件	P→Q P ∴Q	
2	否定後件因而否定前件	P→Q ～Q ∴～P	
3	假言三段論	P→Q Q→R ∴P→R	
4	選言三段論（又稱，否定其一因而肯定另一）	P∨Q ～P ∴Q	P∨Q ～Q ∴P
5	附加律	P Q ∴P∧Q	
6	簡化律	P∧Q ∴P	P∧Q ∴Q
7	添加律	P ∴P∨Q	P ∴Q∨P

有兩個無效論證稍不注意很容易與表 1.8 的第 1 項和第 2 項所列的有效論證產生混淆，讀者在使用上必須特別留意，說明如下：

(a) 在條件句中，肯定其前件可以因而肯定其後件（表1.8的第1項），但是肯定其後件不可因而肯定其前件，亦即

$P \rightarrow Q$

Q

$\therefore P$

是一個無效論證（參見例 2）。

(b) 在條件句中，否定其後件可以因而否定其前件（表1.8的第2項），但是否定其前件不能因而否定其後件，亦即

$P \rightarrow Q$

$\sim P$

$\therefore \sim Q$

是一個無效論證（理由則留給讀者自行思考）。

1.2.4 有效的推理

當要證明一個較複雜的論證是有效論證時，我們可以使用推論的方式，此方法乃是先選擇一些比較常用的有效論證形式以及邏輯等值關係（例如表 1.8 和表 1.7 所列），將它們當成基本的推論規則，然後由論證的前提出發，使用這些規則一步一步地推導出論證的結論，由於使用的規則都是有效論證形式以及邏輯等值關係，因此只要前提是真的，則推論過程中的每一個敘述也都是真的，所以當我們可以推導出結論時，則表示此論證必定不會有前提是真而結論是假的情形發生，亦即此論證是有效論證。但要特別注意的是，此種推論的方式只能用來證明一個論證是有效論證，不能用來證明一個論證是無效論證。茲舉一個論證作為實例。

例 5 「小明、小華、小美和小英四人參加一個競賽。如果小明得冠軍，則小華或小美將得亞軍。如果小華得亞軍，則小明不能得冠軍。如果小英得亞軍，則小美不能得亞軍。事實上，小明已得冠軍。所以小英不能得亞軍。」
試判斷此論證是否為有效論證。

解： 若我們以 A 表「小明得冠軍」，以 B 表「小華得亞軍」，以 C 表「小美得亞軍」，以 D 表「小英得亞軍」，則此論證的形式為

(1)$A \to B \vee C$

(2)$B \to \sim A$

(3)$D \to \sim C$

(4)A

$\therefore \sim D$

首先，依據「肯定前件因而肯定後件」的規則由前提(1)和前提(4)可以導出(5)$B \vee C$；

再依據「雙重否定律」的規則由前提(4)可以導出(6)$\sim\sim A$；

再依據「否定後件因而否定前件」的規則由前提(2)以及(6)可以導出(7)$\sim B$；

再依據「選言三段論」的規則由(5)和(7)可以導出(8)C；

再依據「雙重否定律」的規則由(8)可以導出(9)$\sim\sim C$；

再依據「否定後件因而否定前件」的規則由前提(3)以及(9)可以導出(10)$\sim D$；

由於我們可以由前提利用有效的推論規則逐步導出論證的結論～D，所以此論證是一個有效論證。

1.3 集合

集合是近代數學的一個基本概念，在數學的各個分支中都是不可或缺的。集合的思想起源很早，可以追溯到古希臘時代；而為集合理論做出決定性貢獻的則是 19 世紀的德國數學家 George Cantor（1845-1918）。

Cantor 認為「集合乃是一些明確而可鑑別的知覺事物或思維事物的聚合」，換句話說，「集合」就是將一些具備某種明確的共同性質的事物聚集在一起所形成的群體，而組成此群體的每一個事物，則稱為此集合的「元素」。例如：

「全校一年級的所有學生。」

「小於 100 的所有質數。」

「方程式 $x^2-3x+2=0$ 的解。」

皆可構成集合；但是，「全校身高比較高的學生。」則因為其共同性質不明確，並不能視為一個集合。

1.3.1 集合的表示法

常用的集合表示法有列舉式、敘述式和結構式三種，分述如下：

1. **列舉式**：將集合的元素一一列出，而用大括號把它們括在一起。

例如：$\{2, 3, 5, 7, 11, 13\}$表示所有小於 15 的質數所成的集合。

$\{2, 4, 6, 8, \cdots, 2n, \cdots\}$表示所有正偶數所成的集合。

使用此方法表示集合時，在大括號內的元素是不必考慮順序的，而且書寫一次或多次，效果是一樣的，例如：$\{1, 2, 3\}=\{2, 3, 1\}=\{3, 2, 1\}=\{1, 1, 2, 3, 2, 3, 2\}$。

2. **敘述式**：用文字敘述說明該集合所含元素的共同性質。

   例如：所有偶數所成的集合。

   所有大於 2 的實數所成的集合。

3. **結構式**：用$\{x|x$ 所具有的性質$\}$來表示一集合。

   例如：「所有偶數所成的集合」可用$\{x|x$ 為偶數$\}$表示。

   「所有大於 2 的實數所成的集合」可用$\{x|x>2, x$ 為實數$\}$表示。

習慣上我們會用大寫的英文字母A、B、C、…來代表集合，而用小寫的英文字母a、b、c、…來表示元素。如果a為集合A的一個元素，則以「$a\in A$」表示，讀作「a屬於A」或「a在A裡」；反之，如果a不是集合A的一個元素，則以「$a\notin A$」表示，讀作「a不屬於A」或「a不在A裡」。由集合的定義可知，對任何一個給定的集合A以及任一個元素a而言，$a\in A$和$a\notin A$兩者中必恰有一種情形會成立。此外，在數學上，某些常用的特殊集合我們會習慣使用某些特定的符號來表示，例如：

$\mathbb{N}$表「所有自然數所成的集合」。

$\mathbb{W}$表「所有全數所成的集合」。

$\mathbb{Z}$表「所有整數所成的集合」。

$\mathbb{Q}$表「所有有理數所成的集合」。

$\mathbb{R}$表「所有實數所成的集合」。

$\mathbb{C}$表「所有複數所成的集合」。

$(a, b)=\{x|a<x<b, x\in\mathbb{R}\}$表「以$a, b$作為左右兩端點的開區間」。

$[a, b]=\{x|a\leq x\leq b, x\in\mathbb{R}\}$表「以$a, b$作為左右兩端點的閉區間」。

$[a, b)=\{x|a\leq x<b, x\in\mathbb{R}\}$表「以$a, b$作為左右兩端點的左閉右開區間」。

$(a, b]=\{x|a<x\leq b, x\in\mathbb{R}\}$表「以$a, b$作為左右兩端點的左開右閉區間」。

1.3.2　宇集

在任何集合理論的應用裡，我們通常都會很自然地假設一個「夠大的固定集合」，使得所有被討論或研究的集合都包含在此夠大的固定集合中，我們稱此一「夠大的固定集合」為「宇集（universal set）」，習慣上以U來表示。例如：

(a)在討論整數的性質時，宇集是所有整數所成的集合。

(b)在研究人口問題時，宇集是世界上所有的人所組成的集合。

1.3.3　空集合

給定一個宇集以及一個明確的性質，有可能宇集裡的所有元素都不具備此一明確的性質。例如：$A=\{x|x^2=5, x$是整數$\}$，組成集合A之元素所應具備的性質相當明確，但是在所有的整數中我們找不到滿足$x^2=5$的數，因此集合A內不含任何的元素。此種「不含任何元素的集合」稱為「空集合（empty set）」，通常以符號$\varnothing$或$\{\quad\}$表示。

1.3.4 子集合

如果集合A裡面的每一個元素都是集合B中的元素，則稱「A是B的一個子集合（subset）」，以符號「$A \subseteq B$」或「$B \supseteq A$」表示，讀作「A包含於B」或「B包含A」。假若在集合A中存在有一元素不屬於集合B，則A就不是B的一個子集合，我們以符號「$A \not\subseteq B$」或「$B \not\supseteq A$」表示之。例如：

(a)集合$A=\{1, 3, 5\}$是集合$B=\{1, 2, 3, 4, 5\}$的一子集合。集合$C=\{2, 4, 6\}$不是集合$B=\{1, 2, 3, 4, 5\}$的一子集合。

(b)假設$\mathbb{N}$、$\mathbb{Z}$、$\mathbb{Q}$、$\mathbb{R}$分別代表所有自然數、整數、有理數、實數所成的集合，則我們有$\mathbb{N} \subseteq \mathbb{Z} \subseteq \mathbb{Q} \subseteq \mathbb{R}$的關係。

由前述的定義與說明中，我們可以很容易的獲得下列的性質。

定理 1

(1)對任一集合A，我們有$\varnothing \subseteq A \subseteq U$。

(2)對任一集合A，我們有$A \subseteq A$。

(3)如果$A \subseteq B$而且$B \subseteq C$，則$A \subseteq C$。

1.3.5 集合的相等

如果集合A和集合B的所有元素皆相同，亦即每一個屬於A的元素同時也屬於B而且每一個屬於B的元素同時也屬於A，則我們稱「A和B相等」，以「$A=B$」表示。例如：

(a)若$A=\{1, 2, 3, 4\}$，$B=\{3, 4, 1, 2\}$，則$A=B$。（注意：集合內的元素是不必考慮順序的。）

(b)若 $C=\{x|x^2-3x+2=0\}$，$D=\{1, 2\}$，則 $C=D$。

由集合相等的定義我們可以得到如下的定理。

定理 2

$A=B$ 若且唯若 $A\subseteq B$ 且 $B\subseteq A$。

1.3.6　真子集合

如果 $A\subseteq B$，則由前述子集合的定義可知，A 集合仍然有可能會等於 B 集合，而若將 $A=B$ 的狀況也排除，則我們就稱 A 是 B 的真子集合，換句話說，當「$A\subseteq B$ 而且 $A\neq B$」時，則稱「A 是 B 的真子集合（proper subset）」，並以符號「$A\subset B$」表示。若「A 不是 B 的真子集合」，則以「$A\not\subset B$」表示。例如：

$A_1=\{1, 2, 3\}$，$A_2=\{1, 3, 2, 4\}$，$B=\{1, 2, 3, 4\}$，

則 A_1 和 A_2 都是 B 的子集合，但 A_1 是 B 的真子集合，而 A_2 不是 B 的真子集合。

1.3.7　互斥集合

兩個集合 A 和 B 如果沒有共同的元素，則我們稱 A 與 B 互斥（disjoint）。例如：

$A=\{a, b\}$，$B=\{b, c, d\}$，$C=\{c, d, e, f\}$，

則 A 與 C 互斥，但 A 和 B 不互斥，因為 A 和 B 含有共同的元素 b；B 和 C 也不互斥，因為它們含有兩個共同元素 c、d。

1.3.8 集合的基數

一集合 A 的所有相異元素的個數，稱為「集合 A 的基數」，通常以「$n(A)$」或「$|A|$」表示。例如：集合 $A=\{a, b, c\}$，則 A 的基數為 3，以 $n(A)=3$ 表示。

假若一個集合的基數等於某一非負的整數，則我們稱此集合為「有限集合」，亦即，有限集合乃是由一特定數目的相異的元素所構成的。反之，當一個集合不是有限集合時，我們就稱之為「無限集合」，亦即，無限集合含有無限多個相異元素。例如：

$A=\varnothing$，$B=\{x|10<x<20$ 且 x 為質數$\}$，$C=\{x|x$ 為偶數$\}$，則 A 和 B 都是有限集合，其基數分別為 $n(A)=n(\varnothing)=0$，$n(B)=4$，而 C 是無限集合，因為 C 含有無限多個相異元素。

1.3.9 冪集合

給定一集合 A，由 A 的子集合所構成的集合稱為 A 的「集合類（class of sets）」，通常都以草寫的大寫英文字母來表示。例如：假設 $A=\{a, b, c, d\}$，則 $\mathcal{A}=\{\{a, b, c\}, \{a, b, d\}, \{a, c, d\}, \{b, c, d\}\}$ 和 $\mathcal{B}=\{\{a\}, \{b\}, \{a, c\}, \{b, c, d\}, \{a, b, c, d\}\}$ 都是集合 A 的一個集合類，其中 $\{a, b, c\}$，$\{a, b, d\}$，$\{a, c, d\}$，$\{b, c, d\}$ 稱為集合類 $\mathcal{A}$ 的元素，$\{a\}$，$\{b\}$，$\{a, c\}$，$\{b, c, d\}$，$\{a, b, c, d\}$ 稱為集合類 $\mathcal{B}$ 的元素。

任一集合 A 的所有子集合所構成的集合類稱為 A 的「冪集合（power set）」，通常以符號「$\mathcal{P}(A)$」或「2^A」來表示。例如：

若 $A=\{a, b, c\}$，

則 $\mathcal{P}(A)=\{\varnothing, \{a\}, \{b\}, \{c\}, \{a, b\}, \{a, c\}, \{b, c\}, \{a, b, c\}\}$。

如果集合 A 所含元素的個數是有限的，假設是 n 個，則冪集合 $\mathcal{P}(A)$ 的元素個數為 2^n 個，亦即，集合 A 總共有 2^n 個子集合。

1.3.10 文氏圖

文氏圖是英國邏輯學家文恩（John Venn, 1834-1923）首先引用，它可以用來表示集合之間的關係，是既簡單且有用的一種直觀圖。在文氏圖中，我們通常以一個夠大的矩形所圍的內部區域代表宇集（在不會產生誤解的情況下，有時我們也會省略此一矩形），以一個圓形或橢圓形所圍的內部區域代表一個集合，畫於宇集所代表的矩形區域內，並藉由各圓形或橢圓形之間的重疊情形來表示集合之間的關係。如圖 1.1(a)可用以表示 $A \subseteq B$ 的關係；圖 1.1(b)則代表 A 和 B 互斥，因代表 A 集合的圓與代表 B 集合的圓沒有重疊的部分，即表示 A 與 B 沒有共同的元素；若我們想表示 A 和 B 有共同元素但是 $A \not\subseteq B$ 且 $B \not\subseteq A$，則可用圖 1.1(c)表示。

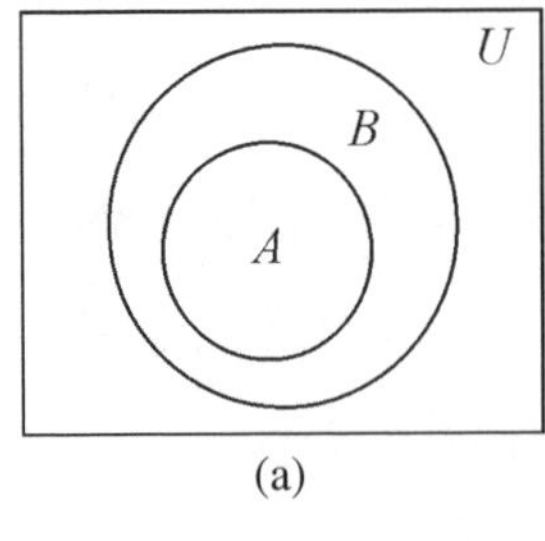

(a)

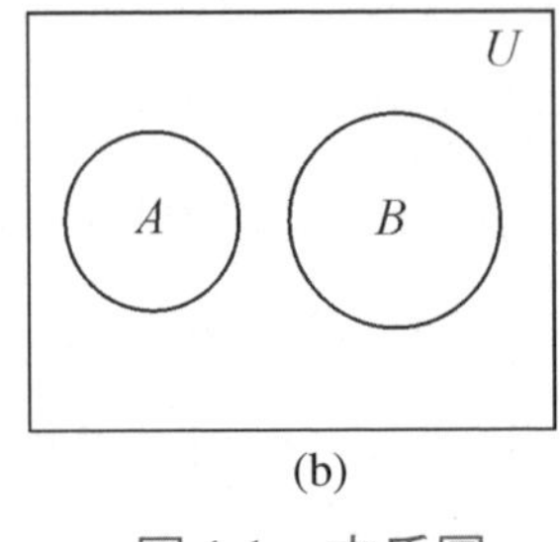

(b)

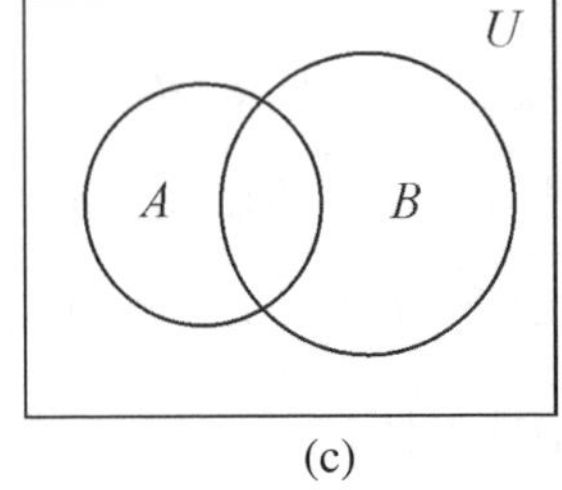

(c)

圖 1.1　文氏圖

1.4 集合的基本運算及其性質

就像是數的四則運算般，集合間也可以賦與一些集合的運算，常用的集合基本運算有補集、交集、聯集、差集、積集合、…等，在此節中，我們將一一介紹這些運算的定義以及它們所具有的性質。

1.4.1 補集（或稱餘集）

在宇集 U 內而不在集合 A 中的所有元素所成的集合，稱之為「A 的補集（complement set）」或「A 的餘集」，以符號「A^c」表之，亦即

$$A^c=\{x|x\in U \text{ 且 } x\notin A\}。$$

例如在宇集為 $\mathbb{Z}$ 的情形下，若 A 為所有偶數所成的集合，則其補集 A^c 為所有奇數所成的集合。

1.4.2 交集

給定兩個集合 A 和 B，則 A 與 B 的所有共同元素所成的集合，稱之為「A 與 B 的交集（intersection set）」，以「$A\cap B$」（讀作「A 交集 B」）表示此集合，亦即

$$A\cap B=\{x|x\in A \text{ 且 } x\in B\}。$$

例如 $A=\{x|x=2n,\ n\in\mathbb{Z}\}$ 為 2 的倍數所成的集合，$B=\{x|x=3n,\ n\in\mathbb{Z}\}$ 為 3 的倍數所成的集合，則 $A\cap B=\{x|x=6n, n\in\mathbb{Z}\}$ 為 6 的倍數所成的集合。

1.4.3 聯集

給定兩個集合A和B，則所有屬於A或屬於B或是同屬於這兩者的元素所構成的集合，稱之為「A與B的聯集（union set）」，以「$A \cup B$」（讀作「A聯集B」）表之，亦即

$$A \cup B = \{x | x \in A \text{ 或 } x \in B\}。$$

例如$A = \{1, 2, 3, 4\}$，$B = \{3, 4, 5, 6\}$，則$A \cup B = \{1, 2, 3, 4, 5, 6\}$。

1.4.4 差集

給定A和B兩個集合，所有屬於A但不屬於B的元素所組成的集合，稱之為「A與B的差集（difference set）」，以符號「$A \backslash B$」（讀作「A減去B」）表示，有些書籍則是使用$A - B$或$A \sim B$來表示，其結構式則可以表為

$$A \backslash B = \{x | x \in A \text{ 但 } x \notin B\}。$$

例如$A = \{1, 2, 3\}$，$B = \{3, 4, 5, 6\}$，$C = \{5, 6, 7, 8, 9\}$，則$A \backslash B = \{1, 2\}$，$A \backslash C = A$，$B \backslash A = \{4, 5, 6\}$，$B \backslash C = \{3, 4\}$，$C \backslash A = C$，$C \backslash B = \{7, 8, 9\}$。

依據上述的定義，集合的補集、交集、聯集、差集的文氏圖如圖 1.2 所示。

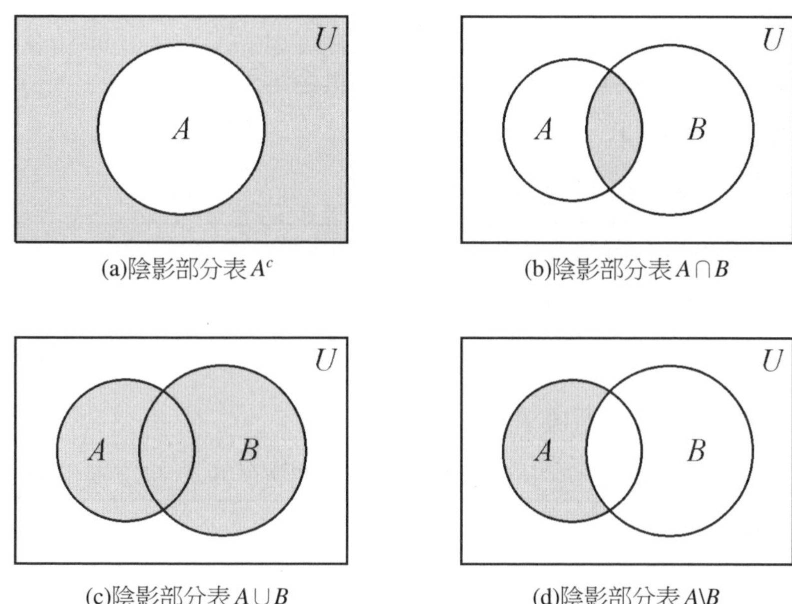

(a)陰影部分表 A^c　(b)陰影部分表 $A \cap B$

(c)陰影部分表 $A \cup B$　(d)陰影部分表 $A \backslash B$

圖 1.2　補集、交集、聯集、差集的文氏圖

由集合的補集、交集、聯集、差集的定義或由圖 1.2，我們可以推論或觀察到如下的性質：

定理 3　補集的性質

假設 U 代表字集，A 為一集合，則

(1) $A \cup A^c = U$；$A \cap A^c = \varnothing$。

(2) $U^c = \varnothing$；$\varnothing^c = U$。

(3) $(A^c)^c = A$。

定理 4

假設 U 代表宇集，給定 A 和 B 兩個集合，則

(1)$(A \cap B) \subseteq A$；$(A \cap B) \subseteq B$。

(2)$A \subseteq (A \cup B)$；$B \subseteq (A \cup B)$。

(3)$(A \backslash B) \subseteq A$；$(A \backslash B) \nsubseteq B$ 除非 $A \backslash B = \varnothing$。

(4)$A \subseteq B$ 若且唯若 $A \cap B = A$。

(5)$A \subseteq B$ 若且唯若 $A \cup B = B$。

(6)$A \cap B = \varnothing$ 若且唯若 A 和 B 互斥。

除了上述的性質之外，交集、聯集和補集的集合運算滿足如下所述的代數性質。

定理 5

假設 U 代表宇集，A、B、C 為任意集合，則

(1)交換律（commutative laws）：

$$A \cap B = B \cap A \text{；} A \cup B = B \cup A$$

(2)結合律（associative laws）：

$$(A \cap B) \cap C = A \cap (B \cap C) \text{；} (A \cup B) \cup C = A \cup (B \cup C)$$

(3)冪等律（idempotent laws）：

$$A \cap A = A \text{；} A \cup A = A$$

(4)單位元素（identity elements）：

$$A \cap U = U \cap A = A \text{；} A \cup \varnothing = \varnothing \cup A = A$$

亦即，U 是交集運算的單位元素，而 $\varnothing$ 是聯集運算的單位元素。

(5)分配律（distributive laws）：

$A \cap (B \cup C) = (A \cap B) \cup (A \cap C)$；$A \cup (B \cap C) = (A \cup B) \cap (A \cup C)$

(6)狄摩根律（DeMorgan's laws）：

$$(A \cap B)^c = A^c \cup B^c；(A \cup B)^c = A^c \cap B^c$$

證明： 分配律$A \cap (B \cup C) = (A \cap B) \cup (A \cap C)$可以藉由圖 1.3 的圖解序列得到證明，當然你也可以由定義逐步推導獲得證明。另一個分配律亦可用相同的方法獲得證明。

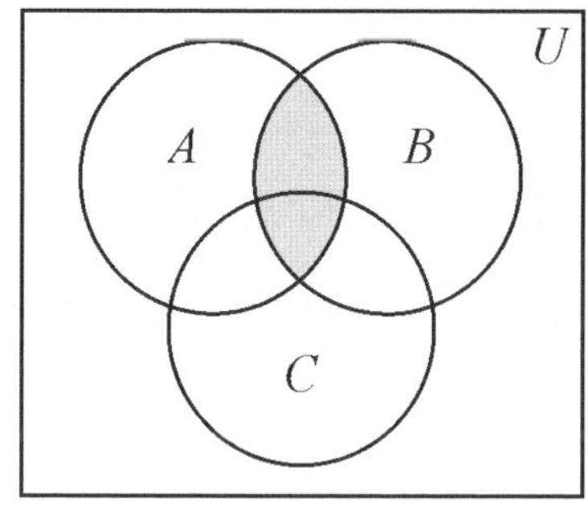

(a)陰影部分：$A \cap$ B

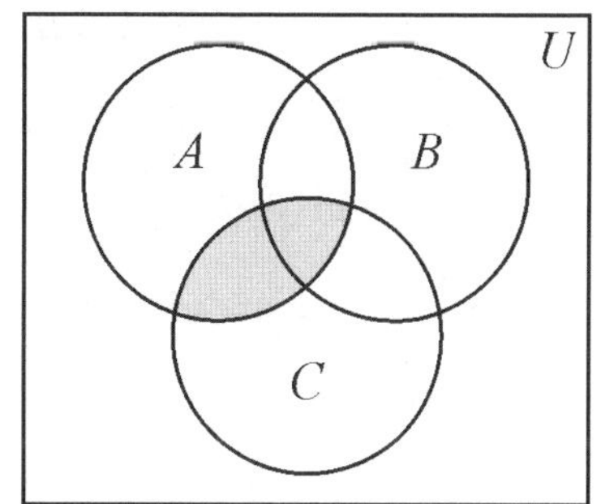

(b)陰影部分：$A \cap C$

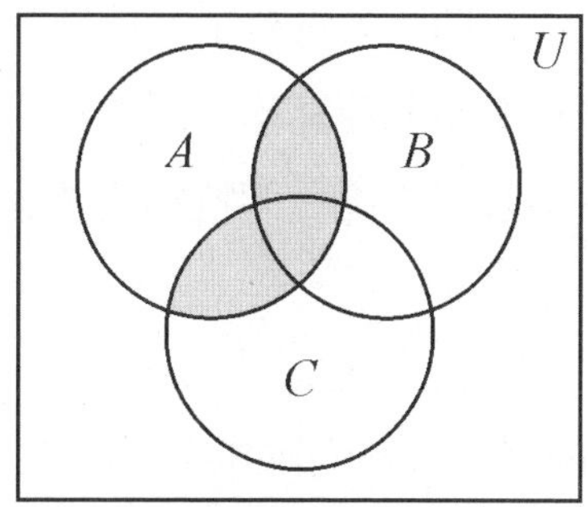

(c)陰影部分：$A \cap (B \cup C)$

圖 1.3　$A \cap (B \cup C) = (A \cap B) \cup (A \cap C)$

若欲證明狄摩根律$(A \cup B)^c = A^c \cap B^c$：首先，因為

$$\begin{aligned} x \in (A \cup B)^c &\Rightarrow x \notin A \cup B \\ &\Rightarrow x \notin A \text{ 並且 } x \notin B \\ &\Rightarrow x \in A^c \text{ 並且 } x \in B^c \\ &\Rightarrow x \in A^c \cap B^c \text{，} \end{aligned}$$

所以我們可得$(A \cup B)^c \subseteq A^c \cap B^c$；其次，因為

$$\begin{aligned} x \in A^c \cap B^c &\Rightarrow x \in A^c \text{ 並且 } x \in B^c \\ &\Rightarrow x \notin A \text{ 並且 } x \notin B \\ &\Rightarrow x \notin A \cup B \\ &\Rightarrow x \in (A \cup B)^c \text{，} \end{aligned}$$

所以可得$A^c \cap B^c \subseteq (A \cup B)^c$；因此利用定理 2 可得$(A \cup B)^c = A^c \cap B^c$。此定理剩餘部分的證明，留給讀者自行練習。

1.4.5 聯集與交集的基數

在第 1.3 節中，我們已經定義了一個集合A的基數，此處我們將說明集合經過聯集或交集的運算後，所得集合的基數與原集合的基數之間的關係。首先，我們考慮一個特別的情形。

定理 6

假設A和B為兩個互斥的有限集合，則$A \cup B$也是有限集合，並且

$$n(A \cup B) = n(A) + n(B) \text{。}$$

舉例來說，假設全班有 45 位學生，其中男學生 25 位，女學生 20 位，若令A和B分別表示全班所有男學生和全班所有女學生所成的集合，

則 A 和 B 為兩個互斥的有限集合，且 $A \cup B$ 為全班所有學生所成的集合，因此 $n(A \cup B) = 45 = 25 + 20 = n(A) + n(B)$。

給定任意兩個有限集合 A 和 B，由定義我們可知 $A \backslash B$ 和 $A \cap B$ 會是兩個互斥的有限集合，因此利用定理 6，可以獲得如下的結果：

定理 7

假設 A 和 B 是兩個有限集合，則

$$n(A \backslash B) = n(A) - n(A \cap B)。$$

證明： 由定理 4 可得 $(A \backslash B) \subseteq A$ 且 $(A \cap B) \subseteq A$，又因為 A 是一個有限集合，所以其子集合 $A \backslash B$ 和 $A \cap B$ 也是有限集合。由圖 1.4 可知 $(A \backslash B) \cap (A \cap B) = \varnothing$ 且 $(A \backslash B) \cup (A \cap B) = A$，因此利用定理 6 可得 $n(A) = n((A \backslash B) \cup (A \cap B)) = n(A \backslash B) + n(A \cap B)$，所以 $n(A \backslash B) = n(A) - n(A \cap B)$。

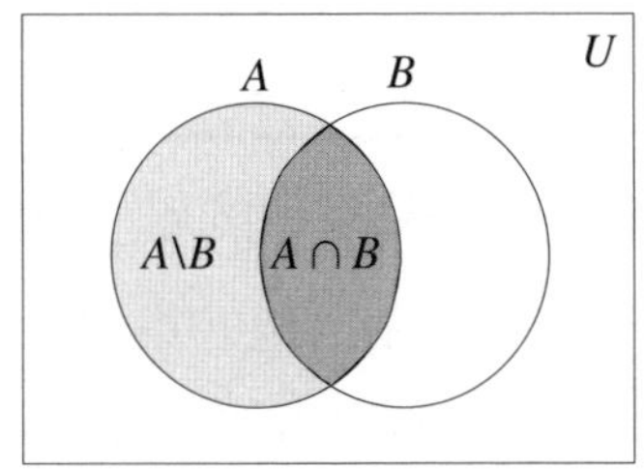

圖 1.4 $A \backslash B$、$A \cap B$ 與 A 的關係

給定任意兩個有限集合 A 和 B，利用前述的定理我們可得 $n(A \cup B)$ 的公式如下：

定理 8

假設 A 和 B 是兩個有限集合，則 $A\cap B$ 和 $A\cup B$ 也是有限集合，並且

$$n(A\cup B)=n(A)+n(B)-n(A\cap B)。$$

證明： 因為 $(A\cap B)\subseteq A$、$(A\backslash B)\subseteq A$，且 A 是一個有限集合，所以 $A\cap B$ 和 $A\backslash B$ 都是有限集合。因為 $A\backslash B$ 和 B 是兩個互斥的有限集合，由定理 6 知 $A\cup B=(A\backslash B)\cup B$ 是一有限集合，並且 $n(A\cup B)=n(A\backslash B)+n(B)$。又由定理 7 知 $n(A\backslash B)=n(A)-n(A\cap B)$，所以 $n(A\cup B)=n(A)+n(B)-n(A\cap B)$。

例 6 全班有 53 位同學，其中選修普通數學的有 35 人，選修教育心理學的有 25 人，兩門課都選修的有 20 人，請問普通數學和教育心理學兩門課至少選修一門的有多少人？只有選修一門普通數學的有多少人？兩門課都沒選的有多少人？

解： 設 A 表示所有選修普通數學的學生所成的集合，B 表示所有選修教育心理學的學生所成的集合，

則 $n(A)=35$，$n(B)=25$，$n(A\cap B)=20$。

所以，$n(A\cup B)=n(A)+n(B)-n(A\cap B)=35+25-20=40$，

$n(A\backslash B)=n(A)-n(A\cap B)=35-20=15$。

因此，兩門課至少選修一門的有 40 人，只有選修一門普通數學的有 15 人，兩門課都沒選的有 $53-40=13$ 人。

更進一步的，利用定理 8，我們可推得三個有限集合之聯集的基數公式。

定理 9

假設 A、B 和 C 是三個有限集合，則 $A\cup B\cup C$ 也是一有限集合，並且 $n(A\cup B\cup C)=n(A)+n(B)+n(C)-n(A\cap B)-n(A\cap C)-n(B\cap C)+n(A\cap B\cap C)$。

證明： 因為 A、B 和 C 是三個有限集合，很明顯地 $A\cup B\cup C$ 會是一有限集合。利用定理 8，我們可得

$$\begin{aligned}n(A\cup B\cup C)&=n((A\cup B)\cup C)\\&=n(A\cup B)+n(C)-n((A\cup B)\cap C)\\&=n(A)+n(B)-n(A\cap B)+n(C)-n((A\cap C)\cup\\&\quad(B\cap C))\\&=n(A)+n(B)+n(C)-n(A\cap B)-[n(A\cap C)+\\&\quad n(B\cap C)-n((A\cap C)\cap(B\cap C))]\\&=n(A)+n(B)+n(C)-n(A\cap B)-n(A\cap C)-\\&\quad n(B\cap C)+n(A\cap B\cap C)\text{。}\end{aligned}$$

注意： 讀者也可以試著由文氏圖的表示來找出上述關係；另外，利用數學歸納法可以將定理 9 的結果推廣到任意有限個數的有限集合的聯集。

例 7　在 1 到 1000 的自然數中，不為 2、3、5 中任一數的倍數者共有幾個？

解： 設 A、B、C 分別表示 1 到 1000 的自然數中所有 2 的倍數、所有 3 的倍數、所有 5 的倍數所成的集合，則

$n(A)=500$，$n(B)=333$，$n(C)=200$，

$n(A\cap B)=166$，$n(A\cap C)=100$，$n(B\cap C)=66$，

$n(A\cap B\cap C)=33$。

所以，$n(A\cup B\cup C)=500+333+200-166-100-66+33$

$=734$。

因此，在 1 到 1000 的自然數中，至少為 2、3、5 中任一數的倍數者，共有 734 個，故不為 2、3、5 中任一數的倍數者共有 $1000-734=266$ 個。

1.4.6 積集合（或稱笛卡兒乘積）

設 A 和 B 為兩個集合，對 A 中的每一元素 a 與 B 中的每一元素 b 恆可作成一序對 (a, b)，所有可能作成的序對所成的集合，稱之為「A 與 B 的積集合（product set）」，以符號「$A\times B$」表示，其結構式表為

$$A\times B=\{(a, b)|a\in A, b\in B\}。$$

而在表示 A 與 A 的積集合時，我們通常會用 A^2 代替 $A\times A$。

舉例來說，如果 $A=\{1, 2, 3\}$，$B=\{a, b\}$，則

$A\times B=\{(1, a), (1, b), (2, a), (2, b), (3, a), (3, b)\}$，

$B\times A=\{(a, 1), (a, 2), (a, 3), (b, 1), (b, 2), (b, 3)\}$，

$A^2=\{(1, 1), (1, 2), (1, 3), (2, 1), (2, 2), (2, 3), (3, 1), (3, 2), (3, 3)\}$，

$B^2=\{(a, a), (a, b), (b, a), (b, b)\}$，

$A\times\varnothing=\{(x, y)|x\in\{1, 2, 3\}, y\in\varnothing\}=\varnothing$，

$\varnothing\times A=\{(x, y)|x\in\varnothing, y\in\{1, 2, 3\}\}=\varnothing$。

而由此例中，我們可以觀察到

(a) 兩個集合的積集合是不具有交換性的，亦即，$A \times B \neq B \times A$，除非 $A = B$ 或 A 和 B 中有一個是空集合。

(b) 若 A 和 B 為兩個有限集合，則 $n(A \times B) = n(A) \cdot n(B)$。

積集合 $A \times B$ 也稱為「A 與 B 的笛卡兒乘積（Cartesian product）」，此名稱是因 17 世紀的數學家笛卡兒（René Descartes, 1596-1650）而命名，他是最早研究直角坐標系統 $\mathbb{R}^2 = \mathbb{R} \times \mathbb{R}$ 的數學家。若要將積集合 $A \times B$ 以直觀的圖形來表示，則可以仿照直角坐標系統方式來呈現，例如：

(a) 假設 $A = \{1, 2, 3\}$，$B = \{a, b\}$，則 $A \times B$ 的元素可以用圖 1.5(a)中的黑點表示。

(b) 假設 $A = [a, b]$、$B = [c, d]$ 為兩個閉區間，則圖 1.5(b)中矩形的陰影區域（含邊界）可以用來代表 $A \times B$ 所成的集合。

另外，我們也可以利用樹狀圖有系統的寫出所有 $A \times B$ 的元素，舉例來說，假若 $A = \{1, 2, 3\}$，$B = \{a, b\}$，則如圖 1.5(c)所示，在樹狀圖的右邊我們可以有系統的列出所有 $A \times B$ 的元素。

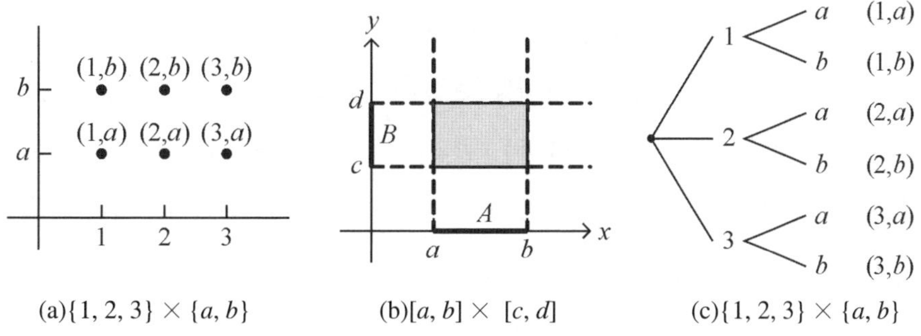

圖 1.5 積集合的圖示

下述定理則是積集合的一些簡單性質。

定理 10

假設A、B、C、D為任意的集合，則

(1)$A \times (B \cap C) = (A \times B) \cap (A \times C)$

(2)$(B \cap C) \times A = (B \times A) \cap (C \times A)$

(3)$A \times (B \cup C) = (A \times B) \cup (A \times C)$

(4)$(B \cup C) \times A = (B \times A) \cup (C \times A)$

(5)$(A \times B) \cap (C \times D) = (A \cap C) \times (B \cap D)$

證明： (1)$(x, y) \in A \times (B \cap C) \Leftrightarrow x \in A$ 且 $y \in B \cap C$

$\Leftrightarrow x \in A$ 且$(y \in B$ 並且 $y \in C)$

$\Leftrightarrow (x, y) \in A \times B$ 並且$(x, y) \in A \times C$

$\Leftrightarrow (x, y) \in (A \times B) \cap (A \times C)$

(5)$(x, y) \in (A \times B) \cap (C \times D)$

$\Leftrightarrow (x, y) \in A \times B$ 並且$(x, y) \in C \times D$

$\Leftrightarrow x \in A$ 且 $y \in B$ 並且 $x \in C$ 且 $y \in D$

$\Leftrightarrow x \in A \cap C$ 且 $y \in B \cap D$

$\Leftrightarrow (x, y) \in (A \cap C) \times (B \cap D)$

(2)、(3)、(4)的證明留給讀者自行練習。

茲舉一實例：假設$A = [1, 5]$、$B = [2, 6]$、$C = [3, 8]$、$D = [1, 4]$為四個閉區間，則$B \cap C = [3, 6]$、$A \cap C = [3, 5]$、$B \cap D = [2, 4]$。我們可以用圖 1.6 說明上述定理：

(1)在圖 1.6(a)中右下斜線的矩形表$A \times B$，右上斜線的矩形表$A \times C$，

而此兩矩形重疊的部分（陰影處）即為$(A \times B) \cap (A \times C)$，由圖上可以觀察到$(A \times B) \cap (A \times C) = [1, 5] \times [3, 6] = A \times (B \cap C)$。

(5)在圖 1.6(b)中右下斜線的矩形表$A \times B$，右上斜線的矩形表$C \times D$，而此兩矩形重疊的部分（陰影處）即為$(A \times B) \cap (C \times D)$，由圖上可以觀察到$(A \times B) \cap (C \times D) = [3, 5] \times [2, 4] = (A \cap C) \times (B \cap D)$。

(2)、(3)、(4)的部分留給讀者自行練習。

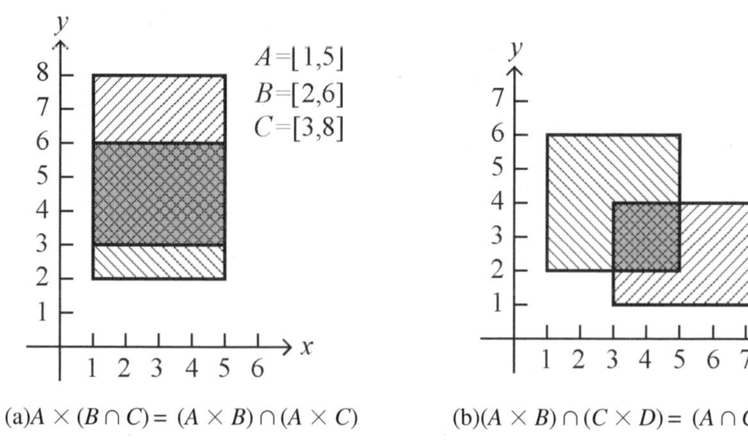

圖 1.6　積集合性質的圖示

習題

1. 寫出下列各敘述的否定敘述。

   (1)小明上課每天遲到。

   (2)這隻狗的毛是黑的。

   (3)小明和小華都喜歡數學。

(4)小明或小華當選班長。

(5)所有的男學生都喜歡打籃球。

(6)有些整數是偶數。

(7)$a=2$ 而且 $b=3$。

(8)$x\in A$ 或者 $x\in B$。

(9)集合 A 中至少有一元素大於 0。

(10)$\forall x\in\mathbb{R}$, $\exists y\in\mathbb{R}$ 滿足 $y=f(x)$。

2. 辨別下列各敘述是連言、選言、條件句或是雙條件句。

(1)教不嚴，師之惰。

(2)牛頓和高斯都是著名的數學家。

(3)整數必定是奇數或偶數。

(4)你在沒有完成指定作業之前不可以去打球。

(5)如果我有時間而且又有錢，我就會參加此次的旅遊。

(6)販毒或吸毒都是犯罪的行為。

3. 判斷下列各小題中，敘述 P 是敘述 Q 的什麼條件（充分條件、必要條件、或是充要條件）？

(1)P：「$a=0$」，Q：「$ab=0$」。

(2)P：「$x>0$」，Q：「$x>3$」。

(3)P：「小強販賣毒品」，Q：「小強犯罪」。

(4)P：「$\angle A>90°$」，Q：「$\triangle ABC$ 是鈍角三角形」。

(5)P：「$\angle A<90°$」，Q：「$\triangle ABC$ 是銳角三角形」。

(6)$a, b, c\in\mathbb{R}$，P：「$a=b=c$」，Q：「$(a-b)^2+(b-c)^2+(c-a)^2=0$」。

4. 證明下列各邏輯等值的敘述。

   (1)$\sim\sim P \equiv P$

   (2)$(P \vee Q) \vee R \equiv P \vee (Q \vee R)$

   (3)$P \vee (Q \wedge R) \equiv (P \vee Q) \wedge (P \vee R)$

   (4)$\sim(P \vee Q) \equiv \sim P \wedge \sim Q$

   (5)$P \leftrightarrow Q \equiv (P \wedge Q) \vee (\sim P \wedge \sim Q)$

   (6)$P \rightarrow (Q \rightarrow R) \equiv (P \wedge Q) \rightarrow R$

5. 判斷下列各論證是有效論證還是無效論證。

   (1)如果 15 能被 4 整除，則 15 能被 2 整除。

   15 不能被 4 整除。

   所以 15 不能被 2 整除。

   (2)如果考卷的每一題都很簡單，則全班學生都會及格。

   有些學生不及格。

   所以有些題目很難。

   (3)所有的偶數都是整數。

   所有的偶數都是有理數。

   所以所有的整數都是有理數。

   (4)所有的偶數都是整數。

   有些有理數不是整數。

   所以有些有理數不是偶數。

6. 已知下列敘述皆為真：「若 A 為綠色，則 B 為紅色。若 A 為非綠色，則 B 為黃色。若 B 為紅色，則 C 為藍色。若 A 為非藍色，則 B 為白色。」今已知 C 為非藍色，試問 A、B 各為何種顏色。

7. 寫出下列各論證的形式，然後利用推論規則由論證的前提推導出其結論，以證明該論證是有效論證。

(1)只要小明和小華兩人之中有一人獲勝，則小美和小英兩人都將敗北。

現在小明已獲勝。

所以小英將敗北。

（以A表「小明勝」，B表「小華勝」，C表「小美敗」，D表「小英敗」。）

(2)如果小明和小華兩人之中有一人當選，則小美和小英兩人都將落選。

如果小英落選，則小明所提的議案就會通過。

事實上，小明所提的議案並未通過。

所以小明和小華兩人都沒有當選。

（以 A 表「小明當選」，B 表「小華當選」，C 表「小美落選」，D表「小英落選」，E表「小明所提的議案通過」。）

8. 分別用列舉法和結構式表示下列各集合。

(1)所有大於 2 且小於 12 的整數所成的集合。

(2)介於 1 到 50 的整數中，被 7 除餘 3 的數所成的集合。

(3)滿足$|x-1|\leq 3$的所有整數所成的集合。

(4)滿足$x+y=5$的所有正整數解所成的集合。

9. 設宇集$U=\{1, 2, 3, 4, 5, 6, 7, 8, 9, 10\}$，集合$A=\{1, 2, 3, 4, 5, 6\}$、$B=\{1, 3, 5, 7, 9\}$，則下列各集合分別為何？

(1)A^c　(2)B^c　(3)$A\cap B$　(4)$A\cup B$　(5)$A\backslash B$　(6)$B\backslash A$

(7)$A\times B$　(8)$B\times A$　(9)$\mathcal{P}(A\cap B)$

10. 設A、B、C為任意的集合，試問下列何者為真？何者為假？

    (1)$(A\cap B)\cup C=(A\cup C)\cap(B\cup C)$

    (2)$(A\cap B\cap C)^c=A^c\cup B^c\cup C^c$

    (3)$A\backslash B=A\backslash(A\cap B)=A\cap B^c$

    (4)$A^c\backslash B^c=(A\cup B)\backslash A$

    (5)$(A\backslash B)\backslash C=A\backslash(B\backslash C)$

    (6)$(A\backslash B)\backslash C=(A\backslash C)\backslash(B\backslash C)$

    (7)$A\backslash(B\cup C)=(A\backslash B)\cup(A\backslash C)$

    (8)$A\backslash(B\cup C)=(A\backslash B)\cap(A\backslash C)$

    (9)若$A\cup C=B\cup C$，則$A=B$。

    (10)若$C\subset A\cup B$，則$C\subset A$或$C\subset B$。

    (11)若$C\subset A\cap B$，則$C\subset A$且$C\subset B$。

11. 考慮平面上的圖形，令A、B、C、D、E分別表示所有三角形、所有直角三角形、所有等腰三角形、所有等邊三角形、所有至少含有一角為 60°的三角形所成的集合。

    (1)分別以符號和文氏圖表示集合A、B、C、D、E之間的關係。

    (2)$B\cap D$和$C\cap E$分別為何？

12. 設集合$A=\{2, 4, a^2-3a-5\}$、$B=\{-4, a^2-2, a^2-2a-10, a^2+2a+5, 2a-6\}$。若已知$A\cap B=\{2, 5\}$，則$a$的值為何？集合$A$和$B$各為何？

13. 利用文氏圖說明狄摩根律：$(A\cap B)^c=A^c\cup B^c$、$(A\cup B)^c=A^c\cap B^c$。

14. 設A、B、C為任意的集合。

    (1)證明$(A\cup B)\backslash(A\cap B)=(A\backslash B)\cup(B\backslash A)$。

    (2)證明$(B\cup C)\times A=(B\times A)\cup(C\times A)$。

(3)證明 $A \cap (B \backslash C) = (A \cap B) \backslash (A \cap C)$。

(4)給一個例子說明 $A \cup (B \backslash C) \neq (A \cup B) \backslash (A \cup C)$。

15. 從 1 到 1,000,000 的整數中，

(1)完全平方或完全立方者有幾個？

(2)完全平方但不完全立方者有幾個？

(3)既不為完全平方，也不為完全立方者有幾個？

16. 從 1 到 1,000 的整數中，

(1)不為 3、5、7 任一數的倍數者有幾個？

(2)為 3 或 5 的倍數，但不為 7 的倍數者有幾個？

(3)為 3 且為 5 的倍數，但不為 7 的倍數者有幾個？

17. 某次考試，全班學生國文、英文、數學三科的及格情形如下：國文及格者有 22 人，英文及格者有 25 人，數學及格者有 39 人，國文與英文都及格者有 9 人，國文與數學都及格者有 17 人，英文與數學都及格者有 15 人，三科都及格者有 6 人，三科都不及格者有 4 人。試問：

(1)全班總共有多少位學生？

(2)三科中恰只有國文一科及格者有多少人？

(3)三科中恰只有國文和英文及格者有多少人？

(4)三科中恰只有國文或英文及格者有多少人？

第 2 章 數系

【教學目標】

- 了解自然數、全數與整數的意義
- 會在數線上標示數的位置
- 了解相反數、絕對值的意義並掌握其與幾何間的關係
- 能比較數的大小
- 能做整數的四則運算
- 了解有理數系的意義
- 了解實數系的意義

遠古時期，人類藉著覓食、求生的本能，就能分辨「一個」、「兩個」、…、「很多」，也從種種「增」與「減」的現象，看到數量的變化。於是，我們的祖先便由「數」的感覺經驗，逐漸形成對「數」的意象與認知。

因而人們為了要知道一堆橘子有幾顆，就以「顆」作為「單位量詞」，將「數詞」（1、2、3、…）對應點數的橘子個數，形成「數量」的概念。像這樣，人們為了在日常生活中表示多少、大小、長短、輕重、…等量的程度，因此發明了計數的方式和符號。本章將針對中小學階段所學習的數系進行介紹。

2.1 整數系

2.1.1 自然數

隨著人類文字的產生，表達「數」的方式從比手勢、排石子、打繩結、在木頭上鑿刻、…逐步演變成為現在的「1、2、3、…」。而人類最早使用的「數」是為了計算生活用品的「計物數」，例如「I、II、III、…」、「一、二、三、…」。這些數的表達方式，最後由印度人所發明的印度阿拉伯數字：1、2、3、…表示，成為現今大家所通用的計數系統。

在數學上，我們將「1、2、3、4、…」稱為「自然數（natural number）」，或稱為「正整數」。這些數的集合通常以「$\mathbb{N}$」表示，即$\mathbb{N} = \{1, 2, 3, \cdots\}$。

2.1.2 全數

為了表示空無一物或計算上的需要，印度人又發明了符號「0」來表示。因此，我們將自然數$\mathbb{N}$和$\{0\}$合起來，統稱為「全數」（whole number）。而全數的集合通常用$\mathbb{W}$表示，即$\mathbb{W} = \{0, 1, 2, 3, \cdots\}$。

2.1.3 整數與整數線

在日常生活中，除了用適當的「數」表示事物的多寡或大小之外，也會遇到一些需要表示「相對意義」的量，例如：做生意的賺和賠、行進的向前與後退；此外，在數的相減運算中，也會遇到不足的情形，例如：「$3 - 5 = ？$」。為了表示這些現象所形成的概念，人們便對應每一個自然數引進一個「負數」，並以符號「$-1, -2, -3, \cdots$」

表示，以滿足「相對意義」的表示或「較小的數減去較大的數」的情況。

因此，我們將「全數」和「負數」的聯集統稱為「整數」，並以「$\mathbb{Z}$」表示全體整數所成的集合，即 $\mathbb{Z}=\{\cdots, -3, -2, -1, 0, 1, 2, 3, \cdots\}$。

我們可以將所有整數對應在一條直線上的不同位置，而形成「數線」。首先，畫出一條直線，在直線上選定一個（點）位置，並在這個（點）位置標記整數「0」；其次，再選定另外一個（點）位置，把 1 對應在這個（點）位置。那麼，這個由「0」所對應的點到「1」所對應的點之間的距離，我們稱之為「單位長」；而「0」所對應的（點）位置，我們就稱之為「原點」。接下來，我們可以在這條直線上，以「0」所對應的原點為起點，以「單位長」為基準，分別向左右兩邊連續將直線截割出無數個等距離的點，原點右邊距離原點為 1、2、3、…單位長的點，分別標上「1、2、3、…」；原點左邊距離原點為 1、2、3、…單位長的點，分別標上「−1、−2、−3、…」；如此依序將所有的整數一一對應在此直線上，如下圖 2.1。

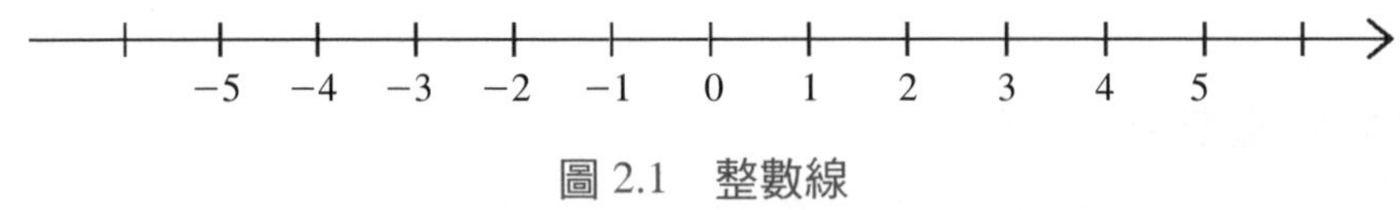

圖 2.1　整數線

因此，我們就得到了一條能標示所有整數相對位置的直線，我們將這條「包含所有整數所對應的點」的直線稱為「整數線」。

2.1.4 相反數與絕對值

由上圖 2.1 觀之，在這一條數線上，對於每一個不是 0 的整數，恰有一對與原點 0 等距離，但方向相反的整數，例如：-1 與 1、-2 與 2、…等。而每一對的兩個數它們的大小相等，符號卻相反，我們稱它們互為「相反數」，例如：-3 與 3 互為相反數。換句話說，當我們在任何一個數的前面加一個「$-$」符號，即可形成該數的相反數。例如：$-(-3)=3$，且 $-(3)=-3$。至於 0，我們發現 $-0=0$，所以稱 0 為自己的相反數。

由上面的敘述，我們得知：任何一對相反數 a 與 $-a$（$a\geq 0$，$a\in\mathbb{Z}$），它們在數線上對應的位置與原點「0」的距離都相等（皆為 a 單位），我們記作 $|a|=|-a|=a$，代表 a、$-a$ 和 0 的對應點距離皆為 a。例如：$|3|=|-3|=3$，代表 3、-3 和 0 的對應點距離都為 3 個單位長。而我們將「| |」這個符號稱為「絕對值」。因此，我們可說，任意兩個相反數它們在數線上的對應位置與 0 等距離，我們稱此兩數有相等的「絕對值」。

我們定義「絕對值」如下：

若 a 為一個非負數，則 $|a|=a$；反之，若 a 為一個負數，則 $|a|=-a$。

例如：$|3|=3$，$|-3|=-(-3)=3$。

2.1.5 數的大小關係

一般來說，整數線上每個代表整數的點，「位置在數線的愈右邊，其值愈大；位置在數線的愈左邊，其值愈小」。換句話說，在數線上的整數其排列順序為「小數位於大數的左邊」。

對於兩個大小不同的整數，我們可用符號「$<$」或「$>$」來表示它們的大小關係。例如：3 在數線上的對應位置是位於 4 所對應位置的左邊，因此我們說「3 小於 4」，記作「$3<4$」，或「$4>3$」。符號「$<$」讀作「小於」，「$>$」讀作「大於」。

2.1.6　整數的基本運算

接下來，我們要從一些例子來看整數的「加法」、「減法」與「乘法」。

1. 整數的加法

若數線上有一點a，我們往「右」移動b單位，那麼，原來的點移動後的位置會出現在$a+b$的位置。因此，我們可將「加法」視為「數」在數線上「往右移動」後的結果。

2. 整數的減法

若數線上有一點a，我們往「左」移動b單位，那麼，原來的點移動後的位置會出現在$a-b$的位置。因此，我們可將「減法」視為「數」在數線上「往左移動」後的結果。

3. 整數的乘法

(1) 正整數乘以正整數

如果將一個可控溫的倉庫溫度調整，每次調高 3 度，這樣連續調高 4 次之後，倉庫溫度總共升高 12 度，也就是 3 度 + 3 度 + 3 度 + 3 度 = 12 度，我們將它簡寫成 3（度）$\times 4=12$（度），若就數的計算來看，3×4是表示3本身連加4次，亦即$3\times 4=3+3+3+3=12$。

(2) 負整數乘以正整數

如果將溫度調低，每次調低 3 度，總共調整 4 次，溫度降低 12 度，降低 3 度可用(−3)度表示，則降低 12 度就是(−12)度，調整 4 次的結果可以表為(−3)度 + (−3)度 + (−3)度 + (−3)度 = (−12)度，仿照上面記法，可用乘法將它表成(−3)度 × 4 = (−12)度，在數的計算上我們可以記成(−3) × 4 = (−3) + (−3) + (−3) + (−3) = (−12)，這個情況，可以用數線圖來表示如圖 2.2。

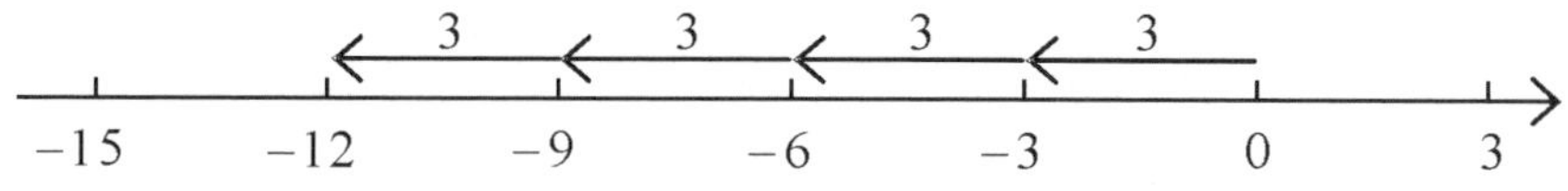

圖 2.2　溫度下降 3 度，降 4 次的下降度數

(3) 正整數乘以負整數

一個水槽每小時水位增高 5 公分，則 3 小時前之水位比現在低 5 公分 × 3 = 15 公分，如果 3 小時前以(−3)表示，低 15 公分以(−15)公分表示，則可表為 5 公分 × (−3) = (−15)公分，即 5 × (−3) = −(5 × 3) = −15。

(4)負整數與負整數相乘

某個水井每年水面下降 6 公分，則 5 年前的水面比現在高 6 公分 × 5 = 30 公分，若每年下降 6 公分以(−6)公分表示，5 年前以(−5)表示，則可表示為(−6)公分 × (−5) = 30 公分，也就是(−6) × (−5) = 6 × 5 = 30。

(5)零和正整數或負整數相乘

若某人每日早餐要吃 20 元的食物，今天他沒有吃早餐，則今天早餐他花的錢是 20（元）× 0 = 0（元），也就是 20 × 0 = 0。若一個水槽的水每天都沒有增減，那麼 7 天前，它的水面增減狀況為

$0\times(-7)=0$，同理可知 $0\times 0=0$。

4. 整數的乘冪

如果整數 3 連乘 2 次，即 3×3，我們將它簡記為 3^2，讀作三的二次方或三的平方。如果 3 連乘 3 次，即 $3\times 3\times 3$，則將它簡記為 3^3，讀作三的三次方或是三的立方。仿此，-2 的二次方是 $(-2)\times(-2)=(-2)^2=4$，或 -2 的三次方是 $(-2)\times(-2)\times(-2)=(-2)^3=-8$。

一般來說，我們定義整數的乘冪為：$a\in\mathbb{Z}$，$n\in\mathbb{N}$，則 a 的 n 次方（或稱為 a 的 n 乘冪）定義為 $a^1=a$，$a^n=a^{n-1}\times a$（a 自乘 n 次），並規定 $a^0=1$，a^n 中的 a 稱為「底數」，n 稱為「指數」。

觀察上面的例子，3^2 中的 3 稱為「底數」，2 稱為「指數」，$(-2)^3$ 中，-2 稱為「底數」，3 稱為「指數」。

5. 整數的除法

日常生活中為了要解決相等分配及被包含的問題而產生了另一種基本算術運算——「除法」。例如：

(a)15 顆蘋果平分給 3 個人，則每人可得幾顆蘋果（分配問題）？

(b)15 顆蘋果，分給一個人 5 顆，全部可分給幾個人（包含問題）？

一般來說，這種算術運算是以乘法的概念來求其結果。以上述兩道問題為例：

(a) 依題意，即是 15 平分成 3 份，每份是多少？

相當於 $\square\times 3=15$ 的意思。

因此，我們導出除法的概念：$15\div 3=?$

(b)依題意，即是將 15 顆蘋果每 5 顆分成 1 份，可分成多少份？

相當於 $5\times\square=15$ 的意思。

因此，我們導出除法的概念：$15\div5=?$

由以上說明，我們發現：這些都是兩數相除後可找到整數解的情形，數學上將之稱為「整除」。我們對「整除」做以下的定義：

若 a、b 為任意整數，且 $b\neq0$，存在且唯一一個整數 c 使得「$a\div b=c$」，那麼，我們稱「a 可被 b 整除」。此時，a 稱為「被除數」，b 稱為「除數」，c 稱為 a 除以 b 的「商」。

但是，兩個整數相除，並不一定每一次都能整除，例如：$5\times n=22$ 中的 n 並不是整數，因為 $5\times4=20$，$5\times5=25$，因此，無法找到整數 n 能夠滿足 $5\times n=22$；換句話說，22 無法被 5 除盡，$22=5\times4+2$，這個式子中的 2 稱為「餘數」。由此，我們對「整數除法」做以下的定義：

若 a、b 為任意整數，且 $b\neq0$，存在整數 c 使得「$a\div b=c$ 餘數為 r」，那麼，我們可寫成「$a=b\times c+r$」。此時，a 稱為「被除數」，b 稱為「除數」，c 稱為 a 除以 b 的「商」，r 稱為「餘數」（$0\leq r<b$）。

例 1　請利用除法的定義計算下面各題：

(1) $12\div(-3)$　(2) $(-12)\div3$　(3) $(-12)\div(-3)$。

解： (1)令 $12\div(-3)=c$，則 $(-3)\times c=12$，得 $c=-4$，

$12\div(-3)=-4$。

(2)令 $(-12)\div3=d$，則 $3\times d=-12$，得 $d=-4$，

$(-12)\div3=-4$。

(3)令$(-12)\div(-3)=e$，則$(-3)\times e=-12$，得$e=4$，

$(-12)\div(-3)=4$。

6. 整數的混合運算

初步學習整數四則混合計算時，若以併式計算，則依一般問題的處理順序，會產生以下規則：

(1) 有括號時，括號內的運算先進行，如果有多層括號，要按「從裡逐次到外」的順序計算，並注意去括號的符號規則。例如：

$3\times(5+2)=3\times 7=21$

(2) 當併式解題的算式中，只有乘除或只有加減的運算時，由左向右逐步進行。例如：$3-2-1=1-1=0$；$3\times 10\div 2=30\div 2=15$

(3) 併式中，產生加減與乘除混合的情況，則先算乘或除，再算加或減部分，若式子中含有乘冪部分，則乘冪部分最先處理。例如：

$3\times 2+5=6+5=11$

2.2 有理數系

2.2.1 分數

1. 分數的意義

什麼是分數？我們可以從日常生活中分東西的情況來思考。例如：有 6 個梨子要平分給 3 個小孩，由整數除法及平分概念，我們可由$6\div 3=2$，得知每個小孩分得 2 個梨子。但是，如果只有 2 個梨子要平分給 3 個小孩，在整數中就沒有整數可以表示「$2\div 3=$ 」的結

果。在生活中，我們可以將每個梨子平分切成 3 份，在這種情形下，每個小孩所得的份量為每一個梨子切成 3 份中的一份，那麼兩個梨子就可得到相當於一個梨子切成 3 份中的 2 份，為了表示這樣的概念，人們用 $\frac{2}{3}$ 的形式來表示，這種形式的數稱為「分數」。

在數學上，若 a、b 都是整數，且 $b \neq 0$，我們以「$\frac{a}{b}$」來表示 $a \div b$ 的解，$\frac{a}{b}$ 為「分數」，b 稱為「分母」，表示「要分的對象被分割的份數」，a 稱為「分子」，表示「要從被分割的份數中所取的份數」。

分數通常用來描述一個被分開的全體之各個部份，但在使用上又依情況的不同而有不同的用法及解釋。

(1)部分與全體之比較：$\frac{\text{部份}}{\text{全體}}$。

(2)兩數相除的商，如 $3 \div 4 = \frac{3}{4}$。

(3)兩個數量的關係：比值，如 2：3 比值記為 $\frac{2}{3}$，等等。

在數學上，又把凡能寫成形如 $\frac{a}{b}$（a、b 都是整數，且 $b \neq 0$）的數，稱為「有理數」。

2. 單位分數

從分數的由來可知分數就是對整體「1」進行等分割的活動，在等分成數份之後，再以「1」為單位，進行對一份量的命名，將單位量「1」與各份分量併置，保留其「整體一部份」的關係。當取分量中的一份與全體分成幾份的份數並置形成分子為 1 的分數時，我們稱這樣的分數為單位分數，如 $\frac{1}{2}$、$\frac{1}{3}$、$\frac{1}{4}$、$\frac{1}{5}$、…，一般而言，所謂單位分數，即形如$\frac{1}{b}$的分數，b為不等於 0 之整數。

3. **真分數**

若一分數的分子的絕對值小於分母，這樣的分數如$\frac{3}{5}$、$\frac{2}{7}$、$\frac{5}{6}$、…等，稱為真分數。一般而言，若a、b為整數，$0 \le |a| < b$，則形如$\frac{a}{b}$的分數為真分數。

4. **假分數**

分子的絕對值大於或等於分母的分數，如$\frac{3}{2}$、$\frac{-5}{3}$、$\frac{11}{8}$、…等，稱為假分數，一般化表示為：設$\frac{a}{b}$為分數（此處$b>0$），若$0<b\le |a|$，則稱為$\frac{a}{b}$為假分數。當$a=b$時，我們又稱$\frac{a}{b}$為與 1 等值的分數，如$\frac{2}{2}$、$\frac{3}{3}$、$\frac{4}{4}$、…。

5. **帶分數**

舉例來說，明華今日早餐吃了 1 個蛋餅，又吃了$\frac{2}{3}$個蛋餅，那麼，他共吃了 1 又$\frac{2}{3}$個蛋餅。像這樣由整數部份與真分數部份所組成的數，稱為「帶分數」。如上述 1 又$\frac{2}{3}$個蛋餅可記成$1\frac{2}{3}$個蛋餅。這個「$1\frac{2}{3}$」形式的數就稱之為「帶分數」。

6. **等值分數**

我們把一個西瓜平均切成三份，吃了其中一份，和把一個西瓜平均切成六份，吃了其中兩份，所吃的數量相同，即$\frac{1}{3}=\frac{2}{6}$，又如將一條緞帶等分成 2 份取其中 1 份的長，分別與將此緞帶等分成 4 份，8

份，…，取其中的2份，4份，…的長是相等的，我們可以下圖2.3說明：

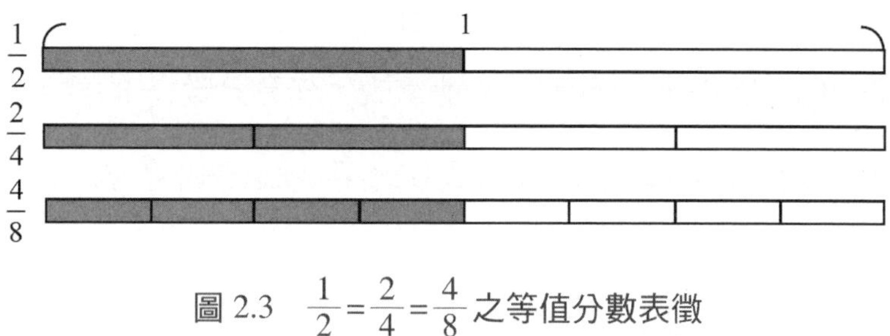

圖 2.3　$\frac{1}{2}=\frac{2}{4}=\frac{4}{8}$之等值分數表徵

也就是$\frac{1}{2}=\frac{2}{4}=\frac{4}{8}=\cdots$，這些分數表達相等的數量，我們稱為「等值分數」。

7. 有理數線

在整數概念的說明中，我們可以用一條直線上的點把所有整數對應上去（見第2.1.3節說明），對於任意一個分數（有理數），我們也可以在數線上標出一點來表示它，這個點與原點的距離等於該分數的絕對值，若該分數為正，則代表它的點在原點（0所對應的點）的右方，若為負，則在原點的左方（如下圖2.4）。

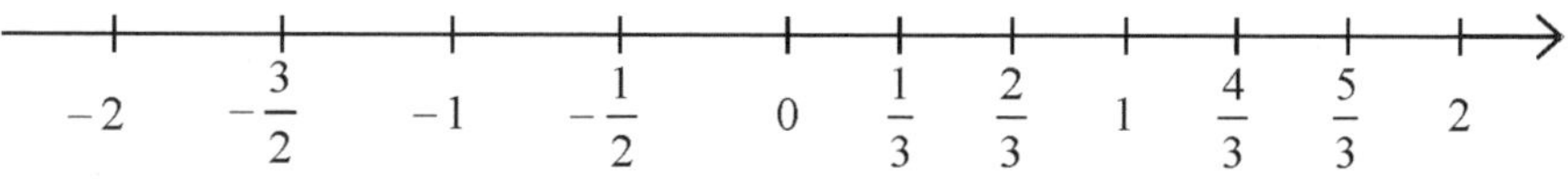

圖 2.4　分數在數線的表示

例如：$-\frac{1}{2}$在原點的左方$\left|-\frac{1}{2}\right|=\frac{1}{2}$個單位的位置，$\frac{1}{3}$在原點右方$\frac{1}{3}$單位的位置，$\frac{5}{3}$在原點右方$\frac{5}{3}$單位的位置。

8. 擴分

若有兩個分數，其中一個分數的分子與分母同時為另一個分數的分子和分母的相同倍數，例如$\frac{5}{6}=\frac{15}{18}=\frac{5\times 3}{6\times 3}$，則稱第二個分數$\frac{15}{18}$是由第一個分數$\frac{5}{6}$擴分而得。一般來說，任意分數$\frac{a}{b}$的分子和分母同乘以一個不為0的整數$c$，所得的分數$\frac{ac}{bc}$稱為分數$\frac{a}{b}$的「擴分」。

9. 約分

以$\frac{24}{32}$為例，我們將分子和分母同時以 8 去除，得$\frac{24\div 8}{32\div 8}=\frac{3}{4}$，這種將$\frac{24}{32}$化成$\frac{3}{4}$的步驟稱為「約分」，約分後所得的分數值等於原來的分數。一般而言，將任意分數$\frac{ac}{bc}$以不為 0 的數c同除以分子ac與分母bc得到分數$\frac{a}{b}$的過程稱為「約分」。每個分子與分母有公因數的分數都可以被約分。

2.2.2 小數

1. 小數的由來及意義

在數的發展過程中，分數的出現比小數早，由於用分數表示極小的數，或分子、分母很複雜龐大時，使用起來很不方便，於是小數開始產生。

在十進位值記數系統中，數目符號中的位數除了數值外還有一個位置值，例如：2573 中的 3 表示個位數，7 表示 7 在十位數。在這個十進位置系統中，每一個位置的值是在它左邊的$\frac{1}{10}$。此系統裡的自然數或整數中，基礎單位（個位）必放於最後的位置。這個系統中，若延續其個位後的位置，則可表示出比 1 小的分數。個位數以後由左向右的位置值分別為十分之一、百分之一、千分之一、…等等，分別稱為十分位、百分位、千分位、…。為了需要區別出作為參考點的一個特殊位置，於是在個位和十分位之間打上一個點。例如：32.675 中 2 是個位，6 是十分位，在個位 2 和十分位 6 間打上一個點作為參考點。這樣，在十進位置系統中，整數範圍位置的數向右只到個位數，如今將位置擴張之後，向右、向左的方向上的位置就沒有限制了。

這樣數的表徵位置的擴張，也符合人們生活中度量上的概念，例如 6.8 公分意即 6 公分 8 公厘（毫米），一公厘等於十分之一公分，又如 5.32 公尺即表示 5 公尺 32 公分（因為 1 公尺＝100 公分）。

小數的讀法，小數點左邊的部分，依照原來整數部分配合位名的讀法，小數點以後的位子要個別的來讀，如 3.56 讀作「三點五六」，因為不這樣的話，就會含糊不清，例如 2.17 和 2.6 若分別讀成二點十七和二點六到底哪個大？便不易分辨，因此，正確讀法分別為「二點一七」與「二點六」。在小數點以後的位子稱為小數位。第一位小數代表十分之一，第二位小數代表百分之一等等。如數 6.87 有三個位置，但只有兩個小數位。任何不是整數的數都能寫成像這樣的十進位系統，例如 0.125 或 36.7，稱之為小數。

2. 分數與小數的變換

(1)分數化成小數

每一個以 10 的次方為分母的分數可立即寫成小數，只要根據分母的冪，把分子放在十進系的位置即可。例如：

$$\frac{7}{10}=0.7$$

$$\frac{35}{100}=\frac{30+5}{100}=\frac{30}{100}+\frac{5}{100}=\frac{3}{10}+\frac{5}{100}=0.35$$

$$82\frac{216}{1000}=82.216$$

因為 $10=2\times5$，所有 10 的乘冪僅有 2 和 5 兩個質因數，如 $100=10\times10=2^2\times5^2$，$1000=10^3=2^3\times5^3$ 等等，所以所有分母只含質因數 2 或 5 的分數，皆可以由擴分的方式使得它們的分母為 10 的乘冪，然後寫成小數；如 $\frac{6}{25}=\frac{24}{100}=0.24$；$2\frac{7}{16}=\frac{24375}{10000}=2.4375$。像這樣的小數，在小數點後面的位數是有限的，稱為「有限小數」；若在小數點後面的位數是無限的，則稱為「無限小數」。但是假如簡化後的分數之分母並不是以 2 和 5 為質因數所構成，則此種分數和小數的轉換就不可能為有限小數了。例如：在整數領域中，我們無法表出 $5\div6$ 之結果，而在分數領域中，我們可以表成 $5\div6=\frac{5}{6}$。而利用整數的除法，把餘數重新安排到 10 的下一個乘冪，對應增加一個小數位，則可表示如下：

```
    0.833
6 ) 50
    48
    ----
     20
     18
     ----
      20
      18
      ----
       20
```

5 除以 6，商 0，餘數 $5=\frac{50}{10}$，

$\frac{50}{10}$除以 6，商$\frac{8}{10}$，餘數$\frac{2}{10}=\frac{20}{100}$，

$\frac{20}{100}$除以 6，商$\frac{3}{100}$，餘數$\frac{2}{100}=\frac{20}{1000}$，

$\frac{20}{1000}$除以 6，商$\frac{3}{1000}$，餘數$\frac{2}{1000}=\frac{20}{10000}$

等等。

因此，5 ÷ 6＝0.833⋯。這個方法和整數除法的寫法一樣，只是由個位轉變到十分位時，須在商裡與被除數同樣的位置標出小數點。除法 5 ÷ 6 所得的結果 $\frac{5}{6}=0.833\cdots$，在 5 被 6 除時，也可以說成商為 0，餘數 5，將 5 看成 50 個 $\frac{1}{10}$，也就是 50 個 0.1，50 個 0.1 被 6 除時，得商為 8 個 0.1，餘數為 2 個 0.1，2 個 0.1 再轉換成 20 個 0.01，20 個 0.01 被 6 除，得商為 3 個 0.01，餘數為 2 個 0.01，仍不能被 6 除盡，所以所得的小數是無窮盡。而這些小數位數在一個餘數出現第二次後開始重複，而這種小數便叫做「循環小數」，在 5 被 6 除時，循環節只有一位。又如 $3\div 7=\frac{3}{7}$，$3\div 7=0.42857142\cdots$，即 $3\div 7=\frac{3}{7}=0.42857142\cdots$，在 3 被 7 除時，可能的餘數出現的數字只有 1、2、3、4、5、6，所得的小數也是無窮盡的。在被 7 除的除法裡，循環節最多只有 6 位，如 $\frac{3}{7}$ 中的 428571。由此我們可以得到下面的一般化性質：

```
      0.428571428⋯
    ───────────────
 7 ) 30
     28
    ───────────────
      20
      14
    ───────────────
       60
       56
    ───────────────
        40
        35
    ───────────────
         50
         49
    ───────────────
          10
           7
    ───────────────
          30
          28
    ───────────────
           20
           14
    ───────────────
            60
            56
    ───────────────
             4
```

若 $\frac{a}{b}$ 是一個最簡分數，且若 b 包含著不是 2 和 5 的質因數，則相對應的小數是循環的，而它的循環節最多不超過 $(b-1)$ 位。

循環小數之週期性表示法，一般以寫出一次循環節並在其上方加一橫線段來表示：如 $\frac{1}{3}=0.33\cdots=0.\overline{3}$，$\frac{34}{99}=0.\overline{34}$，$\frac{5}{6}=0.8\overline{3}$，$\frac{17}{12}=1.41\overline{6}$，

$\frac{2}{7}=0.\overline{285714}$。其讀法為：「$0.\overline{3}$ 讀作零點三，三循環」，「$0.\overline{34}$ 讀作零點三四，三四循環」，「$0.8\overline{3}$ 讀作零點八三，三循環」，「$1.41\overline{6}$ 讀作一點四一六，六循環」，等等。

在 $0.\overline{3}$，$0.\overline{34}$ 這類的小數稱為純循環小數，其週期在小數點後立即開始，在 $0.8\overline{3}$、$1.41\overline{6}$ 這類小數，在小數點和開始循環的位置之間還有其他的小數位，這類小數稱為混循環小數。

(2)小數化成分數

有限小數化成分數可由它們的定義求得，例如：

$$0.25=\frac{2}{10}+\frac{5}{100}=\frac{20+5}{100}=\frac{25}{100}=\frac{1}{4}\text{；}7.06=\frac{706}{100}=\frac{353}{50}\text{。}$$

純小數化成分數時，把小數點去掉，在除去前面的零所得的數作為分子，以 10 的冪為分母，此冪等於小數位的個數。若是帶有整數部分的小數，則把除去小數點所得的數當作分子，再以小數位的個數之 10 的乘冪為分母即得。

循環小數也可以化成分數，對一個純循環小數，我們把循環的數字放到分子，以循環節的個數作為 10 的冪，然後減掉 1，作為分母，如 $0.\overline{3}=\frac{3}{10-1}=\frac{3}{9}=\frac{1}{3}$，$0.\overline{18}=\frac{18}{10^2-1}=\frac{18}{99}=\frac{2}{11}$，$0.\overline{236}=\frac{236}{10^3-1}=\frac{236}{999}$。

這種變換的過程，說明如下：

$a=0.\overline{236}\cdots$①

$1000\times a=236.\overline{236}\cdots$②

---

② − ①得：$999\times a=236$

$\therefore a=\frac{236}{999}$

混循環小數變換成分數的過程如下：

$c=0.3\overline{58}\cdots①$

$100\times c=35.8\overline{58}\cdots②$

②－①得：$99\times c=35.5=\dfrac{355}{10}$

$$c=\frac{\frac{355}{10}}{99}=\frac{355}{990}=\frac{71}{198}$$

另一種變換的方法是基於無限循環小數的計算可化為有限小數和純循環小數的演算。例如：

$$0.3\overline{58}=0.3+0.0\overline{58}=0.3+0.\overline{58}\times\frac{1}{10}=\frac{3}{10}+\frac{58}{99}\times\frac{1}{10}=\frac{297+58}{990}$$

$$=\frac{355}{990}=\frac{71}{198}\text{。}$$

由分數與小數的變換，可知每一個分數都能寫成「有限小數」或「循環小數」，反之每一個「有限小數」或「循環小數」也可變換為分數。

2.3　實數系

從小數與分數的變換中，我們知道一個數若能表成有限小數或是循環小數，則這個數必可表為分數，也就是這個數為「有理數」。但是，有些數，例如：圓周率$\pi=3.14159\cdots$，或 $0.121122111222111112222\cdots$，這樣的小數，既不為循環小數，也不為有限小數，具有這種性質之小數，我們稱它為「無理數」。

我們將「有理數系」與「無理數系」聯集統稱為「實數系」。

所有有理數的集合，通常以英文字母「$\mathbb{Q}$」表示，所有實數的集合以$\mathbb{R}$表示。

所以，我們可以將自然數系、整數系、有理數系和無理數系等，都包含在實數系裡，其關係如圖 2.5 所示：

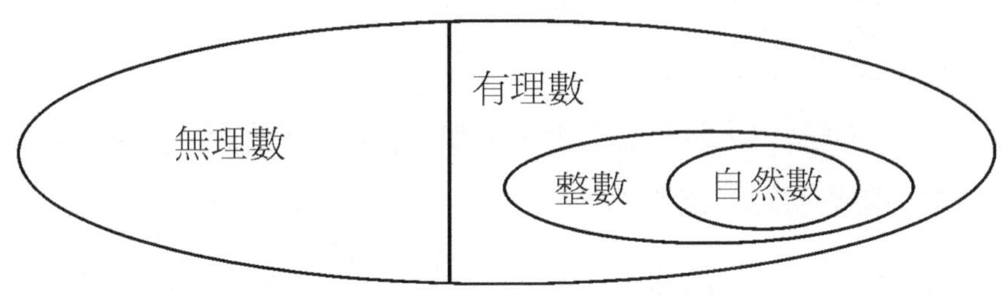

圖 2.5　實數系統中各數系的關係圖

習題

1. 設a、b為正整數，且$\frac{5}{9}<\frac{a}{b}<\frac{4}{7}$，求$b$的最小值？
2. 滿足$|a+1|+3\sqrt{(b-2)^2}+4(c-2)^2=4$之整數$a$、$b$、$c$共有幾組解？
3. 有一五位數N，若將其最左之一數移至最右端，所得的新數為M，若M比$3N$小 4946，求$N=$？
4. a、$b\in\mathbb{Q}$，$a<b$，試比較a、$\frac{4a+b}{5}$、$\frac{3a+2b}{5}$、$\frac{2a+3b}{5}$、$\frac{a+4b}{5}$、b的大小？
5. 循環小數$0.4\overline{523}$化簡成為最簡分數為何？
6. 若不等式$|ax-2|\leq 10$的解為$-3\leq x\leq 2$，求$a=$？

7. 當$|x-1|+|x+1|+|x-5|$有最小值時，$x=$？

8. $2+\sqrt{3}$的純小數部分為x，則$\dfrac{x^2}{1-x}=$？

9. 設在數線上兩點$a=-3$，$b=9$ 和另一點c，且$a<c<b$，及$|c-a|$：$|c-b|=2$：3，求$c=$？

10. $(7923)^{24687}$除以 10 的餘數為何？

11. 試求$\dfrac{3}{x}-\dfrac{1}{y}=2$的所有整數解。

第 3 章 數的計算

3.1 數的運算

3.2 數的次序性質

3.3 因數、倍數、質數、最大公因數與最小公倍數

【教學目標】

- 認識封閉性、交換律、結合律、分配律、單位元素及反元素
- 認識除法原理、整除的定義
- 理解倍數判斷方式的原理
- 認識因數、倍數、質數、公因數、公倍數、最大公因數和最小公倍數

3.1 數的運算

3.1.1 加法的性質

在第 2 章提到數的加法概念中，我們可以由加法的意義觀察及推出下列性質：

1. 封閉性

若對於所有的$a, b \in S$，$a+b \in S$，即集合S中任意兩數相加後產生的新數亦為集合S中的數，則稱加法在集合S中具有封閉性。加法在自然數（$\mathbb{N}$）、全數（$\mathbb{W}$）、整數（$\mathbb{Z}$）、有理數（$\mathbb{Q}$）、實數（$\mathbb{R}$）中均具有封閉性。

2. 加法交換律

對於所有的$a, b \in \mathbb{R}$，$a+b=b+a$，即任意兩數的和不因被加數與加數位置互換而改變。

3. 加法結合律

對於所有的$a, b, c \in \mathbb{R}$，$(a+b)+c=a+(b+c)$，即三數連加，其和不會因其相加的先後順序而改變。

4. 消去律

對於所有的$a, b, c \in \mathbb{R}$，$a+c=b+c \Leftrightarrow a=b$，即兩數分別與第三數相加的和相等，則此兩數必相等，反之也成立。

5. 加法單位元素

對於所有的$a \in \mathbb{R}$，$a+0=a=0+a$，0 為加法單位元素。

6. 加法反元素

對於所有的$a \in \mathbb{R}$，$a+(-a)=0=(-a)+a$，因此$-a$為a的加法反元素；同理，$(-a)+a=0=a+(-a)$，因此a亦為$-a$的加法反元素。

例 1 求出n的加法反元素：

(1) $n=-9$　(2) $n=0$

(3) $n=12$　(4) $n=\frac{3}{8}$

(5) $n=-3.14$　(6) $n=-(2+k)$

(7) $n=[k+(-6)]$　(8) $n=(-3)+(-k)$

解： (1) $-n=-(-9)=9$

(2) $-n=-(-0)=0$

(3) $-n=-12$

(4) $-n=-\frac{3}{8}$

(5) $-n=-(-3.14)=3.14$

(6) $-n=-[-(2+k)]=2+k$

(7) $-n=-[k+(-6)]=-k+[-(-6)]=-k+6$

(8) $-n=-[(-3)+(-k)]=[-(-3)]+[-(-k)]=3+k$

3.1.2 減法的性質

對於任意的兩個數a、b，存在一個數x使得$a=b+x$，即$a-b=x$。x稱為a減b之差，記作$a-b$。對於任意兩數a和b，其差$a-b$存在且為唯一。

例 2 利用$a-b=a+(-b)$之性質計算下列各題：

(1) $-10-(-6)$ (2) $-12-7$

(3) $32-(-18)$ (4) $0-15$

解： (1) $-10-(-6)=-10+[-(-6)]=-10+6=-4$

(2) $-12-7=-12+(-7)=-19$

(3) $32-(-18)=32+[-(-18)]=32+18=50$

(4) $0-15=0+(-15)=-15$

例 3 使用$a-b=x$即$a=b+x$之性質求下列問題之差：

(1) $5-8$ (2) $-7-13$

解： (1)令 $5-8=x \Rightarrow 8+x=5 \Rightarrow x=-3$

(2)令$-7-13=x \Rightarrow 13+x=-7 \Rightarrow x=-20$

3.1.3 乘法的性質

1. 若對於所有的$a, b \in S$，$a \times b \in S$，即集合S中任意兩數相乘後產生的新數亦為集合S中的數，則稱乘法在集合S中具有封閉性。乘法在自然數（ℕ）、全數（𝕎）、整數（ℤ）、有理數（ℚ）、實數（ℝ）中均具有封閉性。

2. 乘法交換律：對於所有的$a, b \in \mathbb{R}$，$a \times b = b \times a$，即任意兩數的積不因被乘數與乘數位置互換而改變。
3. 乘法結合律：對於所有的$a, b, c \in \mathbb{R}$，$(a \times b) \times c = a \times (b \times c)$，即三數連乘，其乘積不會因其相乘的先後順序而改變。
4. 消去律：對於所有的$a, b, c \in \mathbb{R}$，其中$c \neq 0$，$a \times c = b \times c \Leftrightarrow a = b$，即兩數分別與不為0的數相乘的積相等，則此兩數必相等，反之也成立。
5. 乘法對加法的分配律：對於所有的$a, b, c \in \mathbb{R}$，$(a+b) \times c = a \times c + b \times c$，$c \times (a+b) = c \times a + c \times b$，即一數乘以兩數的和與此數分別與此兩數乘積之和相等。
6. 乘法單位元素：對於所有的$a \in \mathbb{R}$，$a \times 1 = a = 1 \times a$，1 為乘法單位元素。
7. 乘法反元素：對於所有的$a \in \mathbb{R}$，$a \neq 0$，$a \times \frac{1}{a} = 1 = \frac{1}{a} \times a$，因此$\frac{1}{a}$為$a$的乘法反元素；同理，$\frac{1}{a} \times a = 1 = a \times \frac{1}{a}$，因此$a$亦為$\frac{1}{a}$的乘法反元素。

3.1.4 除法的性質

日常生活中為了要解決相等分配及被包含的問題而產生了另一種基本算術運算－除法。數學上將除法做以下的定義：

1. 除法原理（division algorithm）

給定一正整數n，對任意的$m \in \mathbb{Z}$，皆存在$q, r \in \mathbb{Z}$，其中$0 \leq r < n$，

滿足 $m=q\times n+r$，即被除數＝商數 × 除數＋餘數。

2. 整除定義

依據除法原理，若餘數為 0，即 $m=q\times n$，我們稱 m 可被 n 整除或 n 可整除 m，記為 $n|m$；反之，若餘數 $r\neq 0$，則稱 m 不能被 n 整除或 n 不可整除 m，記為 $n\nmid m$。

例 4 判斷下列各式是否正確。

(1) $4|12$ (2) $15|3$

(3) $6\nmid -306$ (4) $-5\nmid 47$

解： (1)正確 (2)錯誤 (3)錯誤 (4)正確

【注意】b/a 代表 $b\div a$ 或 $\dfrac{b}{a}$，$b|a$ 代表 b 整除 a，因此 $b|a$ 不可記為 b/a。

引理

對任何整數 m、n、p、q：

(1) $1|m$

(2) 若 $n\neq 0$，則 $n|0$

(3) 若 $n|p$ 且 $p|q$，則 $n|q$

(4) 若 $n|p$，則 $n|mp$

(5) 若 $n|p$ 且 $n|q$，則 $n|(up+vq)$，其中 u、v 為任意整數

(6) 若 $m|1$，則 $m=1$ 或 $m=-1$

(7) 若 $m|n$ 且 $n|m$，則 $m=n$ 或 $m=-n$

證明： (1) $\because m=1\times m$，$\therefore 1|m$

(2) $n\neq 0$，$\because 0=n\times 0$，$\therefore n|0$

(3) 已知$n|p$，因此存在一個整數r，使得$p=n\times r$；

又$p|q$，因此存在一個整數s，使得$q=p\times s$

$\Rightarrow q=p\times s=(n\times r)\times s=n\times(r\times s)$

因為r、s都是整數，所以$r\times s$亦為整數，

故$n|q$。

(4) 已知$n|p$，因此存在一個整數r，使得$p=n\times r$

$\Rightarrow mp=m\times(n\times r)=n\times(m\times r)$

因為m、r都是整數，所以$m\times r$亦為整數；

故$n|mp$。

(5) 已知$n|p$，因此存在一個整數r，使得$p=n\times r$；

又$n|q$，因此存在一個整數s，使得$q=n\times s$；

$up+vq=u\times(n\times r)+v\times(n\times s)=n\times(u\times r+v\times s)$

因為u、v、r、s都是整數，所以$u\times r$、$v\times s$、$u\times r+v\times s$亦為整數；故$n|(up+vq)$。

(6) $m|1$，因此存在一個整數r，使得 $1=m\times r$，故$m=1$ 或 $m=-1$。

(7) $m|n$，因此存在一個整數r，使得$n=m\times r$；

$n|m$，因此存在一個整數s，使得$m=n\times s$；

$\Rightarrow n=m\times r=n\times s\times r$

$\Rightarrow 1=s\times r$

$\Rightarrow r=1, s=1$ 或$r=-1, s=-1$

$\Rightarrow m=n$或$m=-n$。

例 5 證明若 $2|a$ 且 $n\in\mathbb{Z}$，則 $2|na$。

證明： $\because 2|a$，因此存在一個整數 r，使得 $a=2r$

$\Rightarrow na=n2r=2nr$

$\because n, r\in\mathbb{Z}$，$\therefore nr\in\mathbb{Z}$

故 $2|na$

3. 0 不可為除數

(1) 當被除數不為 0 時：

若 $a\neq 0$，且 $a\div 0=c$（$c\in\mathbb{R}$），即 $c\times 0=a$ 或 $0\times c=a$。但是任意實數 $\times 0$ 的值均為 0，與已知 $a\neq 0$ 矛盾，因此任何不為 0 的實數不可以除以 0。

(2) 當被除數為 0 時：

若 $0\div 0=c$（$c\in\mathbb{R}$），即 $c\times 0=0$，但是任意實數 $\times 0$ 的值均為 0，故 c 有無限多解，因此 $0\div 0$ 無意義。

【注意】雖然 $0\div 0$ 無意義，但對於所有實數 a，$0=0\times a$，故 $0|0$ 有意義。

3.2 數的次序性質

對於任意兩實數 a、b，如果存在一個數 c，$c\geq 0$，使得 $b=a+c$，則

1. 當 $c>0$ 時，稱 a 小於 b 或 b 大於 a，記作 $a<b$ 或 $b>a$。

2. 當 $c=0$ 時，稱 a 等於 b，記作 $a=b$。

數的次序具有下列性質：

1. 三一律：對於任意的整數 a、b，則關係 $a=b$、$a<b$、$a>b$ 恰有一個成立。
2. 遞移律：對於任意的整數 a、b、c，若 $a\leq b$ 且 $b\leq c$，則 $a\leq c$。
3. 對於任意整數 a、b，若 $a\leq b$ 且 $b\leq a$，則 $a=b$。

例 6　證明下列問題成立：

(1) $-5>-7\Rightarrow-9>-11$　(2) $-3x>-12\Rightarrow x<4$

證明： (1) 算式兩邊同時減去 4，得 $-5-4>-7-4$，故 $-9>-11$。

(2) 算式兩邊同時除以 -3，得 $-3x\div(-3)<-12\div(-3)$，故 $x<4$。

3.3 因數、倍數、質數、最大公因數與最小公倍數

3.3.1 因數、倍數和質數

1. 設 $a,b\in\mathbb{Z}$，若 $b|a$，即存在一個數 $c\in\mathbb{Z}$，使 $a=b\times c$，則稱 b 為 a 的因數，而 a 為 b 的倍數。若 $b\nmid a$，則 b 不是 a 的因數，a 不是 b 的倍數。
2. 若 $a=b\times c$，因為 $b\times c=c\times b$（乘法交換律），故 b 和 c 都是 a 的因數，a 是 b 和 c 的倍數。
3. 每一個大於 1 的正整數至少有兩個正的因數，一個是 1，另一個是

它自己。

4. 若一個大於 1 的正整數只有 1 和它自己這兩個正的因數，則稱此數為質數。
5. 若一個大於 1 的正整數除了 1 及其本身外，尚有其它正因數，則稱這個數為合數。

例 7　判別下列敘述是否正確，並說明理由或舉出反例。

(1) $a, b, d \in \mathbb{Z}$，若 $d|ab$，則 $d|a$ 或 $d|b$

(2) 若 $12 \nmid a$，則 $3 \nmid a$

(3) $7|21$，$7 \nmid 11$，則 $7 \nmid 231$

解： (1) 設 $d=8$、$a=12$、$b=4$，則 $8|12 \times 4$，但 $8 \nmid 12$，且 $8 \nmid 4$，所以本題之敘述不正確。

(2) 設 $a=9$，則 $12 \nmid 9$，但 $3|9$，所以本敘述不正確。

(3) 因為 $231=7 \times 33$，因此 $7|231$，所以本題敘述為不正確。

3.3.2　質因數分解與倍數的檢驗法

1. 質因數與質因數分解

如果有一個質數，它是某一個整數的因數時，我們稱這個質數為這個整數的「質因數」。例如：2 和 3 都是 12 的質因數；2、3、7 都是 84 的質因數。

每一個大於 1 的正整數，如果它不是質數，那麼，此正整數必能分解成「比它小的質因數之乘積」。當我們「將一個大於 1 的正整數分解成許多質因數的乘積」時，我們稱「將此正整數做質因數分解」。

當我們將一個數做質因數分解，並且分解到不能再分解的式子，然後將質因數由小到大依序排列，所排列出來的質因數乘積的式子就稱為「標準分解式」。

例如：

欲求 924 的標準分解式，可計算如下：

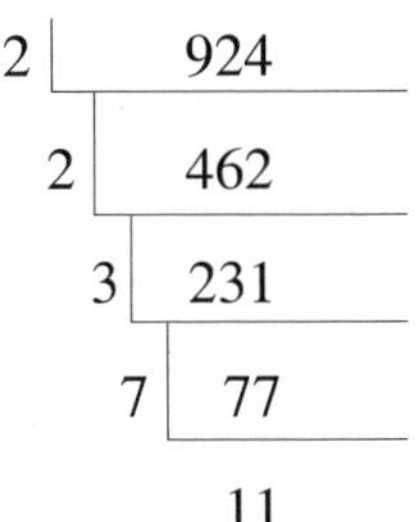

所以 924 的標準分解式即為 $924 = 2^2 \times 3 \times 7 \times 11$。

2. 設 n 為大於 1 的正整數，若滿足 $p^2 \leq n$ 之所有質數 p 都不是 n 的因數，則 n 必為質數。

   要知道 103 是否為質數，可以檢查所有平方比 103 小的質數是否為 103 的因數，即 $11^2 = 121 \geq 103$，$7^2 = 49 < 103$，7 不是 103 的因數，又 $5 \nmid 103$，$3 \nmid 103$，$2 \nmid 103$，即 5，3，2 都不是 103 的因數，所以可知 103 為質數。

3. 倍數的檢驗法

   以下將針對各檢驗方式加以說明：

   (1) 一正整數之個位數字為 0，2，4，6 或 8 $\Leftrightarrow$ 此數為 2 的倍數。

   2 的倍數判斷方式可以利用 $2|10$ 及「若 $n|p$ 且 $n|q$，則 $n|(up+vq)$，其中 u、v 為任意整數」來說明。

   (a) 358 是 2 的倍數 $\Leftrightarrow$ 358 的個位數字 8 是 2 的倍數。

   說明：$358 = 350 + 8 = 35 \times 10 + 8$

$\because 2|10 \Rightarrow 2|35 \times 10$

又 $2|8$，$\therefore 2|(35 \times 10+8)$，即 $2|358$

(b) 4719 不是 2 的倍數⇔4719 的個位數字 9 不是 2 的倍數。

說明：$4719=4710+9=471 \times 10+9$

雖然 $2|471 \times 10$，但 $2\nmid 9$，故 $2\nmid(471 \times 10+9)$，即 $2\nmid 4719$

(2) 一正整數之個位數字為 0 或 5⇔此數為 5 之倍數。

5 的倍數判別說明方式與 2 的倍數類似，利用 $5|10$ 及「若 $n|p$ 且 $n|q$，則 $n|(up+vq)$，其中 u、v 為任意整數」方式驗證。

(a) 365 是 5 的倍數⇔365 的個位數字是 5。

說明：$365=360+5=36 \times 10+5$

$\because 5|10 \Rightarrow 5|36 \times 10$

又 $5|5$，$\therefore 5|(36 \times 10+5)$，即 $5|365$

(b) 471 不是 5 的倍數⇔471 的個位數字不是 0 或 5。

說明：$471=470+1=47 \times 10+1$

雖然 $5|(47 \times 10)$，但 $5\nmid 1$，故 $5\nmid(47 \times 10+1)$，即 $5\nmid 471$

(3) 一正整數之個位數字為 0⇔此數為 10 之倍數。

10 的倍數判別方式可以利用 $10|10$ 及「若 $n|p$，則 $n|mp$」來說明。

(a) 24790 是 10 的倍數⇔24790 的個位數字為 0

說明：$24790=2479 \times 10$

$\because 10|10$，$\therefore 10|(2479 \times 10)$，故 $10|24790$

(b) 9806 不是 10 的倍數⇔9806 的個位數字不為 0

說明：雖然 $10|980 \times 10$，但 $10\nmid 6$，故 $10\nmid(980 \times 10+6)$，即

$10 \nmid 9806$

(4) 一個正整數之末兩位數為 4 之倍數⇔此數為 4 之倍數。

4的倍數判斷方式可以利用$4|100$及「若$n|p$且$n|q$，則$n|(up+vq)$，其中u、v為任意整數」來說明。

(a) 59648 是 4 的倍數⇔59648 的末兩位數字 48 是 4 的倍數

說明：$59648=596\times100+48$

$\because 4|100$，$\therefore 4|(596\times100)$

又$\because 4|48$，$\therefore 4|(596\times100+48)$，即 $4|59648$

(b) 7866 不是 4 的倍數⇔7866 的末兩位數字 66 不是 4 的倍數

說明：$7866=78\times100+66$，雖然 $4|(78\times100)$，但 $4\nmid 66$，

故 $4\nmid(78\times100+66)$，即 $4\nmid 7866$

(5) 一個正整數之末三位數字為 8 之倍數⇔此數為 8 之倍數。

8 的倍數判斷方式可以利用 $8|1000$ 及「若$n|p$ 且$n|q$，則$n|(up+vq)$，其中u、v為任意整數」來說明。

(a) 59648 是 8 的倍數⇔59648 的末三位數字 648 是 8 的倍數。

說明：$59648=59\times1000+648$

$\because 8|1000$，$\therefore 8|(59\times1000)$

又$\because 8|648$，$\therefore 8|(59\times1000+648)$，即 $8|59648$

(b) 7866不是8的倍數⇔7866的末三位數字866不是8的倍數。

說明：$7866=7\times1000+866$

雖然 $8|(7\times1000)$，但 $8\nmid 866$，故 $8\nmid(7\times1000+866)$，

即 $8\nmid 7866$

(6) 一個正整數之各位數字和為 3 之倍數⇔此數為 3 之倍數。

3 的倍數判斷方式可以利用 $3|9$、$3|99$、$3|999$、…及「若$n|p$且

$n|q$，則 $n|(up+vq)$，其中 u、v 為任意整數」來說明。

(a) 67983 是 3 的倍數 $\Leftrightarrow$ 67983 的各個數字的和 $6+7+9+8+3=33$ 是 3 的倍數。

說明：

$$\begin{aligned}67983&=6\times 10000+7\times 1000+9\times 100+8\times 10+3\\&=6\times(9999+1)+7\times(999+1)+9\times(99+1)+\\&\quad 8\times(9+1)+3\\&=(6\times 9999+7\times 999+9\times 99+8\times 9)+\\&\quad(6+7+9+8+3)\end{aligned}$$

$\because 3|9999$，$3|999$，$3|99$，$3|9$

又 $\because 3|(6+7+9+8+3)$

$\therefore 3|[(6\times 9999+7\times 999+9\times 99+8\times 9)+(6+7+9+8+3)]$，即 $3|67983$

(b) 5479 不是 3 的倍數 $\Leftrightarrow$ 5479 的各個數字的和 $5+4+7+9=25$ 不是 3 的倍數。

說明：

$$\begin{aligned}5479&=5\times(999+1)+4\times(99+1)+7\times(9+1)+9\\&=(5\times 999+4\times 99+7\times 9)+(5+4+7+9)\\&=(5\times 999+4\times 99+7\times 9)+25\end{aligned}$$

雖然 $3|5\times 999+4\times 99+7\times 9$，但 $3\nmid 25$

故 $3\nmid[(5\times 999+4\times 99+7\times 9)+25]$，即 $3\nmid 5479$

(7) 一個正整數之各位數字和為 9 的倍數 $\Leftrightarrow$ 此數為 9 之倍數。

9 的倍數判別說明方式與 3 的倍數類似，利用 $9|9$、$9|99$、$9|999$、…和「若 $n|p$ 且 $n|q$，則 $n|(up+vq)$，其中 u、v 為任意整

數」方式驗證。

(a) 3978 是 9 的倍數⇔3978 的各個數字的和 $3+9+7+8=27$ 是 9 的倍數。

說明：

$$\begin{aligned}3978&=3\times 1000+9\times 100+7\times 10+8\\&=3\times(999+1)+9\times(99+1)+7\times(9+1)+8\\&=(3\times 999+9\times 99+7\times 9)+(3+9+7+8)\end{aligned}$$

$\because 9|999$，$9|99$，$9|9$

又 $9|(3+9+7+8)$

$\therefore 9|[(3\times 999+9\times 99+7\times 9)+(3+9+7+8)]$，

即 $9|3978$

(b) 67983 不是 9 的倍數⇔67983 的各個數字的和 $6+7+9+8+3=33$ 不是 9 的倍數。

說明：

$$\begin{aligned}67983&=6\times 10000+7\times 1000+9\times 100+8\times 10+3\\&=6\times(9999+1)+7\times(999+1)+9\times(99+1)+\\&\quad 8\times(9+1)+3\\&=(6\times 9999+7\times 999+9\times 99+8\times 9)\\&\quad +(6+7+9+8+3)\end{aligned}$$

雖然 $9|(6\times 9999+7\times 999+9\times 99+8\times 9)$，但 $9\nmid 33$

故 $9\nmid[(6\times 9999+7\times 999+9\times 99+8\times 9)+(6+7+9+8+3)]$，即 $9\nmid 67983$

(8) 一正整數（奇數位數字總和）減去（偶數位數字總和）的差為 11 之倍數⇔此數為 11 之倍數。

11 倍數判斷方式的說明，會使用 99、9999、999999、…等均為 11 的倍數，且 11、1001、100001、10000001、…等亦均為 11 的倍數（讀者可自行驗證），再利用「若 $n|p$ 且 $n|q$，則 $n|(up+vq)$，其中 u、v 為任意整數」方式驗證。

(a) 6479 是 11 的倍數⇔6479 的奇數位數字總和（$6+7=13$）減去偶數位數字總和（$4+9=13$）的差為 0，是 11 的倍數

說明：

$$\begin{aligned}6479 &= 6\times(1001-1)+4\times(99+1)+7\times(11-1)+9\\&=(6\times1001+4\times99+7\times11)+[6\times(-1)+4\times1\\&\quad+7\times(-1)+9]\\&=(6\times1001+4\times99+7\times11)+0\end{aligned}$$

因為 $11|1001$，$11|99$ 和 $11|11$，因此 $11|(6\times1001+4\times99+7\times11)$

又 $11|0$，$\therefore 11|[(6\times1001+4\times99+7\times11)+0]$，即 $11|6479$

(b) 438705 不是 11 的倍數⇔438705 的奇數位數字總和（$4+8+0=12$）減去偶數位數字總和（$3+7+5=15$）的差為 -3，不是 11 的倍數

說明：

$$\begin{aligned}438705 &= 4\times(100001-1)+3\times(9999+1)+8\times\\&\quad(1001-1)+7\times(99+1)+0\times(11-1)+5\\&=(4\times100001+3\times9999+8\times1001+7\times99\\&\quad+0\times11)+(-4+3-8+7-0+5)\\&=(4\times100001+3\times9999+8\times1001+7\times99\\&\quad+0\times11)+3\end{aligned}$$

因為 $11|100001$，$11|9999$，$11|1001$，$11|99$ 和 $11|11$

因此 $11|(4 \times 100001 + 3 \times 9999 + 8 \times 1001 + 7 \times 99 + 0 \times 11)$

但 $11 \nmid 3$，$\therefore 11 \nmid [(4 \times 100001 + 3 \times 9999 + 8 \times 1001 + 7 \times 99 + 0 \times 11) + 3]$，即 $11 \nmid 438705$

(9) 一正整數自右向左每 3 位數字一節，若各奇數節與偶數節的和相減，所得的差為 7 或 13 的倍數⇔此數為 7 或 13 之倍數（其中 7 與 7 對應，13 與 13 對應）。

7 和 13 的倍數判斷方式相同，均使用 1001、1000000001、999999、999999999999、…等為 7 和 13 的倍數（讀者可自行驗證），再利用「若 $n|p$ 且 $n|q$，則 $n|(up + vq)$，其中 u、v 為任意整數」方式驗證。

(a) 56082936 是 13 的倍數⇔56082936 的奇數節總和（$56 + 936 = 992$）減去偶數節總和（82）的差為 910，是 13 的倍數。

說明：

$$\begin{aligned} 56082936 &= 56 \times (999999 + 1) + 82 \times (1001 - 1) + 936 \\ &= (56 \times 999999 + 82 \times 1001) + (56 - 82 + 936) \\ &= (56 \times 999999 + 82 \times 1001) + 910 \end{aligned}$$

因為 $13|999999$、$13|1001$，因此 $13|56 \times 999999 + 82 \times 1001$

又 $13|910$，$13|(56 \times 999999 + 82 \times 1001 + 910)$，

即 $13|56082936$

(b) 1679933684 不是 7 的倍數⇔1679933684 的奇數節總和（$1 + 933 = 934$）減去偶數節總和（$679 + 684 = 1363$）的差為

-429，不是 7 的倍數

說明：

$$
\begin{aligned}
1679933684 &= 1\times(1000000001-1)+679\times(999999+1) \\
&\quad +933\times(1001-1)+684 \\
&=(1\times 1000000001+679\times 999999+933 \\
&\quad \times 1001)+(-1+679-933+684) \\
&=(1\times 1000000001+679\times 999999+933 \\
&\quad \times 1001)+429
\end{aligned}
$$

因為 $7|1000000001$、$7|999999$、且 $7|1001$，

$\therefore 7|(1\times 1000000001+679\times 999999+933\times 1001)$

但 $7\nmid 429$，$\therefore 7\nmid[1\times 1000000001+679\times 999999+933\times 1001)+429]$，$7\nmid 1679933684$，即 1679933684 不是 7 的倍數。

例 8 判別 263964194 是否為 2、3、4、5、7、8、9、10、11、13 之倍數。

解： (1) $2|4$，所以 263964194 是 2 的倍數。

(2) $2+6+3+9+6+4+1+9+4=44$，$3\nmid 44$，所以 263964194 不是 3 的倍數。

(3) $4\nmid 94$，所以 263964194 不是 4 的倍數。

(4) 263964194 的個位數不是 0 或 5，所以 263964194 不是 5 的倍數。

(5) 263964194 的奇數節總和為 457，偶數節總和為 964，其差為507，不是7的倍數，所以263964194不是7的倍數。

(6) $8\nmid 194$，所以 263964194 不是 8 的倍數。

(7) 由(2)知 263964194 的所有數字和為 44，$9\nmid 44$，所以 263964194 不是 9 的倍數（註：263964194 不是 3 的倍數，一定不是 9 的倍數）。

(8) 263964194 的個位數不是 0，所以 263964194 不是 10 的倍數。

(9) 263964194 的奇數位數字總和為 16，偶數位數字總和為 28，其差為 12，不是 11 的倍數，所以 263964194 不是 11 的倍數。

(10) 由(5)知 263964194 的奇數節總和與偶節總和的差為 507，為 13 的倍數，所以 263964194 是 13 的倍數。

算術基本定理（The fundamental theorem of arithmetic）：對於任何 $x \in \mathbb{N}, x > 1$ 存在相異的質數 $p_1, p_2, \cdots, p_n$ 使得 $x = p_1^{t_1} \times p_1^{t_2} \times \cdots \times p_n^{t_n}$，其中 $\forall t_i \in \mathbb{N}, i \in \{1, 2, \cdots, n\}$。

算術基本定理又稱為正整數的唯一分解定理，說明對於每一個大於 1 且非質數的自然數 x 都可以分解為有限多個質因數的乘積且這些質因數按大小排列之後寫法唯一。例如：$60 = 2^2 \times 3 \times 5$。

3.3.3 公因數、公倍數、最大公因數與最小公倍數

1. 若一個整數同時為某些整數的因數時，則稱此整數是這幾個整數的公因數。
2. 最大公因數（greatest common divisior, GCD）：幾個整數的正公因

數中，最大的一個稱為這些數的最大公因數。

3. 若 c 為 a 和 b 的最大公因數，則：

   (1) $c>0$

   (2) $c|a$ 且 $c|b$

   (3) 若 $d|a$ 且 $d|b$，則 $d|c$

   以符號 (a, b) 表示 a 和 b 的最大公因數。此處的 (a, b) 與第 1.3.1 節開區間 (a, b) 的表示方法相同，但意義不同。

4. 若 a 與 b 除了±1 外再沒有其他公因數，則 a、b 兩數稱為互質，即 a 和 b 的最大公因數 $(a, b)=1$。

5. 若一個整數同時為某些整數的倍數時，則稱此整數是這幾個整數的公倍數。

6. 最小公倍數（least common multiple, LCM）：幾個整數的正公倍數中，最小的一個稱為這些數的最小公倍數。

7. 若 c 為 a 和 b 的最小公倍數，則：

   (1) $c>0$

   (2) $a|c$ 且 $b|c$

   (3) 若 $a|d$ 且 $b|d$，則 $c|d$

   以符號 $[a, b]$ 表示 a 和 b 的最小公倍數 c。此處的 $[a, b]$ 與第 1.3.1 節閉區間 $[a, b]$ 的表示方法相同，但意義不同。

當 $a=0$，$b\neq 0$ 時，因為 0 為任意數字的倍數，所以 $(a,b)=(0,b)=|b|$。如果 $a=b=0$，因為 0 為任意數字的倍數，則所有的整數都是 a、b 的公因數，因此求出 a、b 的最大公因數並無意義，即 $(0, 0)$ 是沒有意義的。

例 9 求出以下各題的最大公因數：

(1) (204, −276) (2) (36, 5) (3) (180, 270, 315)

解： (1) 204，−276 的公因數有±1、±2、±3、±4、±6、±12，其中最大的正公因數是 12，故(204, −276) = 12。

(2) 36 與 5 除±1 外，再沒有其他公因數，所以(36, 5) = 1，即 36 與 5 互質。

(3) $180 = 2^2 \times 3^2 \times 5$，$270 = 2 \times 3^3 \times 5$，$315 = 3^2 \times 5 \times 7$

$(180, 270, 315) = 3^2 \times 5 = 45$

例 10 求出下列各題的最小公倍數：

(1) [1260, 540] (2) [128, 1000, 1620, 3200]

解： (1) $1260 = 2^2 \times 3^2 \times 5 \times 7$

$540 = 2^2 \times 3^3 \times 5$

所以$[1260, 540] = 2^2 \times 3^3 \times 5 \times 7 = 3780$

(2) $128 = 2^7$

$1000 = 2^3 \times 5^3$

$1620 = 2^2 \times 3^4 \times 5$

$3200 = 2^7 \times 5^2$

所以$[128, 1000, 1620, 3200] = 2^7 \times 3^4 \times 5^3 = 1296000$

習題

1. 被除數為 a，除數為 b，商為 q，餘數為 r。若 $a=503,\ r=23$，則除數 b 可能是多少？
2. 判別 48392058 是否為 2、3、4、5、7、8、9、10、11、13 之倍數。
3. 若 $a, b \in \mathbb{Z}$ 且 $b|a$，試證明 $b|(-a)$，$(-b)|a$，$(-b)|(-a)$。
4. 若 $a, b, c \in \mathbb{Z}$ 且 $d|a$，$d|b$，試證明 $d|(a \pm b)$。
5. 設 $a, b \in \mathbb{N}$，$a-b=166$，$[a, b]=2905$，求 a 與 b。
6. 若 $c>0$，試證明：(1) $(ac, bc)=c\,(a, b)$　(2) $[ac, bc]=c\,[a, b]$。
7. 若 $a, b \in \mathbb{N}$，試證明 $(a, b)\times[a, b]=a\times b$。
8. 試舉例說明 $(a, b, c)\times[a, b, c]$ 不一定等於 abc。
9. 承上題，試說明 $(a, b, c)\times[a, b, c]=abc$ 的條件。
10. 試將 100800 質因數分解。
11. 對於每一個大於等於 2 的自然數 n，設 $A_n=\{p|p$ 是 n 的正質因數$\}$，例如：$A_{100}=\{2, 5\}$，試列出下列情形中 A_n 與 A_m 的關係。

    (1)若 m 是 n 的倍數。

    (2)若 m 和 n 互質。

    (3)若 m 與 n 的最大公因數為 d 且 $d>1$。
12. 對於每一個大於等於 2 的自然數 n，設 I_n 表所有 n 的倍數所成的集合，試列出下列情形中 I_n 與 I_m 的關係。

    (1)若 m 是 n 的倍數。

    (2)若 m 和 n 互質。

    (3)若 m 與 n 的最大公因數為 d 且 $d>1$。

第 4 章

坐標系統

【教學目標】

・認識直線坐標系、直角坐標系和空間坐標系

・理解區間的意義並繪圖

・理解並繪製二元一次方程式的圖形

・理解二元一次聯立方程式的圖形

4.1 坐標系

4.1.1 直線坐標系

1. 定義

在一直線上，任取一點 O 做為原點，再選定一單位長度 a，在原點 O 的一側（習慣上為右側）取一點 A，使得 OA 等於單位長度 a。再令實數 0 與點 O 對應，1 與點 A 對應。其他的實數則可以根據他的正負與絕對值大小，與此直線上的點形成一對一對應。此對應即形成直線坐標系。

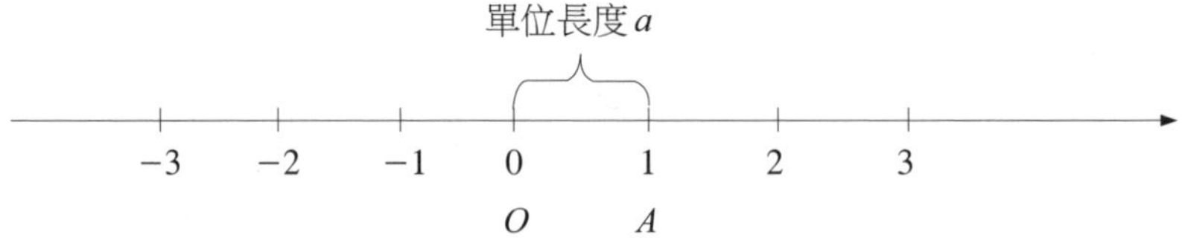

例如：6 在直線上所對應的位置，在 O 點的右側，且與 O 點的距離為 $6a$（單位長的 6 倍）。

2. 距離

在直線坐標系中，假若P、Q兩點的坐標（即P、Q所對應的兩個實數）分別為x、y。則P與Q的距離為$|y-x|$。

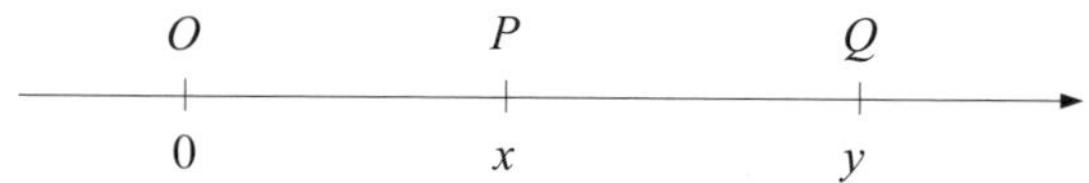

例如：P、Q坐標分別為 5、-13。則$\overline{PQ}$的長$=|-13-5|=|-18|=18$。

4.1.2 區間的表示方式

在繪圖的時候，有時只需要x軸上的部分範圍，例如有興趣的部分是從$x=1$到$x=3$，或從$x=-2$到$x=7.5$。這種在x軸上的部分範圍稱為區間。在數線上區間可分為三種：

1. 閉區間：此種區間包含兩個端點，例如所有介於 1 到 3 間的數字，包含 1 和 3，即形成一個閉區間，以$[1, 3]$表示。若x在$[1, 3]$區間內，則$x \geq 1$且$x \leq 3$，或表示成$1 \leq x \leq 3$，亦可用集合形式表示為$\{x|1 \leq x \leq 3, x \in \mathbb{R}\}$。
2. 開區間：此種區間不包含兩個端點，例如所有介於 1 到 3 間的數字，不包含 1 和 3，即形成一個開區間，以$(1, 3)$表示。若x在$(1, 3)$區間內，則$x>1$且$x<3$，或表示成$1<x<3$，亦可用集合形式表示為$\{x|1<x<3, x \in \mathbb{R}\}$。
3. 半開區間或半閉區間：一個區間的一端為開區間，另一端為閉區間，則稱為半開區間或半閉區間。例如包含 3，但不包含 1 的所有介於 1 到 3 間的數字即形成一個半開區間，以$(1, 3]$表示，亦可用

集合形式表示為$\{x|1<x\leq 3, x\in\mathbb{R}\}$。$[1,3)$則表示為$\{x|1\leq x<3, x\in\mathbb{R}\}$。

4.1.3 區間的圖形

在繪製區間的圖形時，包含的端點以•表示，不包含端點則以∘表示。

例 1 寫出 $[-3, 4]$ 的集合形式，並在數線上畫出其圖形。

解： $[-3, 4]$的集合形式是$\{x|-3\leq x\leq 4, x\in\mathbb{R}\}$

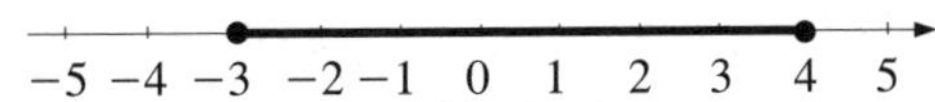

例 2 寫出$(1, 4)$的集合形式，並在數線上畫出其圖形。

解： $(1, 4)$的集合形式是$\{x|1<x<4, x\in\mathbb{R}\}$

例 3 解不等式 $-x+1<2(x-1)\leq 11+x$，並在數線上畫出其解。

解： (1)$-x+1<2(x-1)$

$\Rightarrow -x+1<2x-2$

$\Rightarrow 1<x$

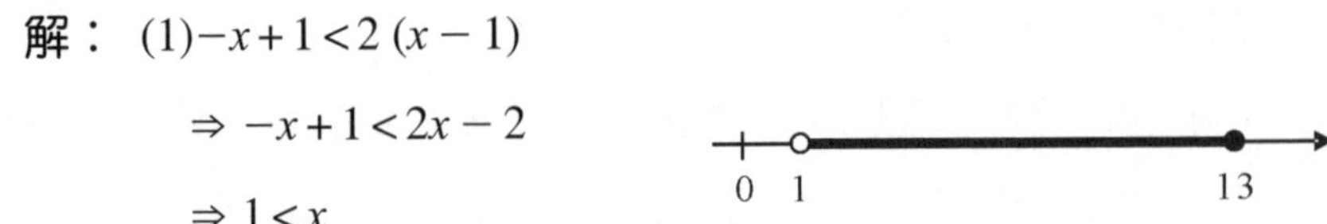

(2)$2(x-1) \le 11+x$

$\Rightarrow 2x-2 \le 11+x$

$\Rightarrow x \le 13$

所以　$1<x \le 13$

例 4　求直線上兩點間的距離：

(1)$A=3$，$B=6$。求$\overline{AB}$的長=________。

(2)$C=0$，$D=-4$。求$\overline{CD}$的長=________。

(3)$E=-5$，$F=-1$。求$\overline{EF}$的長=________。

解： (1) $\overline{AB}$的長$=|6-3|=3$。

(2) $\overline{CD}$的長$=|-4-0|=|-4|=4$。

(3) $\overline{EF}$的長$=|-1-(-5)|=|-1+5|=|4|=4$。

例 5　設直線上兩點P、Q分別代表的坐標為 5、x。若$\overline{PQ}$的長度$=3$，則x的值可能為何？

解： $\because \overline{PQ}$的長度$=3$

$\therefore |x-5|=3$

$x-5=\pm 3$，則$x=8$ 或 2

4.1.2 平面直角坐標系

1. 定義

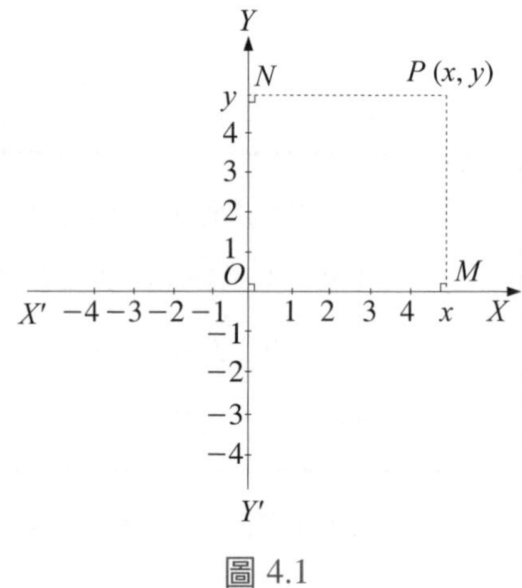

圖 4.1

圖 4.1 表示一個平面直角坐標系。O 稱為原點，直線 XX' 稱為 x 軸，直線 YY' 稱為 y 軸。

在兩軸上分別取直線坐標系（以 O 為原點），則平面上的任一點 P，都有唯一的實數對 (x, y) 與之對應，其中，x 是 P 點在 x 軸上垂足 M 的坐標，y 是 P 點在 y 軸上垂足 N 的坐標。此實數對 (x, y) 稱為 P 點的坐標。x 稱為 P 的橫坐標，y 稱為 P 的縱坐標。

2. 象限

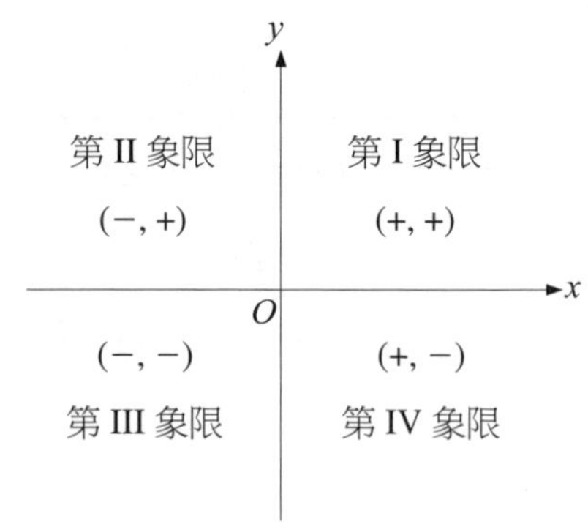

圖 4.2

兩個坐標軸（x 軸與 y 軸）把平面分成四個部分，每一個部分都稱為象限（如圖 4.2 所示）。

其中，第 I 象限內每一個點的 x 坐標與 y 坐標均為正數；第 II 象限內每一個點的 x 坐標為負數，y 坐標為正數；第 III 象限內每一個點的 x 坐標與 y 坐標均為負數；第 IV 象限內每一個點的 x 坐標為正數，y 坐標為負數。

例如：$A(-3, 5)$在第 II 象限；$B(6, -2)$在第 IV 象限；$C(-3, -1)$在第 III 象限；$D(17, 8)$在第 I 象限。

例 5 已知(a, b)在第 II 象限；(c, d)在第 III 象限；(e, f)在第 IV 象限。試判斷下列各數 a、d、e、bc、af、bde 的正負。

解： $\because (a, b)$在第 II 象限，$\therefore a$ 為負數，b 為正數

$\because (c, d)$在第 III 象限，$\therefore c$ 為負數，d 為負數

$\because (e, f)$在第 IV 象限，$\therefore e$ 為正數，f 為負數

因此，a 為負數，d 為負數，e 為正數，bc 為負數，af 為正數，bde 為負數。

(1) 軸上點的坐標

在直角坐標系中，x 軸上每一個點的縱坐標都是 0，所以 x 軸上的每一個點都可表示成$(a, 0)$的形式。y 軸上的每一個點的橫坐標都是 0，所以 y 軸上的每一個點都可表示成$(0, b)$的形式。

例 6 已知點$(3, a)$在 x 軸上，點$(d-2, -4)$在 y 軸上，點$(b+c, c+1)$為原點。求 a、b、c、d 的值。

解： $\because (3, a)$在 x 軸上，$\therefore a=0$

$\because (d-2, -4)$在 y 軸上，$\therefore d-2=0$，$\therefore d=2$

$\because (b+c, c+1)$為原點，$\therefore b+c=0$ 且 $c+1=0$，

$\therefore c=-1$，$b=1$

叮嚀：

1. x軸和y軸是四個象限的界線，x軸和y軸上的點不屬於任何一個象限。
2. 任何兩個象限間都沒有共同點，而象限與兩軸亦沒有共同的點。

例 7 若點(a, b)在第二象限內，試判斷下列各點的位置在那一象限內：

(1)$(b, -a)$　(2)$(b-a, -a^2)$　(3)(ab, b^2)　(4)$(a-7, b+7)$

解： 由(a, b)在第二象限可知$a<0$，$b>0$，

(1)$b>0$，$-a>0$，所以$(b, -a)$為$(+, +)$，故在第一象限。

(2)$b-a>0$（$\because b>a$），$-a^2<0$（$\because a^2>0$），所以$(b-a, -a^2)$為$(+, -)$，故在第四象限。

(3) $ab<0$，$b^2>0$，所以(ab, b^2)為$(-, +)$，故在第二象限。

(4) 因為$a<0$，$a-7<0$；因為$b>0$，$b+7>0$；所以$(a-7, b+7)$為$(-, +)$，故在第二象限。

例 8 如右圖，四邊形$ABCD$為一平行四邊形，A點坐標為$(-2, 5)$，B點坐標為$(-5, -3)$，C點坐標為$(3, -3)$，試求：

(1) D點坐標

(2) 此平行四邊形的面積

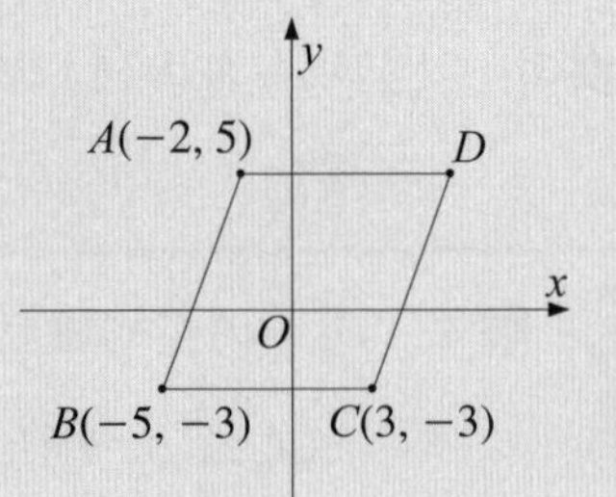

解： (1) 因為B、C兩點的距離為 $3-(-5)=8$，

所以D點的x坐標為$(-2)+8=6$，

又高為 $5-(-3)=8$，所以D點的y坐標為

$(-3)+8=5$，

因此D點坐標為$(6, 5)$。

(2) $8\times 8=64$（平方單位）

4.2 二元一次方程式的圖形

二元一次方程式的解可以用數對的形式描繪到坐標平面上，二元一次方程式的圖形，則是這個方程式在坐標平面上的所有解的點所形成的圖形：

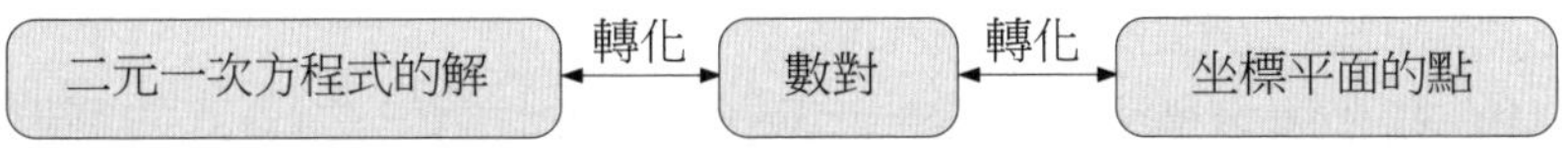

1. 二元一次方程式的圖形為一直線。
2. 若數對(x_1, y_1)是二元一次方程式 $ax+by=c$ 的解，則 $ax_1+by_1=c$。
3. 若點(x_2, y_2)在直線 $ax+by=c$ 的圖形上，則 $ax_2+by_2=c$。

例 9 在下面的空格中，填入適當的x值和y值，使每一個數對都是$y=x+2$ 的解，並將它們描在坐標平面上。

x	-5	-4	-3	-2	-1	0					
y							3	4	5	6	7

解：

x	-5	-4	-3	-2	-1	0	1	2	3	4	5
y	-3	-2	-1	0	1	2	3	4	5	6	7

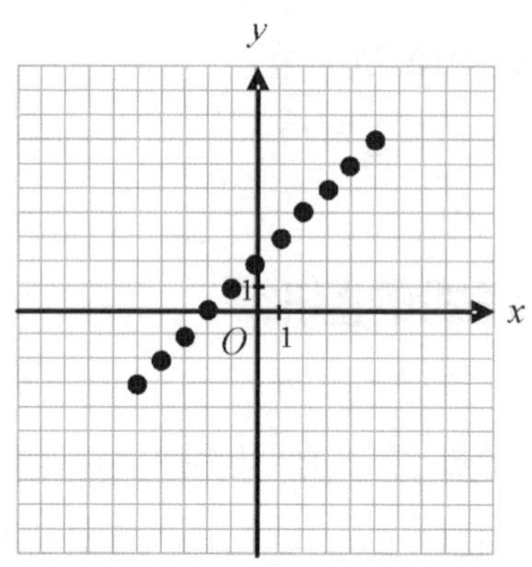

例 10 在直角坐標平面上畫出二元一次方程式 $y=\dfrac{3}{2}x-6$ 的圖形。

解： 當 $x=0$ 時，$y=-6$，因此方程式圖形過 $(0, -6)$。

當 $y=0$ 時，$x=4$，因此方程式圖形過 $(4, 0)$。

過 $(0, -6)$ 和 $(4, 0)$ 兩點畫一直線，此直線即為 $y=\dfrac{3}{2}x-6$ 的圖形。

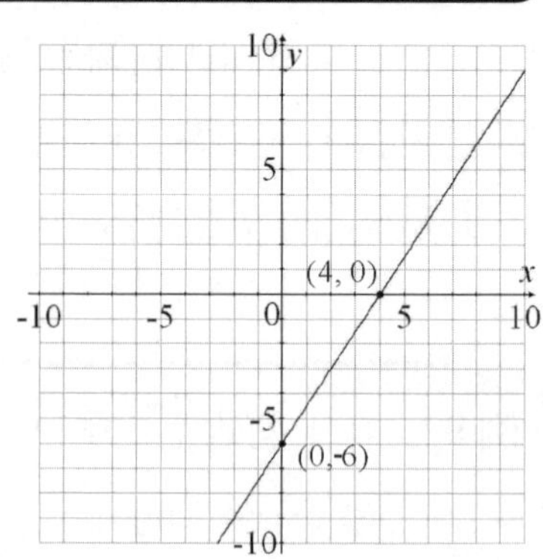

例 11 設點$(a, -5)$、$(b, 3)$、$(1, c)$均在直線$x-4y=7$的圖形上，試求a、b、c的值。

解： 分別將$(a, -5)$、$(b, 3)$、$(1, c)$代入$x-4y=7$中，得：

(1) $a-4\times(-5)=7\Rightarrow a=-13$

(2) $b-4\times 3=7\Rightarrow b=19$

(3) $1-4c=7\Rightarrow c=-\dfrac{3}{2}$

例 12 設點$(3, 8)$在直線$(a+1)x-by=1$的圖形上，也在$-2bx+(a-1)y=2$的圖形上，試求a、b的值。

解： 將$(3, 8)$分別代入$(a+1)x-by=1$和$-2bx+(a-1)y=2$中，得：

$$\begin{cases}3\times(a+1)-8b=1\\-6b+8\times(a-1)=2\end{cases}\Rightarrow\begin{cases}3a-8b=-2\\8a-6b=10\end{cases}\Rightarrow a=2，b=1$$

4.3 坐標平面上的直線方程式

找出通過相異兩點(x_1, y_1)、(x_2, y_2)的直線方程式的方法：

1. 假設直線方程式$y=ax+b$。
2. 將(x_1, y_1)、(x_2, y_2)代入$y=ax+b$，得聯立方程式$\begin{cases}y_1=ax_1+b\\y_2=ax_2+b\end{cases}$。
3. 求出a、b的值。

二元一次方程式圖形的類型：

類型	水平線	鉛垂線	斜線
對應方程式	$y=b$ （即 $y_1=y_2$ 時）	$x=a$ （即 $x_1=x_2$ 時）	$y=ax+b$
圖式			

例 13　已知 $A(2,-1)$、$B(5,8)$，試求出 $\overleftrightarrow{AB}$ 的方程式。

解：　令 $\overleftrightarrow{AB}$ 的方程式為 $y=ax+b$

則 $\begin{cases}-1=2a+b\\8=5a+b\end{cases}\Rightarrow a=3$，$b=-7$

$\therefore\overleftrightarrow{AB}$ 的方程式為 $y=3x-7$

4.4　二元一次聯立方程式的圖形

在坐標平面上，一個二元一次方程式 $ax+by=c$ 的圖形是一條直線，因此二元一次聯立方程式 $\begin{cases}a_1x+b_1y=c_1\\a_2x+b_2y=c_2\end{cases}$ 在坐標平面上的圖形是兩條直線，這兩條直線的交點坐標就是此聯立方程式的解。

類型	相交於一點	重合	平行
條件	$\frac{a_1}{a_2} \neq \frac{b_1}{b_2}$	$\frac{a_1}{a_2}=\frac{b_1}{b_2}=\frac{c_1}{c_2}$	$\frac{a_1}{a_2}=\frac{b_1}{b_2}\neq\frac{c_1}{c_2}$
對應聯立方程式解的情形	恰有一組解	無限多組解	無解
圖式			

例 14 (1)在直角坐標平面上畫出二元一次聯立方程式 $\begin{cases}3x-2y=4\\2x+5y=9\end{cases}$ 的圖形。

(2)利用(1)的結果，求聯立方程式 $\begin{cases}3x-2y=4\\2x+5y=9\end{cases}$ 的解。

解： (1)

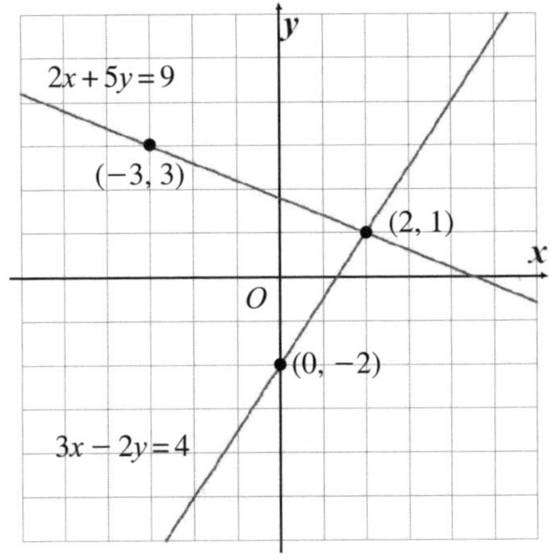

(2)由上圖可知，聯立方程式的解為(2, 1)。

例 15 已知L上任一點坐標都可寫成$(\frac{2m-5}{3}, m)$的形式；M上任一點坐標都可寫成$(n, \frac{2-n}{3})$的形式，且L與M相交於(a, b)，試求：

(1)直線L的方程式

(2)直線M的方程式

(3)$5a+4b$的值

解：(1)設點(x, y)在L上，則$x=\frac{2y-5}{3}$

$\therefore L$的方程式為$x=\frac{2y-5}{3}$

(2)設點(x, y)在M上，則$y=\frac{2-x}{3}$

$\therefore M$的方程式為$y=\frac{2-x}{3}$

(3)解$\begin{cases} x=\frac{2y-5}{3} \\ y=\frac{2-x}{3} \end{cases} \Rightarrow \begin{cases} 3x-2y=-5 \\ x+3y=2 \end{cases} \Rightarrow \begin{cases} x=-1 \\ y=1 \end{cases}$，即$(a, b)=(-1, 1)$

故 $5a+4b=-5+4=-1$

4.5 空間坐標系

4.5.1 空間坐標系的建立

在空間任取一點O，稱為原點，過O點做互相垂直的三直線，分別稱為x軸、y軸、z軸，此三直線通稱為坐標軸。x、y兩軸所成平面

稱為 xy 平面， y、z 兩軸所成平面稱為 yz 平面，z、x 兩軸所成平面稱為 zx 平面。此三坐標軸與原點構成空間坐標系。

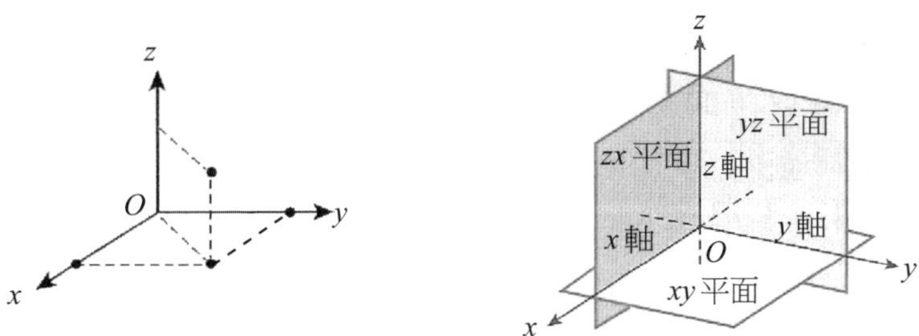

xy、xz、yz 三個坐標平面把空間中不在這三個平面上的點分為 8 個卦限。當三個坐標都是正數的點所在的卦限稱為「第一卦限」。

4.5.2 空間中點的坐標

若 P 為空間中的一點，過 P 點分別向 x 軸、y 軸和 z 軸作垂線，在各坐標軸的對應坐標分別為 a、b、c，則 P 點的坐標為 (a, b, c)，其中 a 稱為 P 點的 x 坐標，b 稱為 P 點的 y 坐標，c 稱為 P 點的 z 坐標。

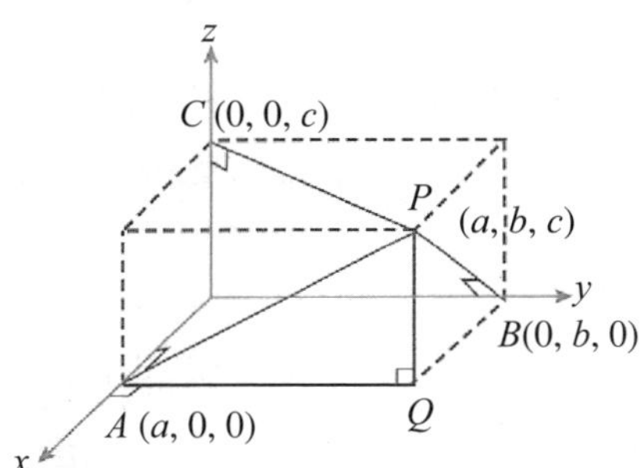

4.5.3 投影、對稱點

已知空間一點 P 之坐標為 (a, b, c)，點 P 在各坐標軸和各坐標平面的投影及對稱點：

$P(a, b, c)$	正射影	對稱點
x 軸	$(a, 0, 0)$	$(a, -b, -c)$
y 軸	$(0, b, 0)$	$(-a, b, -c)$
z 軸	$(0, 0, c)$	$(-a, -b, c)$
xy 平面	$(a, b, 0)$	$(a, b, -c)$
yz 平面	$(0, b, c)$	$(-a, b, c)$
zx 平面	$(a, 0, c)$	$(a, -b, c)$

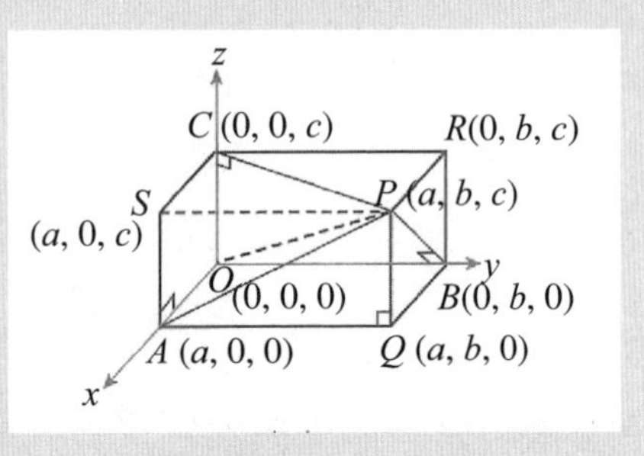

習題

1. 在直角坐標平面上標出下列各點：$A(-3, 0)$、$B(4, 0)$、$C(0, -2)$、$D(0, 2)$、$E(-\frac{3}{2}, 0)$、$F(0, -\frac{5}{2})$、$G(0, \frac{5}{3})$、$H(\frac{9}{2}, 0)$。
2. 設 $P(a+b, -2)$、$Q(-1, 2a-b)$ 為直角坐標平面上的兩個點，若 Q 點向下移動 9 個單位，再向右移動 3 個單位，則 P、Q 兩點重合，試求出 $|a-b|$ 的值。
3. 如右圖，已知在直角坐標平面上 $P(a, b)$、$Q(c, d)$、R 三點，若 $\overline{PR}$ 垂直 x 軸，$\overline{RQ}$ 垂直 y 軸，試求出 R 點的坐標。

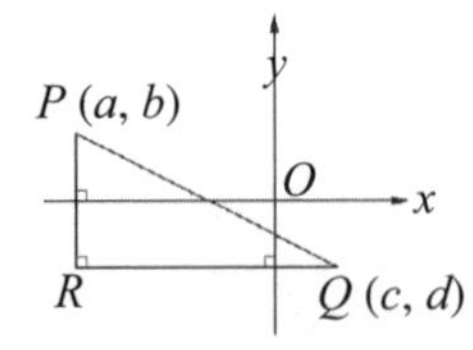

4. 在直角坐標平面上有一點 $P(m, n)$，若 P 點不在任何一個象限內，

試求出 $m \times n$ 的值。

5. 若點 $(ab, a+b)$ 在第四象限，試判斷下列各點的位置在哪一象限內：

   $A(-a, b)$、$B(a+b, -b^2)$、$C(ab, a^2+b^2)$、$D(5-a, b-1)$。

6. 寫出下列區間的集合形式，並在數線上畫圖：

   (1) $[2, 6]$

   (2) $(6, 8]$

   (3) $(-2, 0)$

   (4) $[-3, 1.5)$

7. 設點 $(a, 5)$、$(b, -2)$、$(-4, c)$、$(0, d)$ 均在直線 $3x-2y=2$ 的圖形上，試求 a、b、c、d 的值。

8. 已知直角坐標平面上 $P(-1, -1)$、$Q(5, 7)$、$R(2, k)$ 三點共線，試求出(1) $\overleftrightarrow{PQ}$ 的方程式，(2) k 的值。

9. 已知直線 $x+my+n=0$ 過 $(4, 7)$ 且與 x 軸垂直，試求出 m、n 的值。

10. 在直角坐標平面上畫出下列各二元一次方程式的圖形：

    (1) $x-y=2$　(2) $3x-y=5$

11. (1)在直角坐標平面上，已知二元一次聯立方程式 $\begin{cases} ax+by=8 \\ bx-ay=19 \end{cases}$ 圖形的交點坐標為 $(4, -1)$，試求 a、b 之值。

    (2)承(1)，若直線 $3x-2y=k$ 通過點 (a, b)，試求 k 之值。

12. 在直角坐標平面上，已知二元一次聯立方程式 $\begin{cases} ax+2y+c=0 \\ 2x-y-1=0 \end{cases}$ 圖形交點的縱坐標是 1，且直線 L：$ax+2y+c=0$ 通過點 $(-1, 2)$，試求直線 L 的方程式。

13. 如下圖，長方體 $ABCDEFGH$ 中，$\overline{AB}$、$\overline{BC}$、$\overline{AE}$ 的長分別是 4、5、

6，求各頂點的坐標。

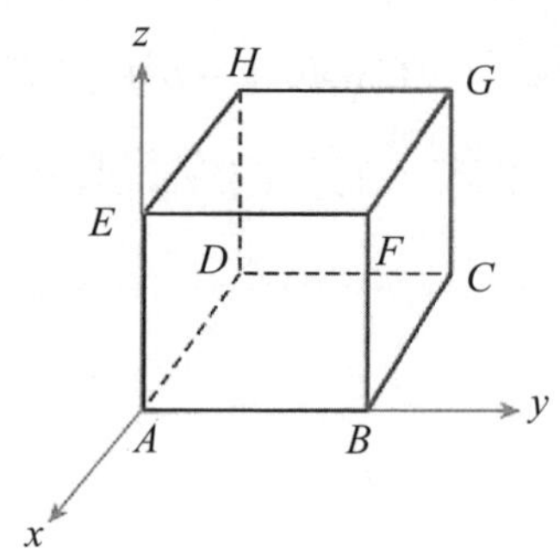

14. 點 A 對 xy 平面的對稱點為 A'，A' 對 y 軸的對稱點為 A''，已知 A'' 的坐標是 $(1, -2, 3)$，則 A 點的坐標為何？

第 5 章 多項式

5.1 多項式

5.2 多項式之四則運算及其化簡

5.3 因式分解

5.4 代數分式的化簡及其四則運算

【教學目標】

・了解多項式的意義及其四則運算

・了解多項式的因式並進行因式分解

・了解分式的意義及其四則運算

5.1 多項式

在數學問題中，我們會引進一些符號，例如：x、y、z 等，用以表示一個數量的大小。例如：有一長方形的長為 x、寬為 $x+2$，此時長方形的周長可表示為 $2x+2(x+2)$，又可寫成 $4x+4$，則稱 $4x+4$ 這種形式為一個多項式。

定義

若 $a_n \neq 0$，我們稱 $a_n x^n + a_{n-1}x^{n-1} + \cdots + a_1 x + a_0$ 為 x 的 n 次多項式。在該多項式中，我們給定相關名稱及其意義如下：

(1)項：我們稱 $a_n x^n$、$a_{n-1}x^{n-1}$、⋯、a_0 分別為多項式的「項」。

(2)係數：我們稱 a_n、a_{n-1}、⋯、a_1、a_0 為係數，其中 a_n 是 x^n 項的係數，a_{n-1} 是 x^{n-1} 項的係數，依此類推。

(3)次數：在多項式中，以最高次方稱為該多項式的次數，最高次方所對應的係數，稱為領導係數。例如：$2x^4+3x^3+x-1$ 為四次多項式，其領導係數為 2。

(4)常數多項式：若一多項式僅含常數項 a_0，則稱此多項式為常數多項式；若 $a_0 \neq 0$，則稱此常數多項式為零次多項式；若 $a_0 = 0$，則稱此常數多項式為零多項式。

此外，在多項式中，次數相同的項稱為同類項。例如在多項式 $3x+4$ 與 $-5x+8$ 中，$3x$與 $-5x$ 為同類項，4 與 8 亦為同類項。對多項式的排列方式有以下兩種，一為降冪排列，依照多項式中次方數從大至小排列，例如$a_n x^n+a_{n-1}x^{n-1}+\cdots+a_1x+a_0$；一為升冪排列，依照多項式中次方數從小至大排列，例如$a_0+a_1x+\cdots+a_{n-1}x^{n-1}+a_n x^n$。

必須特別注意的是，在多項式中，x 不可出現在分母、絕對值及根號中，所以$\frac{2}{x+3}$、$|x|-1$、$\sqrt{x}$、$\frac{x+3}{x^2-2x-3}$均不為多項式。

例 1　$7x^8-9x+3$ 為 x 的幾次多項式？領導係數為何？常數項為何？

解： 因為此多項式的最高次項為x^8，因此稱此多項式為 8 次多項式。x^8 之係數是 7，因此其領導係數為 7，常數項為 3。

例 2　多項式$x^6-7x^9+x^5-4x+9x^{10}-1$ 的降冪排列為何？

解： 依次方數從大至小排列，可得

降冪排列為 $9x^{10}-7x^9+x^6+x^5-4x-1$。

5.2 多項式之四則運算及其化簡

多項式四則運算結果的化簡是將同類項進行合併，例如：$6x^3+2x^2-9x^3-8x^2$，其中 $6x^3$ 與$-9x^3$ 為同類項，合併可得$-3x^3$；$2x^2$ 與 $-8x^2$ 為同類項，合併可得 $-6x^2$，所以$6x^3+2x^2-9x^3-8x^2$可化簡為

$-3x^3-6x^2$。

例 3　試化簡 $5x^3+7x^2+2x^3+3x+2$。

解： $5x^3$ 與 $2x^3$ 為同類項，合併可得 $7x^3$，

所以 $5x^3+7x^2+2x^3+3x+2=7x^3+7x^2+3x+2$。

例 4　若 $A=4x^3+5x^2-7x+1$、$B=x^2+2x+3$，試求 $A+B$。

解： $A+B=(4x^3+5x^2-7x+1)+(x^2+2x+3)=4x^3+6x^2-5x+4$

例 5　若 $A=3x^3-2x^2+1$、$B=2x^2+3$，試求 $A-B$。

解： $A-B=(3x^3-2x^2+1)-(2x^2+3)=3x^3-4x^2-2$

例 6　若 $A=4x^2+1$、$B=2x^2-x+3$，試求 $A\cdot B$。

解： 依分配律進行展開乘積，再將同類項合併可得

$(4x^2+1)\cdot(2x^2-x+3)$

$=4x^2\cdot 2x^2+4x^2\cdot(-x)+4x^2\cdot 3+1\cdot 2x^2+1\cdot(-x)+1\cdot 3$

$=8x^4-4x^3+14x^2-x+3$

在多項式的除法中，其規則是餘式的次數必須比除式的次數小。一般常見的方法是長除法及分離係數法。

例 7　試求 x^3+3x+1 除以 x^2-1 的商式及餘式。

解： 在除法算式中，先將被除式及除式降冪排列並將缺項補 0。

方法 1：長除法

$$\begin{array}{r|l} & x \\ x^2+0x-1 & x^3+0x^2+3x+1 \\ & x^3+0x^2-x \\ \hline & \qquad\quad 4x+1 \end{array}$$

因為 $4x+1$ 的最高次小於 x^2+0x-1 的最高次，無須再進行演算，故得商式為 x，餘式為 $4x+1$。

方法 2：分離係數法

只需寫出各項的係數，演算如下

$$\begin{array}{r|l} & 1 \\ 1+0-1 & 1+0+3+1 \\ & 1+0-1 \\ \hline & \qquad 4+1 \end{array}$$

因為 $4x+1$ 的最高次小於 x^2+0x-1 的最高次，無須再進行演算，故得商式為 x，餘式為 $4x+1$。

我們可利用楊輝三角形（或稱為巴斯卡三角形）來了解 $(x+1)^n$, $n\in\mathbb{N}$ 展開後的係數，首先觀察如下：

$(x+1)^1=x+1$

$(x+1)^2=x^2+2x+1$

$(x+1)^3 = x^3 + 3x^2 + 3x + 1$

它們的係數可排列整理如下：

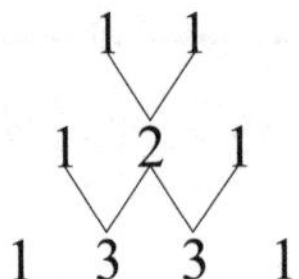

可以發現，除了領導係數及常數項外，其下列係數為上列兩個係數之和，例如：$1+2=3$。這樣的排列可繼續，且形狀有如三角形，我們稱為楊輝三角形（或稱為巴斯卡三角形）。按此原則，我們可推得$(x+1)^4$展開後為$x^4 + 4x^3 + 6x^2 + 4x + 1$。

例 8　試展開$(x+1)^5$。

解： 利用楊輝三角形規律可得

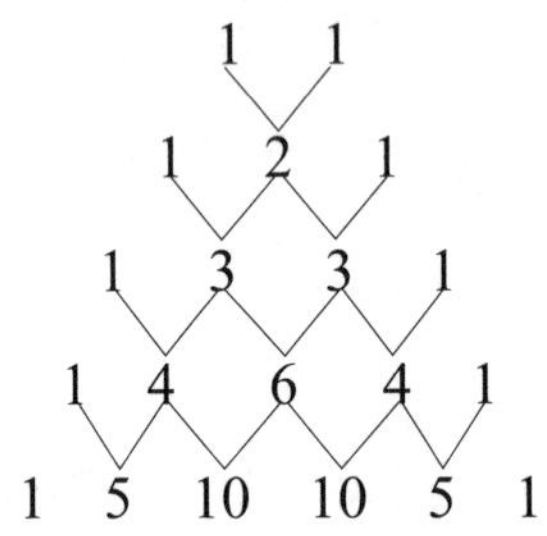

所以$(x+1)^5$的展開式為$x^5 + 5x^4 + 10x^3 + 10x^2 + 5x + 1$。

5.3 因式分解

設A、B、C為三個多項式，滿足$A = B \times C$且$C \neq 0$，則我們稱「B、C為A的因式」且「A為B、C的倍式」。例如：$x^2 - 5x + 6 =$

$(x-2)(x-3)$，則 $x-2$ 與 $x-3$ 為 x^2-5x+6 的因式；x^2-5x+6 為 $x-2$ 與 $x-3$ 的倍式。

若將一多項式分解為兩個以上多項式之乘積，則稱為因式分解。將一多項式因式分解完全，就是將該多項式分解為幾個多項式的連乘，且無法再降次分解。

除了可用長除法或分離係數法來驗算因式外，有兩個常用因式分解法可提供快速、簡易的解法，一為公因式法、另一為十字交乘法，所謂公因式法是將多項式經整理，提出共同項後形成多個多項式的連乘積。例如：因式分解 x^2-6x，其中每項都有 x，所以各項提出 x 後可以得到 $x^2-6x=x(x-6)$，所以 x 與 $x-6$ 為 x^2-6x 之因式。

例 9　試求多項式 $(x+2)^2-(3x+4)(x+2)$ 的因式分解。

解： $(x+2)^2-(3x+4)(x+2)$

$=(x+2)[(x+2)-(3x+4)]$

$=(x+2)(-2x-2)$

例 10　試求多項式 x^3-x^2-4x+4 的因式分解。

解： x^3-x^2-4x+4

$=x^2(x-1)-4(x-1)$

$=(x-1)(x^2-4)$

$=(x-1)(x+2)(x-2)$

十字交乘法作法說明如下：

設多項式 $ax^2+bx+c=(mx+n)(hx+k),\ a,b,c,m,n,h,k\in\mathbb{Z}$

$$ax^2+bx+c=mhx^2+(mk+nh)x+nk$$

即 $mh=a,\ mk+nh=b,\ nk=c$

可畫成右圖

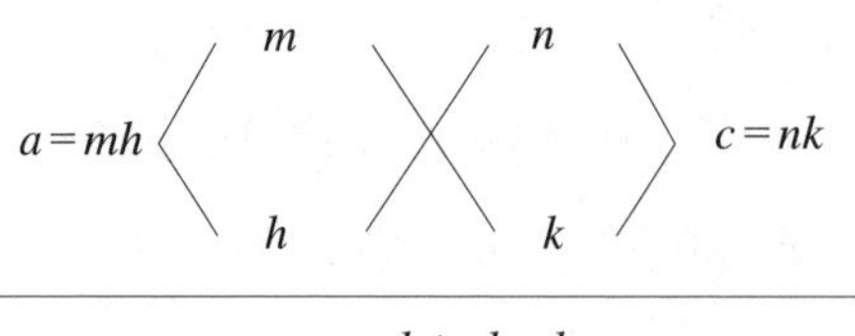

例如：多項式 x^2-5x+6，平方項係數 $1=mh=1\times1=(-1)\times(-1)$，常數項 $6=nk=1\times6=(-1)\times(-6)=2\times3=(-2)\times(-3)$，將 m、n、h、k 的所有組合代入 $mk+nh=-5$ 滿足者即為答案。所以我們得到 $x^2-5x+6=(x-2)(x-3)$，圖示如下：

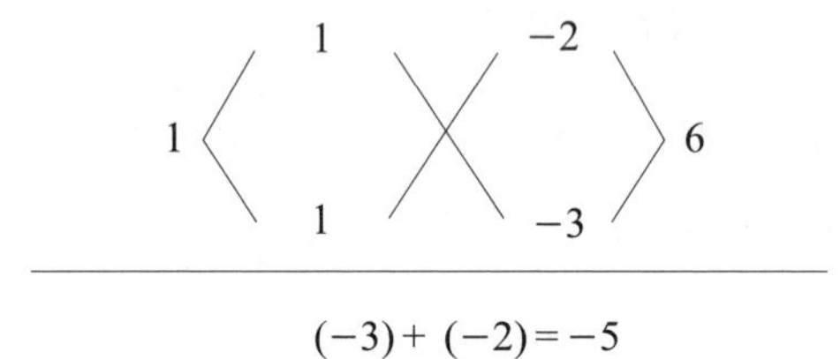

例 11　試利用十字交乘法將多項式 x^2+5x-6 因式分解。

解： 首先將 -6 因數分解得 $-6=(-1)\times6=1\times(-6)$

$$=(-3)\times2=3\times(-2)$$

x^2 項係數為 $1=1\times1=(-1)\times(-1)$ 這種情況取 1×1 即可

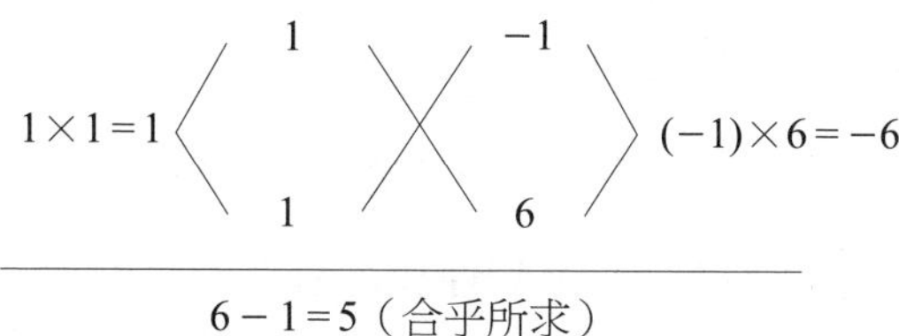

$1\times6+1\times(-1)=6-1=5$ 符合多項式 x 項的係數為 5。

故 $x^2+5x-6=(x-1)(x+6)$。

例 12　試利用十字交乘法將多項式 $-6x^2-13x-6$ 因式分解。

解： $-6x^2-13x-6=-(6x^2+13x+6)$，再將 $6x^2+13x+6$ 因式分解，x^2 項係數為 $6=3\times2=(-3)\times(-2)$ 這種情況取 3×2 即可

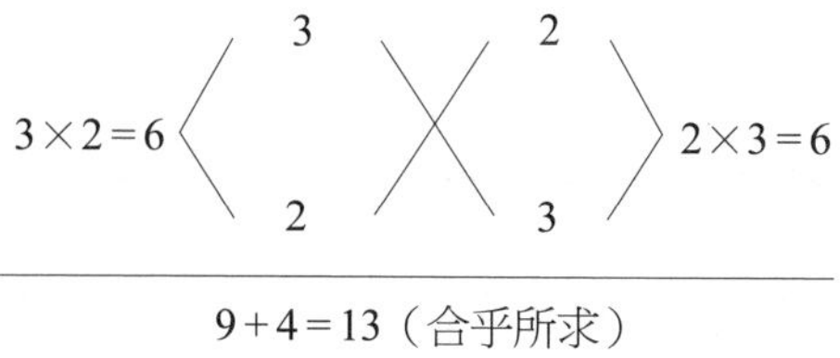

$3\times3+2\times2=9+4=13$ 符合多項式 x 項的係數為 13。

故 $-6x^2-13x-6=-(3x+2)(2x+3)$。

5.4　代數分式的化簡及其四則運算

如同數的運算中，兩數相除可以用分數表示，例如：$3\div4=\frac{3}{4}$。在多項式中，兩個多項式相除，也可以用「分式」表示，例如：

$(x+5)\div(x-2)$可表示成$\dfrac{x+5}{x-2}$ $(x-2\neq 0)$。像$\dfrac{x+5}{x-2}$這樣的形式，我們稱為「代數分式」。必須注意的是，根據多項式的定義，代數分式並非多項式，它是兩個多項式相除的結果。

如同分數的約分與擴分，代數分式的分子與分母可以同時乘或除以一個不為 0 的多項式，其結果不變，例如：A、B、C 為三個多項式且 $C\neq 0$，則 $\dfrac{A}{B}=\dfrac{A\times C}{B\times C}$，$\dfrac{A}{B}=\dfrac{A\div C}{B\div C}$。以下討論代數分式的化簡及四則運算：

1. 代數分式的化簡

代數分式的化簡法則是將分子與分母同時除以它們的最高公因式。

例 13　試化簡$\dfrac{x^2-2x-3}{3x^2-7x-6}$。

解：$\dfrac{x^2-2x-3}{3x^2-7x-6}=\dfrac{(x-3)(x+1)}{(x-3)(3x+2)}=\dfrac{x+1}{3x+2}$

2. 代數分式的四則運算

如同分數的四則運算，代數分式也可利用類似分數的運算法則進行運算。

(1) 代數分式的加減法

先將所有的分式改成同分母分式後，再進行分子的加減。

例 14 試化簡$\frac{x}{x+1}+\frac{3}{x+2}$。

解：$\frac{x}{x+1}+\frac{3}{x+2}=\frac{x(x+2)}{(x+1)(x+2)}+\frac{3(x+1)}{(x+1)(x+2)}$

$=\frac{x(x+2)+3(x+1)}{(x+1)(x+2)}$

$=\frac{x^2+5x+3}{x^2+3x+2}$

例 15 試化簡$\frac{x}{x+1}-\frac{3}{x+2}$。

解：$\frac{x}{x+1}-\frac{3}{x+2}=\frac{x(x+2)}{(x+1)(x+2)}-\frac{3(x+1)}{(x+1)(x+2)}$

$=\frac{x(x+2)-3(x+1)}{(x+1)(x+2)}$

$=\frac{x^2-x-3}{x^2+3x+2}$

(2) 代數分式的乘法

A、B、C、D為多項式（其中$B, D \neq 0$），$\frac{A}{B}\cdot\frac{C}{D}=\frac{A\cdot C}{B\cdot D}$。

例 16 試化簡$\frac{x}{x+1}\cdot\frac{3}{x+2}$。

解：$\frac{x}{x+1}\cdot\frac{3}{x+2}=\frac{3x}{(x+1)(x+2)}=\frac{3x}{x^2+3x+2}$

例 17 試化簡 $\dfrac{x(x+2)}{(x+1)(x+3)}\cdot\dfrac{x+1}{x(x+4)}$。

解： $\dfrac{x(x+2)}{(x+1)(x+3)}\cdot\dfrac{x+1}{x(x+4)}=\dfrac{x(x+1)(x+2)}{x(x+1)(x+3)(x+4)}$

（分子分母同時除以 $x(x+1)$）

$=\dfrac{x+2}{(x+3)(x+4)}$

$=\dfrac{x+2}{x^2+7x+12}$

(3) 代數分式的除法

A、B、C、D 為多項式（其中 $B, C, D\neq 0$），$\dfrac{A}{B}\div\dfrac{C}{D}=\dfrac{A}{B}\cdot\dfrac{D}{C}=\dfrac{A\cdot D}{B\cdot C}$。

例 18 試化簡 $\dfrac{x}{x+1}\div\dfrac{3}{x+2}$。

解： $\dfrac{x}{x+1}\div\dfrac{3}{x+2}=\dfrac{x}{x+1}\cdot\dfrac{x+2}{3}=\dfrac{x(x+2)}{3(x+1)}=\dfrac{x^2+2x}{3x+3}$

 習題

1. 若多項式$A=3x-2$、$B=3x+2$、$C=2x^2-3x+6$，試化簡 $A\times B-2C$。
2. 試求$(4x^2-3x-5)\div 2x$的商式與餘式。
3. 已知$\dfrac{6x^2+x-9}{2x-3}=(3x+5)+\dfrac{a}{2x-3}$，試求$a$的值。
4. 已知多項式 $2x^3-10x^2+20x$ 除以 $ax+b$ 得到商式為 x^2+10，餘式為 100，試求a、b之值。
5. 已知多項式x^3+mx+n可被$(x+1)(x+2)$整除，試求m、n之值。
6. 試求多項式$(x+3)(x-4)-(x+3)(2x-7)$的因式分解。
7. 小明將ax^2+bx+c進行因式分解時，不慎將常數項的符號看錯，得到的答案為$(x-1)(x+6)$，請問這問題的正確答案為何？
8. 試求多項式 $2x^2-x-6$ 的因式分解。
9. 已知多項式$a(x^3+2x^2-1)-b(x^3+x-1)-4x^2+3x+1$ 為一次式，試求a、b之值。
10. 已知多項式$x^4+x^3+3x^2+4x+6$ 可被x^2+2x+a整除，求a之值。
11. 已知$A=x^6+2x^5-3x^3+2x^2-x+1$、$B=6x^5-7x^3+8x^2-9$，試求$A\cdot B$的x^3係數及x^6係數。
12. 設$x^3+x+3=a(x-1)(x-2)(x-3)+b(x-1)(x-2)+c(x-1)+d$，求$a$、$b$、$c$、$d$之值。

第 6 章 函數

6.1 函數的定義

6.2 函數符號

6.3 合成函數

6.4 反函數

6.5 奇偶函數與單調函數

6.6 多項式函數

【教學目標】

- 理解函數的意義
- 認識函數符號使用
- 認識自變項和依變項
- 認識合成函數、反函數及多項式函數

6.1 函數的定義

函數（function）為兩集合間的某種對應關係，當集合 A 中的每一個元素在集合 B 中皆恰有一個元素與其對應，我們稱這種對應關係為從集合 A 對應至集合 B 的一個函數關係。例如：

(1)每個人都有生日，所以{人}→{生日}便是一個函數關係。

(2)同一天生日的人很多，因此{生日}→{人}便不是函數關係。

因此函數是兩集合間之一對一之關係或是多對一之關係，而一對多、一對無則不是函數。

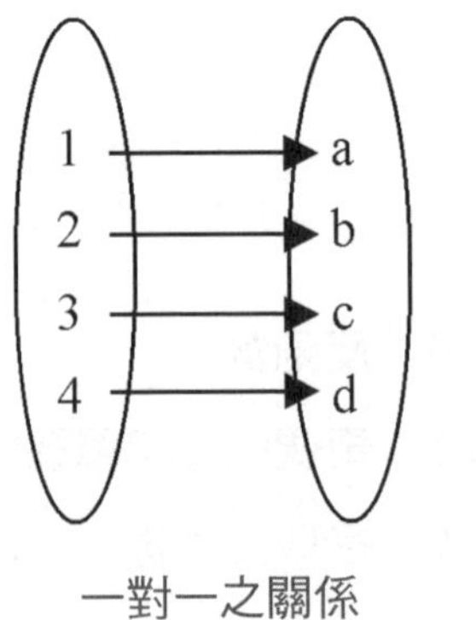

一對一之關係

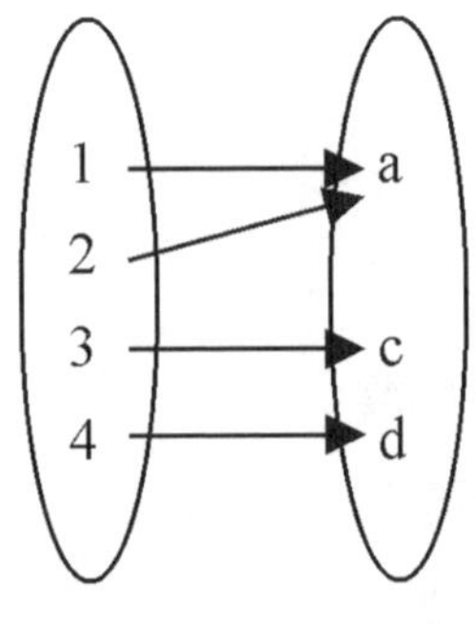

多對一之關係

函數亦可視為是一種輸入和輸出的規則，例如輸出＝輸入＋2，如果輸入的值是 5，那麼輸出的值便是 7（輸入＋2＝5＋2）；如果輸入的值是 −10，輸出的值是 −10＋2＝−8；輸入的值若是 x，輸出的值是 $x+2$。根據函數的規則，任意一個輸入的值一定僅有一個輸出的值與其對應。

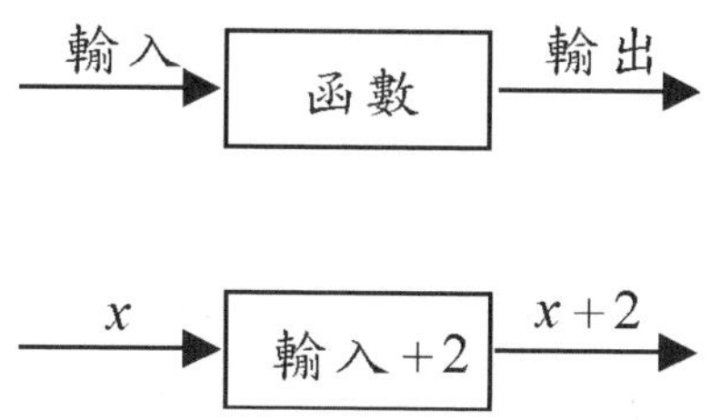

由於函數輸入的值通常不只一個，輸出的值亦會跟隨輸入的值改變，因此輸入和輸出兩部分可稱為「變項」，輸入的部分為自變項，輸出的部分為依變項。

6.2 函數符號

通常函數可以用一英文字母，如：f、g、F 來表示，若我們說 f 為從集合 A 對應至集合 B 的函數，可記為 $f: A \mapsto B$，其中集合 A 稱為函數 f 的定義域（domain），集合 B 稱為函數 f 的對應域（codomain）。

如以 $f(x)=x^2$，$0 \le x \le 3$ 且 $x \in \mathbb{Z}$ 為例，

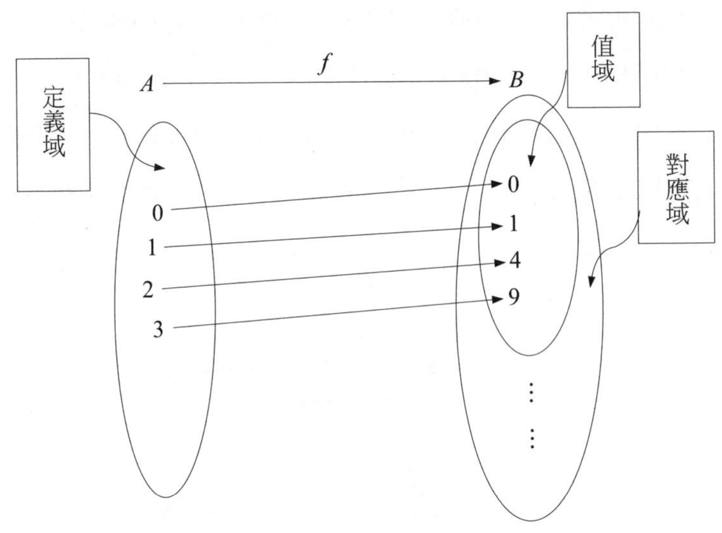

集合 A 中的每個元素所對應的元素可形成一個集合，此集合稱為函數 f 的值域（range），記為 $f(A)$，所以，函數 f 通常又可記為 $f: A \mapsto f(A)$。而 6.1 的範例，輸出＝輸入＋2，可表示為 $f: x \mapsto x+2$，即輸入的值是 x 時，輸出的值是 $x+2$，亦可用 $f(x)=x+2$ 表示。有時我們會用 y 表示函數的輸出，因此也可以寫成 $y=f(x)=x+2$，或簡寫為 $y=x+2$。

不同的符號可以表示相同的函數，若用 h 表示函數，t 表示自變項，則輸出＝輸入＋2 可以寫成 $h(t)=t+2$。

例 1　有一個函數的輸出為輸入的 4 倍，請以數學符號寫出這個函數。

解： 若用 f 代表此函數，x 代表自變項，則此函數可以表示成 $f: x \mapsto 4x$，或 $f(x)=4x$。

例 2 有一個函數，輸入的值除以 6 再加 3 即為輸出的值，請以數學符號寫出這個函數。

解： 若用 z 代表此函數，t 代表自變項，則此函數可以表示成

$z(t)=\frac{t}{6}+3$。

例 3 有一個函數 f 以 $f: x \mapsto 9x$ 或 $f(x)=9x$ 表示，試以文字說明此函數的規則。

解： 輸出值為輸入值的 9 倍。

例 4 函數 f 的定義是 $f(x)=3x+1$，求出：

(1) $f(4)$ (2) $f(-1)$ (3) $f(0)$。

解： (1) $f(4)=3\times 4+1=13$

(2) $f(-1)=3\times(-1)+1=-2$

(3) $f(0)=3\times 0+1=1$

例 5 函數 g 的定義是 $g(t)=2t^2-1$，求出：

(1) $g(3)$ (2) $g(0.5)$ (3) $g(-2)$。

解： (1) $g(3)=2\times 3^2-1=17$

(2) $g(0.5)=2\times(0.5)^2-1=-0.5$

(3) $g(-2)=2\times(-2)^2-1=7$

例 6　函數 h 的定義是 $h(x)=\frac{x}{3}+1$，求出：

(1) $h(3)$　(2) $h(t)$　(3) $h(\alpha)$　(4) $h(2\alpha)$　(5) $h(2x)$

解： (1) $h(x)=\frac{x}{3}+1$，$h(3)=\frac{3}{3}+1=2$

(2) 輸入值為 t，因此將 $h(x)=\frac{x}{3}+1$ 中的 x 以 t 取代，得

$h(t)=\frac{t}{3}+1$

(3) 輸入值為 α，因此將 $h(x)=\frac{x}{3}+1$ 中的 x 以 α 取代，得

$h(\alpha)=\frac{\alpha}{3}+1$

(4) 輸入值為 2α，因此將 $h(x)=\frac{x}{3}+1$ 中的 x 以 2α 取代，得

$h(2\alpha)=\frac{2\alpha}{3}+1$

(5) 輸入值為 $2x$，因此將 $h(x)=\frac{x}{3}+1$ 中的 x 以 $2x$ 取代，得

$h(2x)=\frac{2x}{3}+1$

例 7　函數 $f(x)=x^2+x-1$，求出：

(1) $f(\alpha)$　(2) $f(x+1)$　(3) $f(2t)$

解： (1) 將 x 以 α 取代，得 $f(\alpha)=\alpha^2+\alpha-1$

(2) 將 x 以 $x+1$ 取代，得

$f(x+1)=(x+1)^2+(x+1)-1$

$=x^2+2x+1+x+1-1$

$=x^2+3x+1$

(3) 將 x 以 $2t$ 取代，得 $f(2t)=(2t)^2+2t-1=4t^2+2t-1$

有時一個函數在不同的區間下會有不同的規則，例如：

將函數定義為 $f(x)=\begin{cases}3x & ,0\le x\le 4\\ 2x+6, & 4<x<5\\ 9 & ,x\ge 5\end{cases}$

此函數的定義分成三部分，並以 x 的值來決定所需使用的定義。

例 8 函數 $y(x)=\begin{cases}x^2+1, & -1\le x\le 2\\ 3x & ,2<x\le 6\\ 2x+1, & x>6\end{cases}$，求出：

(1) $y(0)$ (2) $y(4)$ (3) $y(2)$ (4) $y(7)$

解： (1)0 介於 -1 和 2 之間，因此使用規則 $y=x^2+1$，故

$y(0)=0^2+1=1$

(2)當 $x=4$ 時，使用規則 $y=3x$，故 $y(4)=3\times 4=12$

(3)當 $x=2$ 時，使用規則 $y=x^2+1$，故 $y(2)=2^2+1=5$

(4)當 $x=7$ 時，使用規則 $y=2x+1$，故 $y(7)=2\times 7+1=15$

6.3 合成函數

當兩個函數合併成一個新函數，第一個函數的輸出值成為第二個函數的輸入值，我們稱此新函數為此兩個函數的合成函數（composite function）。設 x 在函數 g 的定義域中，且 $g(x)$ 在函數 f 的定義域中，則函數 $h(x)=f(g(x))$ 稱為 f 和 g 之合成函數，通常記為 $f \circ g$，即 $f \circ g(x)=f(g(x))$。

假設 $f(x)=2x$，$g(x)=x+3$，下圖為合成函數 $f \circ g$ 的處理過程。

$x \rightarrow$ [g] $\xrightarrow{x+3}$ [f] $\rightarrow 2(x+3)$

得到

$g(x)=x+3$

$f(x+3)=2(x+3)=2x+6$

$f(x+3)$ 可寫成 $f(g(x))$，即 $f(g(x))=2x+6$

例 9　已知 $f(x)=2x$，$g(x)=x+3$，求出合成函數 $g(f(x))$。

解： $f(x)$ 的輸出值為 $g(x)$ 的輸入值，下圖為其過程：

$x \rightarrow$ [f] $\xrightarrow{2x}$ [g] $\rightarrow 2x+3$

可知 $g(f(x))=g(2x)=2x+3$

一般而言，$f(g(x))$ 和 $g(f(x))$ 是兩個不同的函數。

例 10　$f(t)=t^2+1$，$g(t)=\dfrac{3}{t}$，$h(t)=2t$，求出下列合成函數：

(1) $f(g(t))$　(2) $g(h(t))$　(3) $f(h(t))$　(4) $f(g(h(t)))$　(5) $g(f(h(t)))$

解：(1) $f(g(t))=f(\frac{3}{t})=(\frac{3}{t})^2+1=\frac{9}{t^2}+1$

(2) $g(h(t))=g(2t)=\frac{3}{2t}$

(3) $f(h(t))=f(2t)=(2t)^2+1=4t^2+1$

(4) $f(g(h(t)))=f(\frac{3}{2t})=(\frac{3}{2t})^2+1=\frac{9}{4t^2}+1$（由(2)得知 $g(h(t))=\frac{3}{2t}$）

(5) $g(f(h(t)))=g(4t^2+1)=\frac{3}{4t^2+1}$（由(3)得知 $f(h(t))=4t^2+1$）

6.4　反函數

在第6.1節函數的定義中曾提到函數為兩集合間的某種對應關係，若函數 f 的定義域中取某一數 x，則可在值域中有一個固定值 y 與其對應。若將其過程反過來，假如從一個函數對值域中的 y 值，可以在定義域中找到唯一的 x 與 y 對應，則稱 f 有反函數（inverse function）。

當將函數視為一種輸入 x 和輸出 y 的規則，反函數即是在顛倒原來函數 f 的過程，如果以 y 為輸入，x 為輸出的函數存在，我們稱這個函數是函數 f 的反函數，以 f^{-1}（讀做 f inverse）表示。

並非每個函數都有反函數，以第 6.1 節的說明為例，每個人都會對應到自己的出生年月日，但是若將過程反過來，同一天出生的人很多，無法找到單一一個人和這個生日對應，因此{人}→{生日}這個函數關係並沒有反函數。

例 11　已知$f(x)=2x$，$g(x)=\frac{x}{2}$

(1)試判斷f是否為g的反函數

(2)試判斷g是否為f的反函數

解： (1)函數g的輸入是x，輸出是$\frac{x}{2}$，其相反的過程應為輸入是$\frac{x}{2}$，輸出是x，因為$f(x)=2x$，則$f\left(\frac{x}{2}\right)=2\left(\frac{x}{2}\right)=x$，所以$f$是$g$的反函數。

(2)函數f的輸入是x，輸出是$2x$，其相反的過程應為輸入是$2x$，輸出是x，因為$g(x)=\frac{x}{2}$，則 $g(2x)=\frac{2x}{2}=x$，所以g是f的反函數。

例 12　找出$f(x)=3x-4$的反函數。

解： 函數f是將輸入值x先乘以3，再減4。要顛倒此過程，其反函數g則應該先加4，再除以3。所以$g(x)=\frac{x+4}{3}$。

例 13　找出$h(t)=-\frac{1}{2}t+5$的反函數。

解： 函數h是將輸入值t先乘以$-\frac{1}{2}$，再加5。要顛倒此過程，其反函數g則應該先減5，再除以$-\frac{1}{2}$。所以

$$g(t)=\frac{t-5}{-\frac{1}{2}}=-2\,(t-5)=-2t+10。$$

若利用代數式求反函數，例如$f(x)=6-2x$，則令$y=6-2x$，轉置後得$x=\frac{6-y}{2}$，再將x、y符號互換，得$y=\frac{6-x}{2}$，即可知道f的反函數$f^{-1}(x)=\frac{6-x}{2}$。

6.5 奇偶函數與單調函數

奇函數與偶函數的意義與特性如下：

(1) 奇函數：若函數$f(x)$滿足$f(-x)=-f(x)$，則稱$f(x)$為奇函數。例如：$f(x)=x$。

(2) 偶函數：若函數$f(x)$滿足$f(-x)=f(x)$，則稱$f(x)$為偶函數。例如：$f(x)=x^2$。

(3) 若$f(x)$為奇函數，則$y=f(x)$之圖形對稱於原點$(0, 0)$；若$f(x)$為偶函數，則$y=f(x)$之圖形對稱於y軸。

(4) 單調函數：設m、n為函數f定義域之任兩元素，若對於所有的$m>n$，滿足$f(m)\geq f(n)$，稱f為遞增函數；若對於所有的$m>n$，滿足$f(m)\leq f(n)$，稱f為遞減函數；若對於所有的$m>n$，滿足$f(m)>f(n)$，稱f為嚴格遞增函數；若對於所有的$m>n$，滿足$f(m)<f(n)$，稱f為嚴格遞減函數。遞增函數與遞減函數稱為單調函數，而嚴格遞增與嚴格遞減稱為嚴格單調函數。例如：$y=x+1$、$y=x-1$。

6.6　多項式函數

此章節結合第五章多項式，若多項式 $a_n x^n + a_{n-1} x^{n-1} + \cdots + a_1 x + a_0$，則 $y = f(x) = a_n x^n + a_{n-1} x^{n-1} + \cdots + a_1 x + a_0$ 稱為多項式函數，$f(x)$ 為 n 次多項式會以 $\deg f(x) = n$ 來表示，而常數項 a_0 就是 $f(0)$，所有係數和 $a_n + a_{n-1} + \cdots + a_1 + a_0$ 為 $f(1)$，偶數項係數和 $a_0 + a_2 + a_4 + \cdots = \dfrac{f(1) + f(-1)}{2}$，奇數項係數和 $a_1 + a_3 + a_5 + \cdots = \dfrac{f(1) - f(-1)}{2}$。

1. 除法原理

設 $f(x)$、$g(x)$ 為多項式且 $g(x) \neq 0$，$f(x)$ 除以 $g(x)$ 可表示成 $f(x) = g(x) \cdot Q(x) + r(x)$，且 $\deg r(x) < \deg g(x)$，$Q(x)$ 稱為商式，$r(x)$ 為餘式。

2. 餘式定理

假設多項式函數 $f(x)$ 除以 $x - a$ 的商式為 $q(x)$ 且餘式為 r，則 $f(x)$ 可表示成 $f(x) = (x - a) \cdot q(x) + r$，可得 $f(a) = (a - a)q(a) + r = r$，所以「多項式函數 $f(x)$ 除以 $x - a$ 的餘式等於 $f(a)$」，我們稱此事實為餘式定理。

例 14　試求 $f(x) = x^3 - 2x^2 + x - 1$ 除以 $x - 1$ 的餘式。

解： 設 $f(x) = x^3 - 2x^2 + x - 1$

則所求之餘式為：$f(1) = 1 - 2 + 1 - 1 = -1$

可得餘式為 -1

例 15 若$f(x)=x^3+mx+n$ 可以被$(x+1)(x-1)$整除，試求m、n之值。

解： 設$f(x)=(x+1)(x-1)q(x)$

則$f(-1)=-1-m+n=0\cdot q(-1)=0$

$f(1)=1+m+n=0\cdot q(1)=0$

$\Rightarrow m=-1$，$n=0$

3. 因式定理

多項式函數$f(x)$除以$x-a$的餘式為$f(a)$，若$f(a)=0$，則稱$x-a$為$f(x)$的因式，$f(x)$為$x-a$的倍式，以$x-a|f(x)$表示。例如：

$f(x)=2x^2+3x+1$ 除以$x+1$ 的餘式為$f(-1)=2-3+1=0$，所以 $x+1$ 為$f(x)$的因式，$f(x)$為$x+1$ 的倍式，以$x+1|f(x)$表示。

習題

1. 已知$A(n)=n^2-n+1$，試求：

   (1) $A(2)$　(2) $A(3)$　(3) $A(0)$　(4) $A(-1)$

2. 已知$y(x)=(2x-1)^2$，試求：

   (1) $y(1)$　(2) $y(-1)$　(3) $y(-3)$　(4) $y(\frac{1}{2})$　(5) $y(-\frac{1}{2})$

3. 已知$f(t)=4t+6$，試求：

   (1) $f(t+1)$　(2) $f(t+2)$　(3) $f(t+1)-f(t)$　(4) $f(t+2)-f(t)$

4. 已知$f(x)=2x^2-3$，試求：

(1) $f(n)$ (2) $f(z)$ (3) $f(t)$ (4) $f(2t)$ (5) $f(\frac{1}{z})$ (6) $f(\frac{3}{n})$ (7) $f(-x)$

(8) $f(-4x)$ (9) $f(x+1)$ (10) $f(2x-1)$

5. 已知$f(x)=\begin{cases} x, 0 \le x < 1 \\ 2, x=1 \\ 1, x>1 \end{cases}$，試求：

(1) $f(0.5)$ (2) $f(1.1)$ (3) $f(1)$

6. 若函數f為$y=f(x)=2x$，$1 \le x \le 3$，請畫出圖形，並找出函數f的：

(1)自變項、(2)依變項、(3)定義域、(4)值域。

7. 已知$f(x)=4x$、$g(x)=3x-2$，試求：(1) $f(g(x))$ (2) $g(f(x))$

8. 已知$x(t)=t^3$、$y(t)=2t$，試求：(1) $y(x(t))$ (2) $x(y(t))$

9. 已知$r(x)=\frac{1}{2x}$、$s(x)=3x$、$t(x)=x-2$，試求：

(1) $r(s(x))$ (2) $t(s(x))$ (3) $t(r(s(x)))$ (4) $r(t(s(x)))$ (5) $r(s(t(x)))$

10. 已知$v(t)=2t+1$，找出(1) $v(v(t))$ (2) $v(v(v(t)))$

11. 已知$m(t)=(t+1)^3$、$n(t)=t^2-1$、$p(t)=t^2$，試求：

(1) $m(n(t))$ (2) $n(m(t))$ (3) $m(p(t))$ (4) $p(m(t))$ (5) $n(p(t))$

(6) $p(n(t))$ (7) $m(n(p(t)))$ (8) $p(p(t))$ (9) $n(n(t))$ (10) $m(m(t))$

12. 找出下列函數的反函數：

(1) $f(x)=3x$ (2) $f(x)=\frac{x}{4}$ (3) $f(x)=x+1$ (4) $f(x)=x-3$

(5) $f(x)=3-x$ (6) $f(x)=2x+6$ (7) $f(x)=7-3x$ (8) $f(x)=\frac{1}{x}$

(9) $f(x)=\frac{3}{x}$ (10) $f(x)=-\frac{3}{4x}$

13. 找出下列$f(x)$的$f^{-1}(x)$：

(1) $f(x)=6x$ (2) $f(x)=6x+1$ (3) $f(x)=x+6$ (4) $f(x)=\frac{x}{6}$

(5) $f(x)=\dfrac{6}{x}$

14. 找出下列$g(t)$的$g^{-1}(t)$：

(1) $g(t)=3t+1$ (2) $g(t)=\dfrac{1}{3t+1}$ (3) $g(t)=t^3$ (4) $g(t)=3t^3$

(5) $g(t)=3t^3+1$ (6) $g(t)=\dfrac{3}{t^3+1}$

15. 已知$g(t)=2t-1$、$h(t)=4t+3$，試求：

(1) $h^{-1}(t)$ (2) $g^{-1}(t)$ (3) $g^{-1}(h^{-1}(t))$ (4) $h(g(t))$ (5) $h(g(t))$的反函數 (6)從(3)和(5)你觀察到什麼現象？

第 7 章

直線方程式（含不等式）

【教學目標】

- 會使用兩點距離公式處理相關的幾何問題
- 了解直線斜率的涵義及斜率的求法
- 能掌握平行線間的斜率關係及垂直線間的斜率關係
- 能導出直角坐標平面上的直線方程式及作圖
- 了解「不等式」在實數（ℝ）系內的討論
- 了解並能使用一次不等式的解法，並與圖形配合進行解題

7.1 距離公式

在直角坐標系中，若點 A、B 的坐標分別為 $A(x_1, y_1)$、$B(x_2, y_2)$，則：A、B 兩點的距離 $\overline{AB}=\sqrt{(x_2-x_1)^2+(y_2-y_1)^2}$。

證明： 1.過 A、B 分別向 X 軸、Y 軸做垂線，二者相交於 C

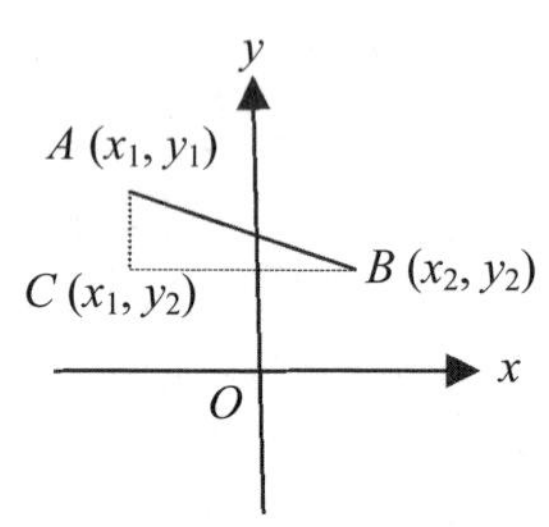

2. 則 C 點的坐標為 $C(x_1, y_2)$

故 $\overline{BC}=|x_1-x_2|$，$\overline{AC}=|y_1-y_2|$

3.$\overline{AB}^2=\overline{BC}^2+\overline{AC}^2=|x_1-x_2|^2+|y_1-y_2|^2$

$=(x_1-x_2)^2+(y_1-y_2)^2$

$\therefore \overline{AB}=\sqrt{(x_2-x_1)^2+(y_2-y_1)^2}$

例 1　設直角坐標平面上有兩點 $A(-3,3)$，$B(-5,-1)$，求 $\overline{AB}=$？

解： $\overline{AB}=\sqrt{(-5-(-3))^2+(-1-3)^2}=\sqrt{20}=2\sqrt{5}$

例 2　設 $A(1,0)$，$B(k,-2)$，$C(2,k+1)$ 為直角坐標系中的三個點。若 $\overline{AB}=\overline{AC}$，求 k 的值為何？

解： $\because \overline{AB}=\overline{AC}$，　$\therefore \overline{AB}^2=\overline{AC}^2$

$\therefore (k-1)^2+(-2-0)^2=(2-1)^2+(k+1-0)^2$

展開整理，$k^2-2k+1+4=1+k^2+2k+1$

化簡，$-4k=-3$

$\therefore k=\dfrac{3}{4}$

7.2　坐標系直線

7.2.1　斜率

當我們騎腳踏車上坡時，坡度越大的坡，騎起來就越吃力。這個「坡度」就是坡陡峭的程度，在數學上，我們用水平方向每前進一單位時，鉛直方向上升或下降多少單位來描述。

例如：

下圖中，右邊的坡度就比左邊的坡度大。

如果我們將直線 L 視為一個由點 $A(x_1, y_1)$ 到點 $B(x_2, y_2)$ 的斜坡（詳見下圖）。那麼，(x_2-x_1) 與 (y_2-y_1) 就分別代表斜坡從 A 點到 B 點的水平位移與鉛直位移。

1. 若 $x_1 \neq x_2$，則我們可用下列比例（值）：$m=\dfrac{y_2-y_1}{x_2-x_1}$ 來表示直線 L 的傾斜程度。
2. 若 $x_1=x_2$，直線 L 為一條鉛直線，我們已經知道它的傾斜程度，因此不定義它的傾斜程度。
3. 對直線 L 上兩相異點 $A(x_1, y_1)$ 與 $B(x_2, y_2)$ 來說（如下圖所示），由相似三角形對應邊成比例性質得到：$\dfrac{y_2-y_1}{x_2-x_1}=\dfrac{m}{1}$（$m>0$）與 $\dfrac{y_1-y_2}{x_2-x_1}=\dfrac{-m}{1}$（$m<0$），整理後均可得到 $\dfrac{y_2-y_1}{x_2-x_1}=m$。

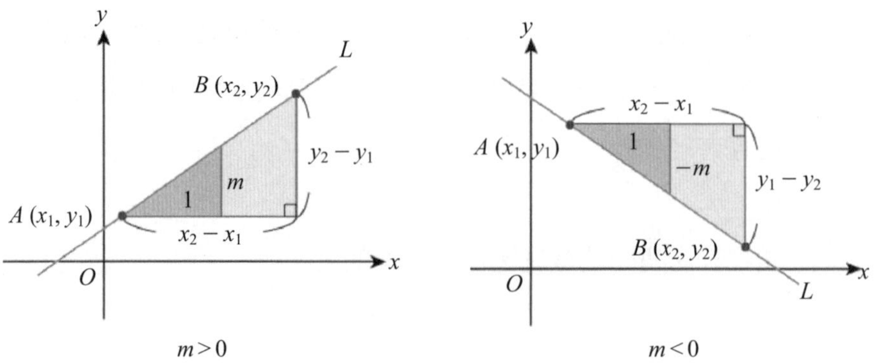

4. 所以這個比值 m 並不會因為選取的點不同或順序不同而有所差異。
5. 因此只要 L 不是一條鉛直線，那麼就可以決定一個比值 m，我們稱此比值 m 為直線 L 的「斜率」。

一般而言，當坡度為 m 時，表示水平方向每前進 1 單位時，高度上升或下降 $|m|$ 單位（$m>0$ 為上升，$m<0$ 為下降）；若 $m=0$，則表示水平位置改變時，高度不變，亦即路面是水平的。

因此，我們假設 $A(x_1, y_1)$, $B(x_2, y_2)$ 為直線 L 上的相異兩點：

1. 若 L 非鉛直線（$x_1 \neq x_2$），則 L 的斜率 $m=\dfrac{y_2-y_1}{x_2-x_1}$；
（特例：若 $y_2=y_1$，則 $m=0$，則 L 稱為水平線。）
2. 若 L 為鉛直線（$x_1=x_2$），則稱直線 L 為垂直線。

例 3 坐標平面上三點 $O(0, 0)$、$A(3, 0)$、$B(2, 1)$：

(1)求 $\overleftrightarrow{OB}$、$\overleftrightarrow{AB}$、$\overleftrightarrow{OA}$ 的斜率。

(2)已知 $C(200, k)$ 在 $\overleftrightarrow{OB}$ 上，求 k 的值。

(3)若點 D 的坐標為 $D(5, -2)$，則 A、B、D 三點是否共線？

解： (1)$m_{\overleftrightarrow{OB}}=\dfrac{1-0}{2-0}=\dfrac{1}{2}$，$m_{\overleftrightarrow{AB}}=\dfrac{1-0}{2-3}=\dfrac{1}{-1}=-1$，

$m_{\overleftrightarrow{OA}}=\dfrac{0-0}{3-0}=\dfrac{0}{3}=0$

(2)$\because C(200, k) \in \overleftrightarrow{OB}$，$\therefore m_{\overleftrightarrow{OC}}=m_{\overleftrightarrow{OB}}=\dfrac{1}{2}$

$\therefore \dfrac{k-0}{200-0}=\dfrac{1}{2}$

$\therefore k=100$

(3)若 A、B、D 三點共線，則 $m_{\overleftrightarrow{AB}}=m_{\overleftrightarrow{BD}}=-1$，反之亦然。

$$m_{\overleftrightarrow{BD}}=\frac{-2-1}{5-2}=\frac{-3}{3}=-1=m_{\overleftrightarrow{AB}}$$

$\therefore A$、B、D 三點共線。

例 4 設 m_1, m_2, m_3, m_4, m_5 分別為右圖中直線 L_1, L_2, L_3, L_4, L_5 的斜率，求下列各值：

$m_1=$______；$m_2=$______；

$m_3=$______；$m_4=$______；

$m_5=$______。

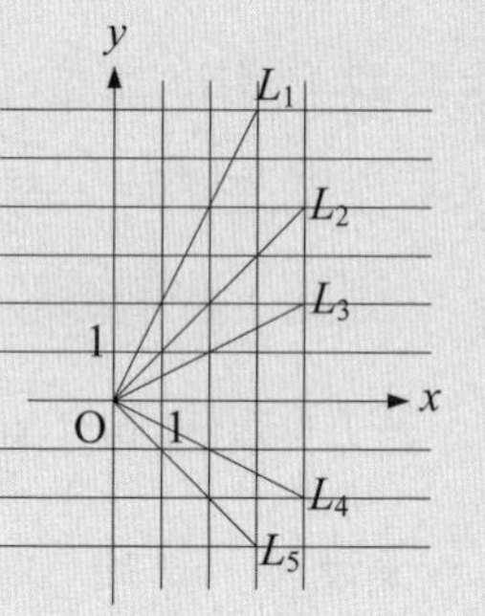

解： $m_1=\frac{6-0}{3-0}=\frac{6}{3}=2$，$m_2=\frac{4-0}{4-0}=\frac{4}{4}=1$

$m_3=\frac{2-0}{4-0}=\frac{2}{4}=\frac{1}{2}$，$m_4=\frac{-2-0}{4-0}=\frac{-2}{4}=-\frac{1}{2}$

$m_5=\frac{-3-0}{3-0}=\frac{-3}{3}=-1$

因此，我們發現「斜率」有以下的變化：

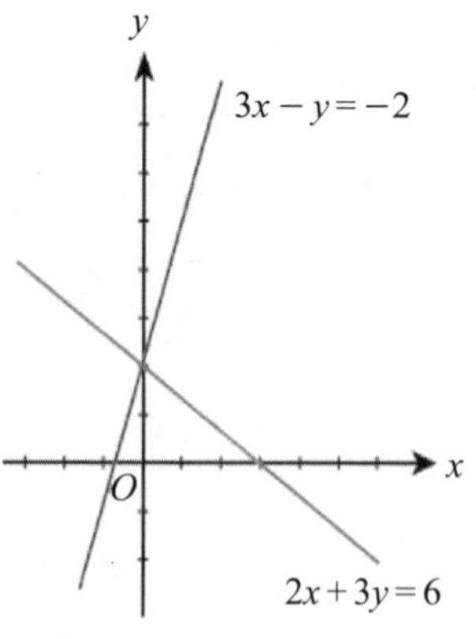

1. 直線由左下向右上傾斜時，斜率為正。
2. 直線由左上向右下傾斜時，斜率為負。
3. 直線為水平線時，斜率為 0；
   直線為鉛直線時，斜率不存在。
4. 同時，直線的傾斜程度愈大，斜率的絕對值也愈大。

接下來，我們再來探討兩線相交及兩直線斜率間的關係。

設兩相異直線L_1, L_2的斜率分別為m_1, m_2。

1. $L_1 // L_1 \Leftrightarrow m_1 = m_2$。
2. $L_1 \perp L_1 \Leftrightarrow m_1 \times m_2 = -1$。

關於兩直線相交情形與其斜率間的關係，首先，我們先找一個特例來說明。「$x-y=0$」，這是一條貫穿第一象限和第三象限並且與x軸夾45度角的直線，它的斜率為1。那麼，與它垂直的直線，是一條貫穿第二象限和第四象限並且與x軸夾45度角的直線「$x+y=0$」，因此，我們發現它的斜率是-1。所以，若兩直線相互垂直，其斜率相乘的數值為-1。

例 5 已知$A(3, 2)$、$B(-1, 0)$、$C(1, k)$為$\triangle ABC$的三頂點且$\angle A=90°$，求k的值。

解： $\because \angle A=90°$，所以$\overline{AB} \perp \overline{AC}$

$\therefore m_{\overleftrightarrow{AB}} \times m_{\overleftrightarrow{AC}} = \dfrac{0-2}{-1-3} \times \dfrac{k-2}{1-3} = \dfrac{-2}{-4} \times \dfrac{k-2}{-2} = -1$

$\therefore$化簡後，$k=6$

7.3 二元一次方程式（直線方程式）

直線方程式的基本想法：在平面上給一定點A，過點A的直線有無限多條。如果再給一斜率m，那麼過A點且斜率為m的直線就只有1條。

直線方程式的基本類型：

7.3.1 點斜式

設直線L通過點$A(x_1, y_1)$，且斜率為m。

我們可以假設$P(x, y)$為直線L上異於點$A(x_1, y_1)$的任意點，

由斜率的定義可知：$m=\dfrac{y-y_1}{x-x_1}$

$\therefore y-y_1=m(x-x_1)$稱為直線$L$的點斜式。

例 6　求通過$(-3, 1)$且符合下列條件的直線方程式：

(1)斜率為 2　(2)斜率為 0　(3)無斜率。

解： (1)$y-1=2(x-(-3))$

$\therefore$直線方程式為$y=2x+7$

(2)$y-1=0(x-(-3))$

$\therefore$直線方程式為$y=1$

(3)$\because$通過$(-3, 1)$的直線無斜率

$\therefore$此直線必為垂直x軸的直線

$\therefore$直線方程式為$x=-3$

7.3.2 斜截式

接下來，我們要再來思考：若直線L與x軸相交於$(a, 0)$，則稱a為L的x截距；若直線L與y軸相交於$(0, b)$，則稱b為L的y截距。

例 7 試求直線 L：$x-2y-6=0$ 的斜率以及直線 L 的 x 截距與 y 截距。

解： (1)直線 L 可寫成 $y=\frac{1}{2}x-3$ 的形式。

$\therefore$直線 L 的斜率為 $\frac{1}{2}$。

(2)直線 L：$x-2y-6=0$ 與 x 軸相交於$(6, 0)$，與 y 軸相交於$(0, -3)$。

$\therefore$ x 截距$=6$，y 截距$=-3$。

以上式（例題 7）為例，我們發現：當我們將直角坐標平面的直線方程式寫成 $y=ax+b$ 的形式時，a 即為該直線的斜率，而 b 則為該直線的 y 截距。因此，如果我們能找到一條直線的斜率與該直線的 y 截距，我們即可寫出此直線的方程式。

例 8 試求直角坐標平面上通過$(0, 5)$，且斜率為 2 的直線方程式。

解： $\because$直線通過$(0, 5)$

$\therefore$此直線的 y 截距為 5

又此直線的斜率為 2

$\therefore$此直線方程式為 $y=2x+5$

7.3.3 截距式

若直角坐標平面上有一直線 L，其 x 截距為 a，其 y 截距為 b（此

處 $ab \neq 0$）。那麼，我們可說直線 L 通過$(a, 0)$與$(0, b)$兩點，所以直線 L 的斜率 $m=-\frac{b}{a}$。因此，直線 L 的方程式可寫成 L：$y=-\frac{b}{a}x+b$。化簡後得到 L：$bx+ay=ab$。我們也可將 L 的直線方程式寫成 L：$\frac{x}{a}+\frac{y}{b}=1$，此式稱為直線 L 的截距式。換言之，如果我們能知道直線的 x 截距與 y 截距，我們即可寫出此直線之方程式。

例 9　設直線 L 的 x、y 截距分別為 3、－5（即：直線與 x、y 軸的交點為$(3, 0)$、$(0, -5)$），求此直線 L 的方程式。

解： $\because$直線 L 的 x、y 截距分別為 3、-5

$\therefore L$：$\frac{x}{3}+\frac{y}{-5}=1$

$\therefore L$：$-5x+3y=-15$

$\therefore L$：$5x-3y=15$

7.3.4　一般式

對直角坐標平面的任一直線而言，不論上述的哪一種形式（點斜式、斜截式、截距式），經整理後都可以化成一個二元一次方程式 $ax+by+c=0$ 的形式，我們稱此形式為直線的一般式。反之，二元一次方程式 $ax+by+c=0$（其中 a, b, c 為實數，a、b 不全為 0）的圖形也都是直線。

1. 若 $a=0$，則 $y=-\frac{c}{b}$，圖形為水平線（斜率為 0）。
2. 若 $b=0$，則 $x=-\frac{c}{a}$，圖形為鉛直線（無斜率）。

3. 若$a\neq 0$、$b\neq 0$，將此式化成$y=(-\frac{a}{b})x+(-\frac{c}{b})$，（由斜截式可知：斜率$=-\frac{a}{b}$）。

例 10　設直角坐標平面上有一點$A(3, 1)$，與一直線L：$3x+2y=1$，
(1)求通過點A且與直線L平行的直線方程式；
(2)求通過點A且與直線L垂直的直線方程式。

解： (1)設直線L_1通過點A且與直線L平行

$\because$直線L_1與直線L平行，

$\therefore$我們可以假設L_1：$3x+2y=m$

又直線L_1通過點A，將$A(3, 1)$代入L_1：$3x+2y=m$

$\Rightarrow 3\times 3+2\times 1=11=m$

$\therefore L_1$：$3x+2y=11$

(2)設直線L_2通過點A且與直線L垂直

$\because$直線L_2與直線L垂直，

$\therefore$我們可以假設L_2：$2x-3y=n$

又直線L_2通過點A，將$A(3, 1)$代入L_2：$2x-3y=n$

$\Rightarrow 2\times 3-3\times 1=3=n$

$\therefore L_2$：$2x-3y=3$

7.4　坐標系上的直線與平面

坐標平面上，若有一點P為直線L外一點，那麼此點P至直線L

的距離為何？此點P在直線L上的垂足為何？P關於此直線L的對稱點又為何？在此，我們提供相關公式，以供參考。

定理 1

若直線L之方程式為$ax+by+c=0$，則線外點$P(x_0, y_0)$至L的距離

$$d=\frac{|ax_0+by_0+c|}{\sqrt{a^2+b^2}}$$

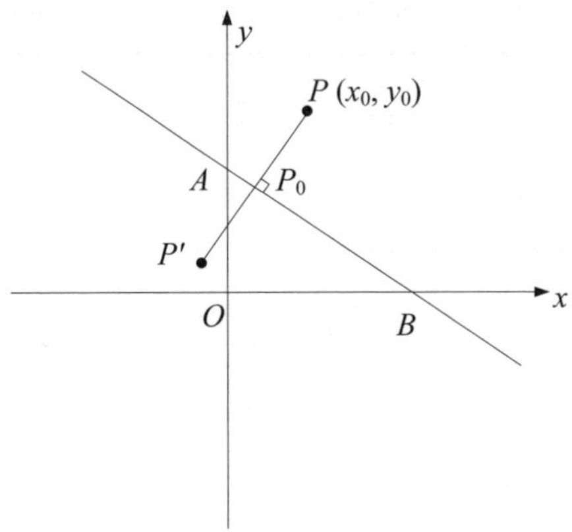

定理 2

若直線L之方程式為$ax+by+c=0$，線外點$P(x_0, y_0)$，則P在L的垂足點是$P_0(x_0-\frac{a(ax_0+by_0+c)}{a^2+b^2}, y_0-\frac{b(ax_0+by_0+c)}{a^2+b^2})$，$P$關於直線$L$的對稱點是$P'(x_0-\frac{2a(ax_0+by_0+c)}{a^2+b^2}, y_0-\frac{2b(ax_0+by_0+c)}{a^2+b^2})$。

7.5 二元一次聯立方程式

由上面的例子，我們發現二元一次方程式在直角坐標平面上所代

表的意義是一條直線。那麼，如果將兩個二元一次方程式放在一起，我們將它稱之為二元一次聯立方程式。而其在直角坐標平面上所代表的意義，即是兩條直線的關係。

一般而言，用二元一次聯立方程式求解的問題都可以用一元一次方程式來求解。但選擇用二元一次聯立方程式求解有時有它的好處，因為在解問題時，如果設兩個未知數，再根據題意分段列式的工作較為容易。二元一次聯立方程式求解時有兩種解法，一是代入消去法，二是加減消去法。

例 11　試求下列聯立方程式的解：

(1)$\begin{cases}2x+3y=6\\3x-y=-2\end{cases}$　(2)$\begin{cases}2x+3y=6\\4x+6y=-2\end{cases}$　(3)$\begin{cases}2x+3y=6\\4x+6y=12\end{cases}$

解： (1)令$\begin{cases}2x+3y=6 \cdots\cdots①\\3x-y=-2\cdots\cdots②\end{cases}$

利用「加減消去法」，將① × 3 − ② × 2 得到

$3\times(2x+3y)-2(3x-y)=3\times6-2\times(-2)$

$\therefore 11y=22$　$\therefore y=2$ 代入①得到 $2x+3\times2=6$

$\therefore x=0$

則我們稱$(x, y)=(0, 2)$為聯立方程式的解。

另解，利用「代入消去法」

令$\begin{cases}2x+3y=6 \cdots\cdots①\\3x-y=-2\cdots\cdots②\end{cases}$

由②之 $3x-y=-2$ 換成$y=3x+2\cdots\cdots③$

將③代入①得到 $2x+3(3x+2)=6$

整理計算後得到 $11x=0$，因此 $x=0$，再將 $x=0$ 代回③，得到了 $y=2$

則 $(x, y)=(0, 2)$ 為聯立方程式的解。

(2)令 $\begin{cases} 2x+3y=6 & \cdots\cdots① \\ 4x+6y=-2 & \cdots\cdots② \end{cases}$

利用「加減消去法」，將① × 2 − ②得到

$2\times(2x+3y)-(4x+6y)=2\times 6-(-2)$

$\therefore 0=14$（矛盾）

則我們稱此聯立方程式無解。

(3)令 $\begin{cases} 2x+3y=6 & \cdots\cdots① \\ 4x+6y=12 & \cdots\cdots② \end{cases}$

利用「加減消去法」，將① × 2 − ②得到

$2\times(2x+3y)-(4x+6y)=2\times 6-12$

$\therefore 0=0$（恆成立）

換言之，滿足 $2x+3y=6$ 的 (x, y) 數對（例如：$(0, 2)$、$(3, 0)\cdots$）都是此聯立方程式的解。

則我們稱此聯立方程式有無限多組解。

接著，我們從聯立方程式在直角坐標平面上的圖形來探討其幾何意義。首先，我們將上題二元一次聯立方程式的圖形描繪在直角坐標平面上如下所示：

(1)$\begin{cases}2x+3y=6\\3x-y=-2\end{cases}$ (2)$\begin{cases}2x+3y=6\\4x+6y=-2\end{cases}$ (3)$\begin{cases}2x+3y=6\\4x+6y=12\end{cases}$

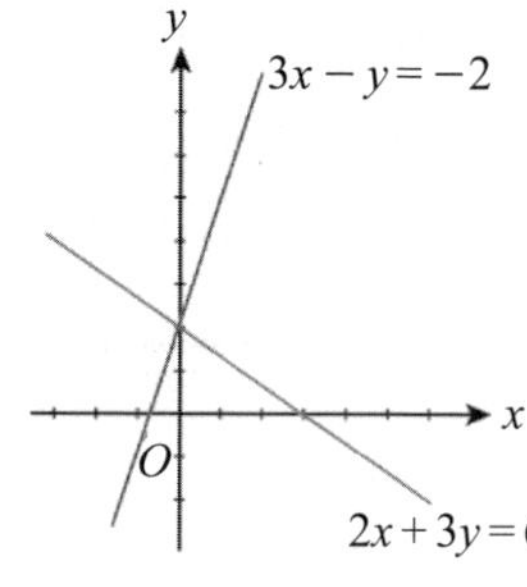

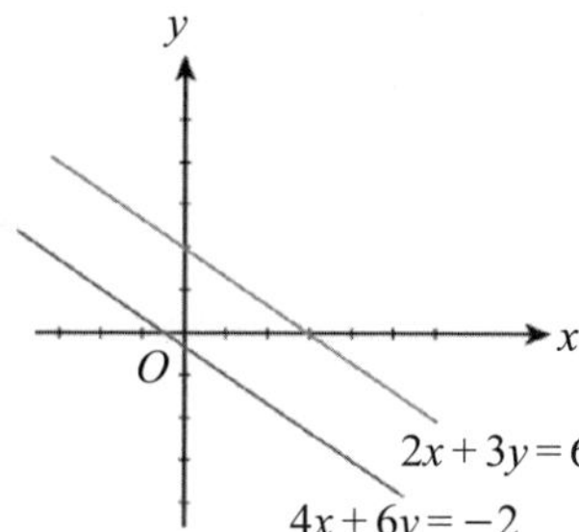

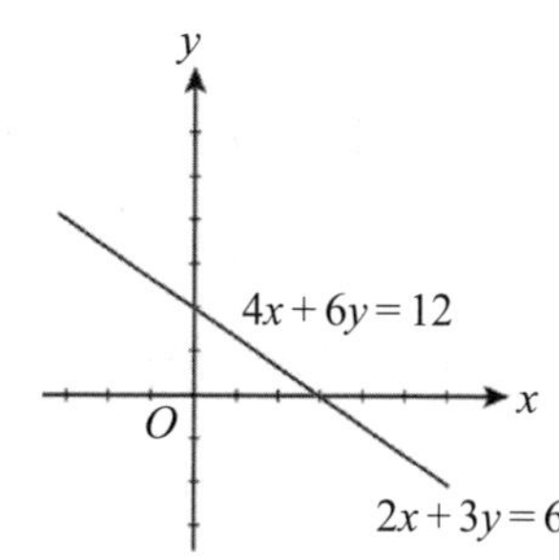

由上圖觀之，我們得到以下結論：

(1) 兩直線相交於一點，表示二元一次聯立方程式有 1 組解。我們稱此二元一次聯立方程式為「相容方程組」。

(2) 兩直線不相交（沒有交點），表示二元一次聯立方程式無解。我們稱此二元一次聯立方程式為「矛盾方程組」。

(3) 兩直線重合（相交於無限多點），表示二元一次聯立方程式有無限多組解。我們稱此二元一次聯立方程式為「相依方程組」。

我們透過比較二元一次聯立方程式的係數得到以下結論：

若有一組二元一次聯立方程式：$\begin{cases}a_1x+b_1y=c_1\\a_2x+b_2y=c_2\end{cases}$

(1) 若 $\dfrac{a_1}{a_2}\neq\dfrac{b_1}{b_2}$，則此聯立方程式有一組解。

(2) 若 $\dfrac{a_1}{a_2}=\dfrac{b_1}{b_2}\neq\dfrac{c_1}{c_2}$，則此聯立方程式無解。

(3) 若 $\dfrac{a_1}{a_2}=\dfrac{b_1}{b_2}=\dfrac{c_1}{c_2}$，則此聯立方程式有無限多組解。

7.6　不等式

設 $f(x)$ 是實係數 n 次多項式，那麼不等式：$f(x)>0$、$f(x)<0$、$f(x)\geq 0$ 或 $f(x)\leq 0$，都稱為 n 次多項式不等式，簡稱 n 次不等式。如果有一實數 α 能使得不等式 $f(\alpha)>0$ 成立，那麼實數 α 就稱為不等式 $f(x)>0$ 的解。而「解不等式」就是要找出滿足該不等式的所有實數解。

7.6.1　不等式的類型

1. 一元一次不等式

一個一元一次不等式可以化成下列形式的不等式：

$ax+b>0$，$ax+b<0$，$ax+b\geq 0$ 或 $ax+b\leq 0$，其中 $a\neq 0$。它們的解的圖形如下：

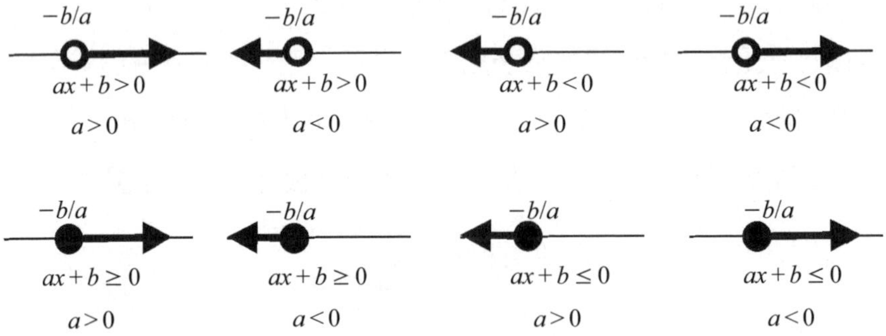

$-b/a$　$-b/a$　$-b/a$　$-b/a$

$ax+b>0$　$ax+b>0$　$ax+b<0$　$ax+b<0$

$a>0$　$a<0$　$a>0$　$a<0$

$-b/a$　$-b/a$　$-b/a$　$-b/a$

$ax+b\geq 0$　$ax+b\geq 0$　$ax+b\leq 0$　$ax+b\leq 0$

$a>0$　$a<0$　$a>0$　$a<0$

例 12　試求一元一次不等式 $2x+1\leq 5x+10$ 的解，並在數線上描繪出 x 值的範圍。

解： (1)進行移項可得 $1-10 \leq 5x-2x$

$\therefore -9 \leq 3x$

利用等量除法公理，$x \geq -3$ 即為不等式的解。

(2)數線上 x 值的範圍圖形如下：

例 13 小明帶 120 元打算購買每枝 10 元的鉛筆一打。不巧，店裡每枝 10 元的鉛筆已經銷售完畢。但店裡還有每枝 13 元和每枝 8 元的鉛筆，因此，小明只好購買這兩種鉛筆共一打。如果要使這打鉛筆中每枝 13 元的鉛筆要盡可能的多，問這兩種鉛筆各買多少枝？

解： 假設小明購買每枝 13 元的鉛筆 x 枝（此處 x 為正整數或 0）

$\because$小明購買每枝 13 元和每枝 8 元的鉛筆共一打，

$\therefore$小明購買每枝 8 元的鉛筆有$(12-x)$枝。

但是，小明只有帶 120 元到店裡，

$\therefore 13x+8\times(12-x) \leq 120$

化簡後得到 $x \leq \dfrac{24}{5}=4.8$

但是，x 為正整數或 0，　$\therefore x=0, 1, 2, 3, 4$

並且，每枝 13 元的鉛筆要盡可能的多，因此，x 需取最大值

$\therefore x=4$。也就是說，小明購買每枝 13 元的鉛筆 4 枝以及購買每枝 8 元的鉛筆 8 枝。

2. 二元一次不等式

二元一次方程式$y=bx+c$在坐標平面上的圖形是一條直線L，直線L將坐標平面分成兩個半平面。先在L上方的半平面任取一點$A(x, y)$，過A點作x軸的垂線，設其交直線L於B點，則B點的坐標為$(x, bx+c)$，如下方左圖所示：因為A點在B點的上方，所以A點的縱坐標比B點的縱坐標大，即$y>bx+c$。同理，若$C(x, y)$在直線L的下方，如下方右圖，則C點的縱坐標比B'點的縱坐標小，所以$y<bx+c$。

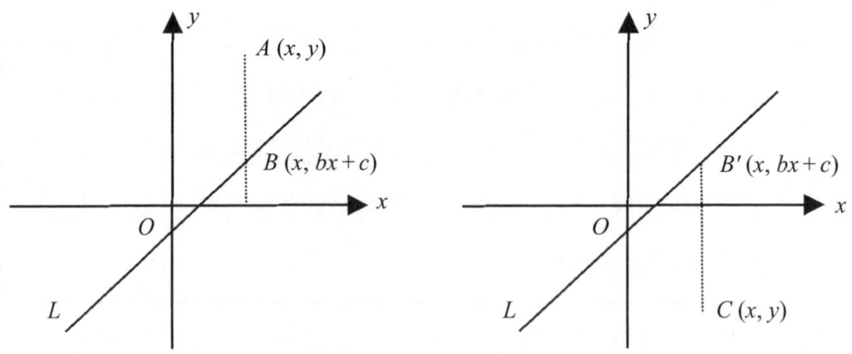

根據上述，我們可整理出不等式的圖形意義。

設直線L：$y=bx+c$，則下列四種不等式的圖形意義為：

(1) 不等式$y>bx+c$的圖形是直線L上方的半平面。

(2) 不等式$y\geq bx+c$的圖形是直線L及其上方的半平面。

(3) 不等式$y<bx+c$的圖形是直線L下方的半平面。

(4) 不等式$y\leq bx+c$的圖形是直線L及其下方的半平面。

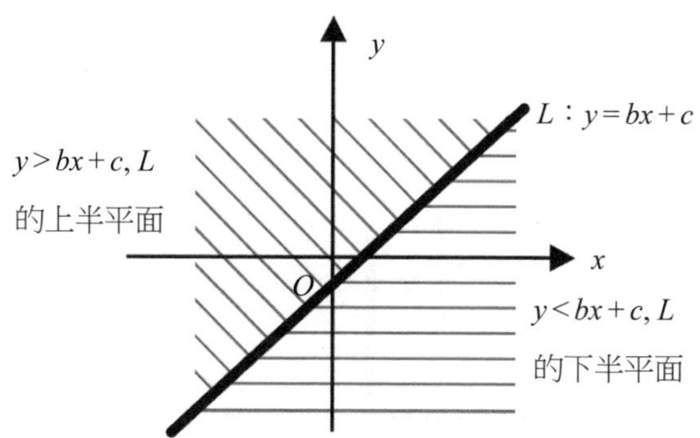

同樣地，直線L：$y=k$的圖形是垂直於y軸的直線，則下列四種不等式的圖形意義為：

(1) 不等式$y>k$的圖形是直線L上方的半平面。

(2) 不等式$y\geq k$的圖形是直線L及其上方的半平面。

(3) 不等式$y<k$的圖形是直線L下方的半平面。

(4) 不等式$y\leq k$的圖形是直線L及其下方的半平面。

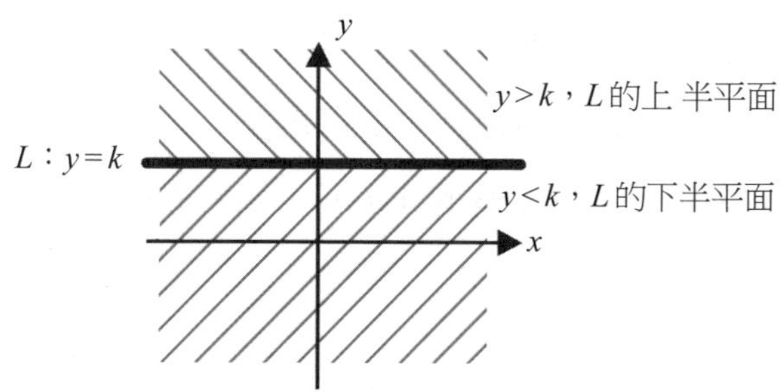

同理，直線L：$x=h$的圖形是垂直於x軸的直線，則下列四種不等式的圖形意義為：

(1) 不等式$x>h$的圖形是直線L的右半平面。

(2) 不等式$x\geq h$的圖形是直線L及其右半平面。

(3) 不等式$x<h$的圖形是直線L的左半平面。

(4) 不等式$x \leq h$的圖形是直線L及其左半平面。

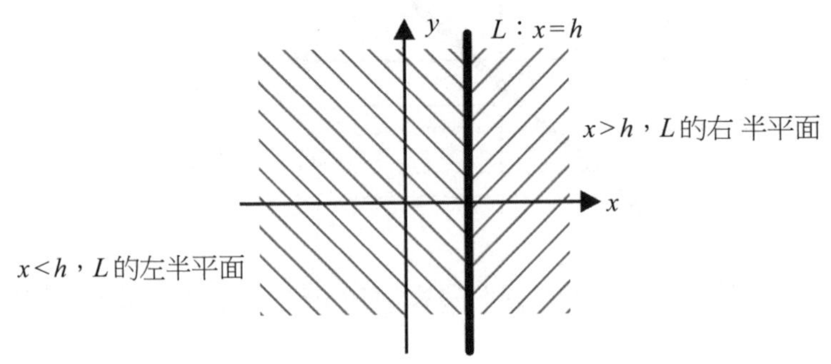

例 13 試在直角坐標平面上描繪出二元一次不等式$2x+5y>10$的圖形。

解： 透過移項可得，$5y>-2x+10$

首先在直角坐標平面上畫出直線L：$5y=-2x+10$ 的圖形，則$5y>-2x+10$所代表的區域是直角坐標平面上直線L的上方半平面（不包含直線L），圖形描繪如下：

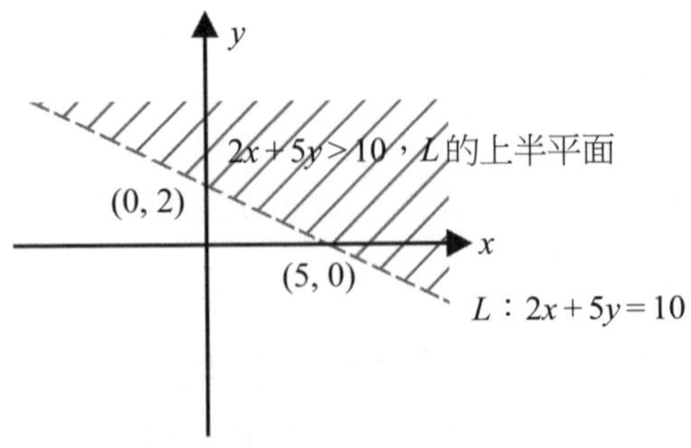

3. 二元一次聯立不等式

例 14　試在直角坐標平面上描繪出二元一次聯立不等式 $\begin{cases} 2x+3y>6 \\ 3x-y<-3 \end{cases}$ 的圖形。

解： 分別描繪出直線 L：$2x+3y=6$ 與直線 M：$3x-y=-3$ 的圖形，則 $2x+3y>6$ 與 $3x-y<-3$ 分別表示直線 L 的上半平面（不含直線 L）與直線 M 的上半平面（不含直線 M）的區域，則此二元一次聯立不等式的圖形為下圖中兩區域的交集部分。

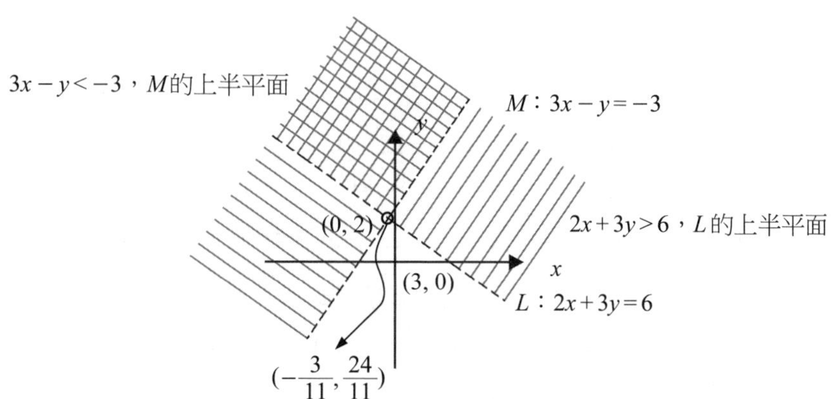

習題

1. 在直角坐標平面上，有A、B兩點，其坐標分別為$A(-2, 1)$與$B(4, 3)$。若平面上有一點C使得$\overline{AC}=\overline{BC}=2\sqrt{5}$，求$C$點的坐標。
2. 直角坐標平面上有一直線L的斜率為$\frac{1}{2}$，其y截距為-3，求此直線L的方程式。
3. 直角坐標平面上有一直線L通過點$(2, 5)$且其x截距與y截距相等，求此直線L的方程式。
4. 直角坐標平面上有兩點$A(3, 4)$、$B(-2, 1)$，點P在x軸上，且$\overline{AP}\perp\overline{BP}$，求$P$點的坐標。
5. 設$ABCD$為直角坐標平面上的一個平行四邊形，且點A、B、C的坐標分別為$A(2, -1)$、$B(3, 4)$、$C(0, -5)$，求D點的坐標。
6. 判別下列方程組為相容、矛盾或相依，若為相容，則求其唯一解。

   (1)$\begin{cases}4x+y-1=0\\x-2y+3=0\end{cases}$ (2)$\begin{cases}6x-9y+12=0\\4x-6y+8=0\end{cases}$ (3)$\begin{cases}2x-3y+5=0\\4x-6y-10=0\end{cases}$
7. 設直角坐標平面上有一直線L：$2x-5y+4=0$以及一點$A(-1, 2)$，

   (1)求通過點A且與L平行的直線方程式。

   (2)求通過點A且與L垂直的直線方程式。
8. 設直角坐標平面上有一直線L：$x-2y+3=0$以及一點$A(2, -5)$，若點B與點A對稱於直線L（即直線L垂直平分$\overline{AB}$），則B點的坐標為何？
9. 直角坐標平面上有一直線L通過點$A(2, 6)$且直線L的兩截距之和為1，求L的方程式。

10. 設 集 合 $A=\{x \in \mathbb{R} \mid |x-a| \le 2b\}$、$B=\{x \in \mathbb{R} \mid x^2-3x-10>0\}$。若 $A \cup B=\mathbb{R}$ 且 $A \cap B=\{x \in \mathbb{R} \mid 5<x \le 14\}$，則 a、b 的值各為何？

第 8 章

曲線方程式

8.1　一元二次方程式

8.2　二次函數

8.3　一元二次不等式

8.4　三次式的性質

8.5　高次不等式

【教學目標】

- 能了解一元二次方程式的定義
- 能計算一元二次方程式的解
- 能了解二次函數的定義與特性
- 能繪出二次函數的圖形
- 能計算一元二次不等式的解
- 能了解三次式的定義
- 能運用判別式判別三次式之極值與解
- 能計算高次不等式的解

8.1 一元二次方程式

一個方程式只含一個未知數，且其最高次數為二次，則稱此方程式為一元二次方程式。據此敘述，一元二次方程式可以定義如下：

定義

一元二次方程式可以表成 $ax^2+bx+c=0$，其中 x 表未知數，a、b 和 c 為常數且 $a\neq 0$。

由上述定義可以發現：一元二次方程式 x^2 項之係數 a 必不可為 0，否則將違反定義。例如：$x^2-2x+1=0$ 或 $3x^2=0$ 都符合定義，故皆為一元二次方程式。

定義

若將某數代入一元二次方程式的未知數 x 可使方程式之等號成立，則稱此數為該一元二次方程式之根（root）或解。

例如：將 $x=1$ 代入 $x^2-2x+1=0$ 中，可使得方程式的等號成立，因此 1 是此方程式的根。

例 1 下列何者非一元二次方程式？

(1) $3x-7=0$

(2) $(x-3)(x-5)=15$

(3) $(5x-1)(2x-6)=10x^2-24x$

(4) $(x-1)(x+5)=x-6$

解： (1)未知數 x 最高次數為 1，不符合定義，故非一元二次方程式。

(2) $(x-3)(x-5)=x^2-5x-3x+15=x^2-8x+15=15$，可以得到 $x^2-8x=0$，符合定義，是一元二次方程式。

(3) $(5x-1)(2x-6)=10x^2-30x-2x+6=10x^2-32x+6=10x^2-24x$，可以得到 $8x=6$，因未知數 x 的最高次數為 1，不符合定義，故非一元二次方程式。

(4) $(x-1)(x+5)=x^2+5x-x-5=x^2+4x-5=x-6$，可以得到 $x^2+3x+1=0$，符合定義，是一元二次方程式。

$\therefore$(1)(3)皆非一元二次方程式。

例 2 試求一元二次方程式 $2x^2-36=6x$ 的根

解： $\because 2x^2-36=6x \Rightarrow 2x^2-6x-36=0 \Rightarrow 2(x^2-3x-18)=0$，所以，當 $x=-3$ 和 $x=6$ 時，皆可使等號成立，因此 -3 和 6 為

此一元二次方程式的根。

前述介紹了一元二次方程式和其根的定義，對於解一元二次方程式常用的方法還有「因式分解法」、「配方法」與「公式解」。在介紹此三種方法之前，先介紹一個重要的特性。若a和b代表兩個實數，且$a \cdot b=0$，則可以得知$a=0$或$b=0$。若一個一元二次方程式可以分解為$a \cdot b=0$形式，再利用$a=0$或$b=0$的特性，則可以解出其可能的根。例如：$x^2-3x+2=(x-1)(x-2)=0$，則可以得到：$x-1=0$ 或 $x-2=0$，所以$x=1$或$x=2$皆是方程式的根。

1. 因式分解法

常用的因式分解規則有：公因式法、十字交乘法和平方差公式法等三種，茲介紹如下。

(1) 公因式法：將方程式中各項共同的因式提取出來後，可讓方程式的解一目了然。

例 3 解 $5x^2-10x=0$

解： 由題目中很容易可以發現 $5x^2$ 和 $10x$ 兩項皆為 $5x$ 的倍數

$\therefore 5x^2-10x=5x(x-2)=0$，

則 $5x=0$ 或 $x-2=0$

$\therefore 5x^2-10x=0$ 的解為 $x=0$ 或 $x=2$

(2) 十字交乘法：十字交乘法之原理為利用$ax^2+bx+c=(px+r)(qx+s)=0$的原則來分解方程式，亦即將二次式分解成兩個一次式相乘，再利

用 $px+r=0$ 或 $qx+s=0$ 的特性來求其根。

例 4 解 $x^2-x-12=0$

解： 將 x^2-x-12 進行因式分解，可得 $x^2-x-12=(x-4)(x+3)$

當 $x^2-x-12=0$，即 $(x-4)(x+3)=0 \Rightarrow x-4=0$ 或 $x+3=0$

$\therefore x^2-x-12=0$ 的解為 $x=4$ 或 $x=-3$

(3) 平方差公式法：平方差公式法是利用平方差公式 $x^2-z^2=(x+z)(x-z)$ 來解題，其中 z 為常數，通常是當一次項係數 $b=0$ 時使用。

例 5 解 $3x^2-27=0$

解： $\because 3x^2-27=3(x^2-9)=3(x-3)(x+3)=0$，

則 $x-3=0$ 或 $x+3=0$

$\therefore 3x^2-27=0$ 的根為 $x=\pm 3$。

由前述可以得知若一個一元二次方程式可分解為 $(x-\alpha)(x-\beta)=0$，則可以得知根為 α 與 β；反之，以 α 與 β 為根的一元二次方程式可以寫為 $a(x-\alpha)(x-\beta)=0$。另外，若 $\alpha=\beta$ 則此兩根相等，稱之為「重根」，方程式可以表為 $a(x-\alpha)^2=0$。

2. 配方法

配方法是一種基本的代數計算技巧，主要的目的就是將一個二次式化為一個一次式的完全平方項與常數項的和，以便簡化計算。因此，一元二次方程式 $ax^2+bx+c=0$ 可以改寫為：

$$ax^2+bx+c=0$$

$$ax^2+bx=-c$$

$$x^2+\frac{b}{a}x=-\frac{c}{a}$$

$$x^2+2\cdot\frac{b}{2a}\cdot x+(\frac{b}{2a})^2=-\frac{c}{a}+(\frac{b}{2a})^2$$

$$(x+\frac{b}{2a})^2=\frac{b^2-4ac}{4a^2}$$

因為等號左式為完全平方項，其值恆為正數或 0，因此：

(1) 若等號右式分子項亦恆為正數或 0 時，方程式始有實數根，亦即 $b^2-4ac\geq 0$ 時，有實數根。

(2) 若 $b^2-4ac<0$，則方程式等號無法成立，因此無實數根。換句話說，無法找到一個實數使得 $(x+\frac{b}{2a})^2=\frac{b^2-4ac}{4a^2}$。

(3) 若 $b^2-4ac=0$，則 $x=\frac{-b}{2a}$，表示此時兩根相等。

由上述可以發現：b^2-4ac 可以判定一元二次方程式是否具備實數根，故稱為「判別式」，可用英文大寫字 $D=b^2-4ac$ 來表示。根據判別式 D 可以歸納如下：

(1) 若 $D>0$，則可以發現其解為：

$$x=\frac{-b+\sqrt{b^2-4ac}}{2a} \text{ 和 } x=\frac{-b-\sqrt{b^2-4ac}}{2a} \text{（或} x=\frac{-b\pm\sqrt{b^2-4ac}}{2a}\text{）}$$

因為兩解均為實數且相異，稱方程式有兩個相異實根。

(2) 若 $D=0$，則兩根相等且 $x=\frac{-b}{2a}$，稱方程式有二重根。

(3) 若 $D<0$，則方程式無實數根。

由上述討論發現，一元二次方程式的實數根，最多有 2 個。

3. 公式解

一元二次方程式$ax^2+bx+c=0$，從配方法整理得知

$$(x+\frac{b}{2a})^2=\frac{b^2-4ac}{4a^2}$$

因此可得一元二次方程式一般化的解為$x=\frac{-b\pm\sqrt{b^2-4ac}}{2a}$，

當難以直接使用因式分解法時，我們會採用公式解。

我們可以從一元二次方程式的根，得知根與係數關係：

設α,β為$ax^2+bx+c=0$（$a\neq 0$）之兩實根，即$a(x-\alpha)(x-\beta)=0$

$$ax^2-a(\alpha+\beta)x+a\alpha\beta=0\Rightarrow\begin{cases}-a(\alpha+\beta)=b\\ a\alpha\beta=c\end{cases}\Rightarrow\begin{cases}\alpha+\beta=-\frac{b}{a}\\ \alpha\beta=\frac{c}{a}\end{cases}$$

8.2 二次函數

二次函數之定義如下：

定義

若一函數$f(x)=ax^2+bx+c$，其中a、b、c為常數且$a\neq 0$，則稱$f(x)$為一個二次函數。

圖 8.1 為$f(x)=x^2-6$之函數圖形，此圖形亦稱為拋物線。前述一元二次方程式可視為$f(x)=0$，而點A和B為$f(x)=0$兩個相異實根，如前述$A=-\sqrt{6}$，$B=\sqrt{6}$。

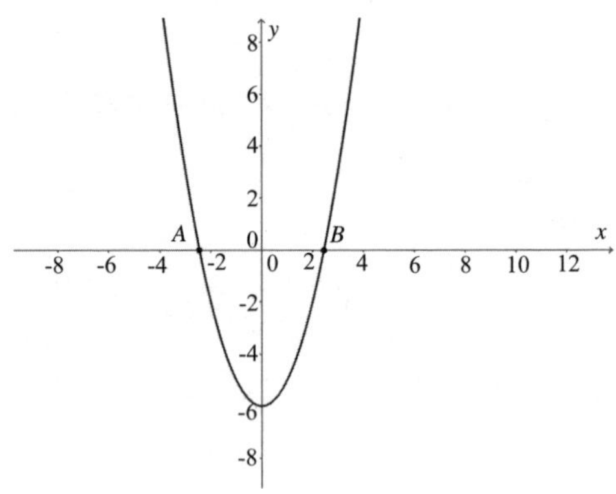

圖 8.1　函數 $f(x)=x^2-6$ 的圖形

例 6　若函數 $f(x)=x^2-1$，找出函數 f 的定義域和值域。

解：(1)由於題目中並沒有特別限制 x 的範圍，因此函數 f 的定義域為所有的實數 $\mathbb{R}$。

(2) $y=f(x)=x^2-1$ 的圖形如下，由圖形中可知，當 $x=0$ 時，y 有最小值 -1，因此函數 f 的值域為 $\{y\,|\,y\geq-1, y\in\mathbb{R}\}$。

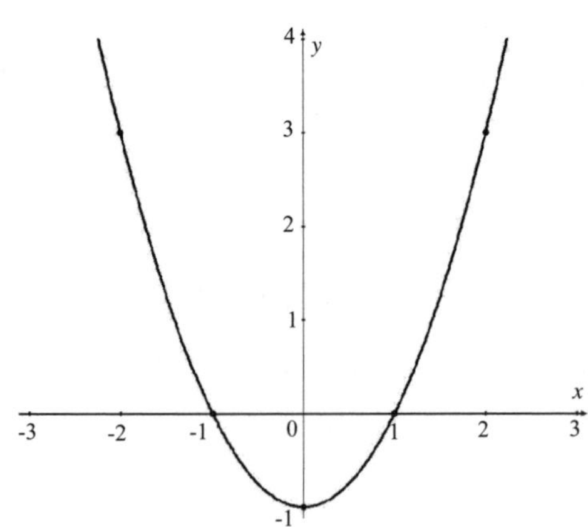

一般在繪製函數圖形時，我們可以找出部分 x 值和其對應之 $f(x)$ 值。下表為 $f(x)=x^2-x-6$ 的部分 x 值和其對應之 $f(x)$ 值：

x	-4	-3	-2	-1	0	1	2	3	4	5
$f(x)$	14	6	0	-4	-6	-6	-4	0	6	14
點	A	B	C	D	E	F	G	H	I	J

接著，將點 A 到點 J 分別描在坐標平面上（如圖 8.2(a)），再將這些坐標點用線連接起來即可獲得二次函數的圖形。隨著點數的增加，則曲線將會越來越接近圖 8.2(b)中虛線圖形般的平滑。

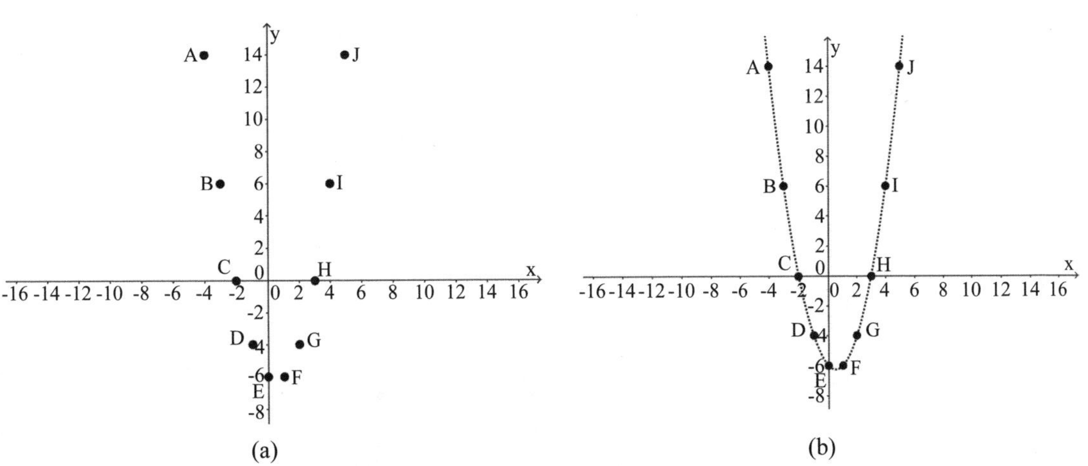

圖 8.2　x 和 $f(x)$ 的對應點圖形

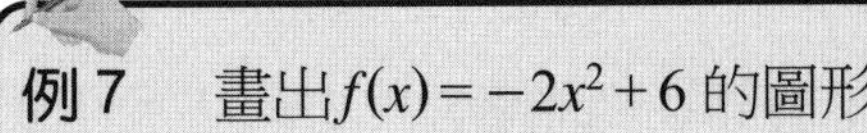

例 7　畫出 $f(x)=-2x^2+6$ 的圖形

解： 首先找出部分 x 值和其對應之 $f(x)$ 值，如下表所示：

x	-3	-2	-1	0	1	2	3
$f(x)$	-12	-2	4	6	4	-2	-12
點	A	B	C	D	E	F	G

接著將點 A 到點 G 分別描在坐標平面上，再將這些坐標點用線連接起來即可獲得如圖 8.3 之二次函數圖形。由圖可知，$f(x)=-2x^2+6$ 的圖形對稱於 y 軸。

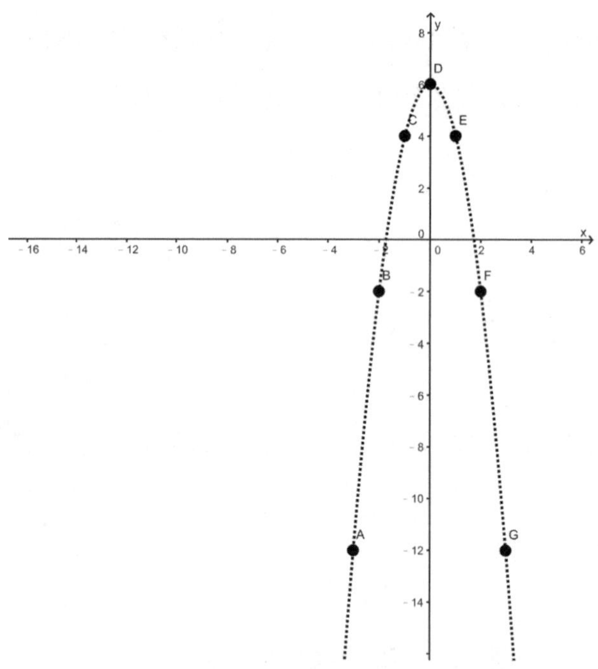

圖 8.3　$f(x)=-2x^2+6$ 的圖形

除了上述畫二次函數圖形的方式外，一般還常用「配方法」找出圖形的頂點坐標，然後再找到函數上容易找到的數點，亦可描繪出圖形之樣貌。根據本章前述配方法二次函數 $f(x)=ax^2+bx+c$ 可推導成：

$$f(x)=ax^2+bx+c$$
$$=a(x+\frac{b}{2a})^2+\frac{4ac-b^2}{4a}$$

因為$f(x)=a\,(x+\frac{b}{2a})^2+\frac{4ac-b^2}{4a}$，所以當$x=-\frac{b}{2a}$時，二次函數的$f(x)=\frac{4ac-b^2}{4a}$。若$a>0$且$x\neq-\frac{b}{2a}$，則$a(x+\frac{b}{2a})^2>0$，因此，對所有$x$，皆可以得到$f(x)\geq\frac{4ac-b^2}{4a}$，所以$\frac{4ac-b^2}{4a}$為$f(x)$之最小值，故其頂點坐標$(x_0, y_0)=(-\frac{b}{2a}, \frac{4ac-b^2}{4a})$在圖形的最低點。同樣地，若$a<0$，則對所有$x$，可以得到$f(x)\leq\frac{4ac-b^2}{4a}$，所以$\frac{4ac-b^2}{4a}$為$f(x)$之最大值，其頂點坐標$(x_0, y_0)=(-\frac{b}{2a}, \frac{4ac-b^2}{4a})$在圖形的最高點。$f(x)$為一對稱圖形，其對稱軸為$x=-\frac{b}{2a}$。

例 8　畫出$f(x)=2x^2-24x+76$的圖形

解： $f(x)=2x^2-24x+76$
$$=2\,(x^2-12x+36)-72+76$$
$$=2\,(x-6)^2+4$$

所以，頂點的位置在(6, 4)，對稱軸$x=6$。又可找到：

x	4	5	6	7	8
$f(x)$	12	6	4	6	12

可以完成如下圖 8.4

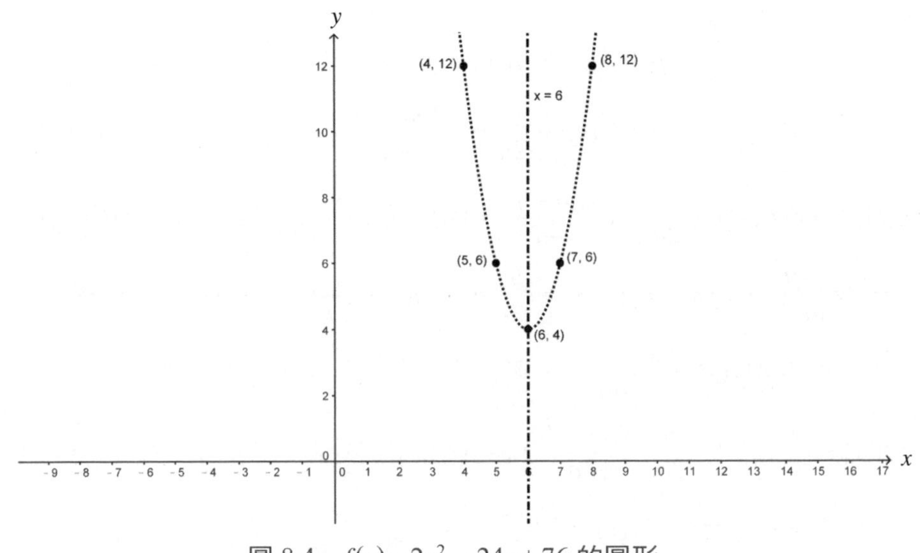

圖 8.4　$f(x)=2x^2-24x+76$ 的圖形

圖 8.5(a)和圖 8.5(b)分別為 $a>0$ 和 $a<0$ 時之圖形，當 $a>0$ 圖形開口向上，因此有最小值；當 $a<0$ 時，圖形開口向下，因此有最大值。

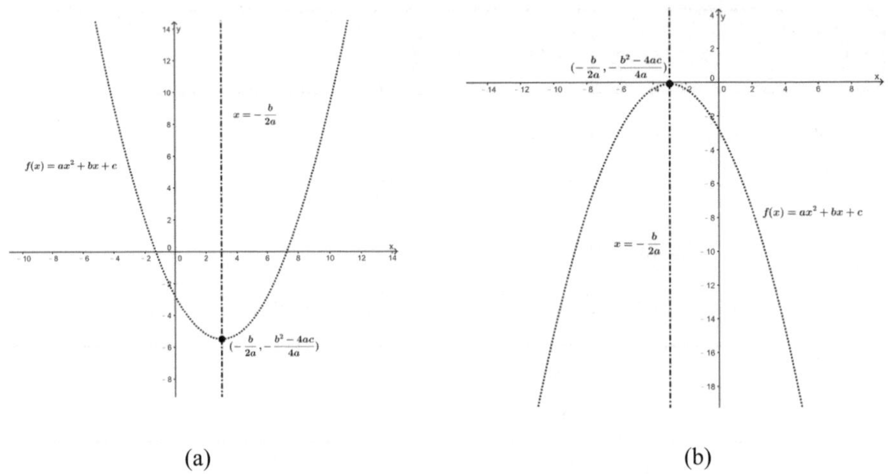

圖 8.5　(a)$a>0$ 和(b)$a<0$ 時的圖形

二次函數的圖形性質如下：

1. 若平方項係數 $a>0$，則開口向上；若平方項係數 $a<0$，則開口向下。
2. 二次函數為一對稱拋物線，其對稱軸為 $x=-\dfrac{b}{2a}$，如圖 8.5 所示。
3. 若平方項係數 a 的絕對值（$|a|$）較大，則開口較狹窄；若平方項係數的絕對值（$|a|$）較小，則開口較寬闊。

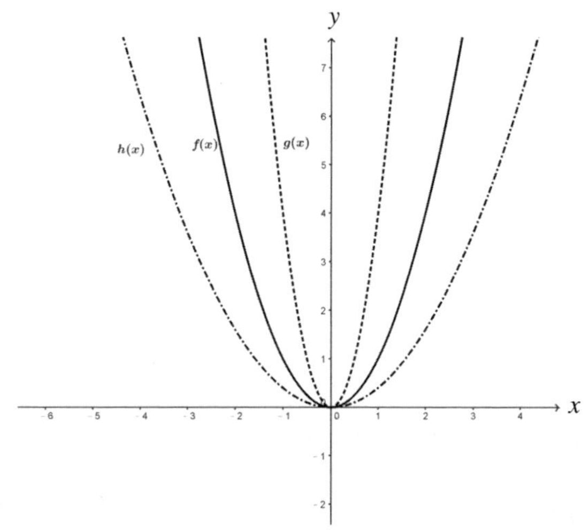

圖 8.6　$f(x)=x^2$、$g(x)=4x^2$ 和 $h(x)=0.4x^2$ 的圖形

圖 8.6 中之線條由外向內分別表示 $h(x)=0.4x^2$、$f(x)=x^2$ 和 $g(x)=4x^2$。由圖中可以發現：$g(x)$ 的 x^2 項係數最大，其開口最小；$h(x)$ 的 x^2 項係數最小，其開口最大。給定 x 值，則 $g(x)>f(x)>h(x)$，隨著輸入值的變大，$g(x)$ 的變化會較快速，在此例來說，會上升得比較快，因此開口會比較小；反之，$h(x)$ 的變化會比較慢，因此開口會比較大。

4. $g(x)=(x-h)^2$ 的圖形是將 $f(x)=x^2$ 的圖形向左或右平移 $|h|$ 單位長，

圖 8.7 為 $h=3$ 時的函數圖形。

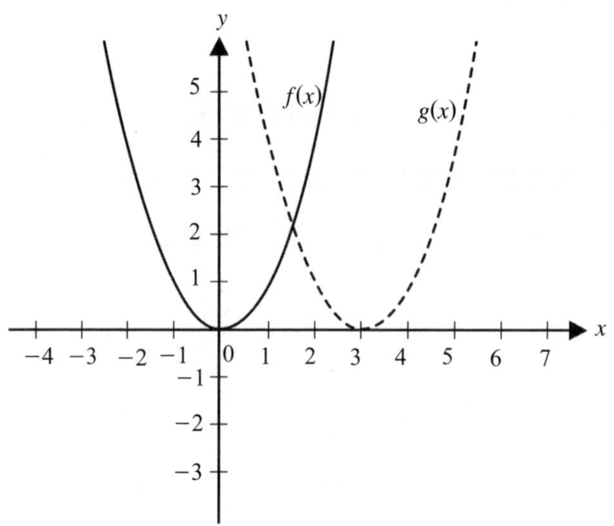

圖 8.7　$g(x)=(x-3)^2$ 與 $f(x)=x^2$ 的圖形

5. $g(x)=x^2+k$ 的圖形是將 $f(x)=x^2$ 的圖形沿著 y 軸平移 $|k|$ 單位長。若 $k>0$，則圖形向上平移，若 $k<0$，則圖形向下平移。其實，很明顯地，對於任意 $x\in\mathbb{R}$，$g(x)=x^2+k=f(x)+k$。圖 8.8 中 $k=-3$，因此，$g(x)$ 圖形是 $f(x)$ 圖形沿著 y 軸向下平移 3 單位長。
6. $g(x)=(x-h)^2+k$ 的圖形是將 $f(x)=x^2$ 的圖形向左或向右平移 $|h|$ 單位長，再向上或向下平移 $|k|$ 單位長。
7. 若 $b=0$，則頂點在 y 軸上；若 $b\neq 0$，則頂點不在 y 軸上，故 b 由頂點的 x 坐標決定。若 $c=0$，則圖形通過原點；若 $c\neq 0$，則圖形不通過原點，故 c 由圖形與 y 軸交點決定。若 $b=c=0$，則頂點在原點。
8. 二次函數與 x 軸不一定有交點，但與 y 軸一定有交點，其交點坐標為 $(0, c)$。

當 $h>0$ 且 $k>0$ 時，可將二次函數的平移過程圖示如下：

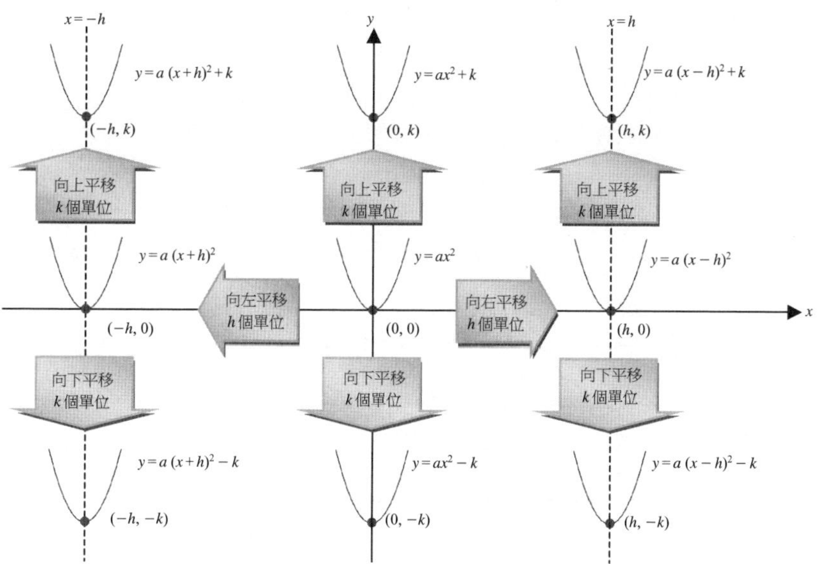

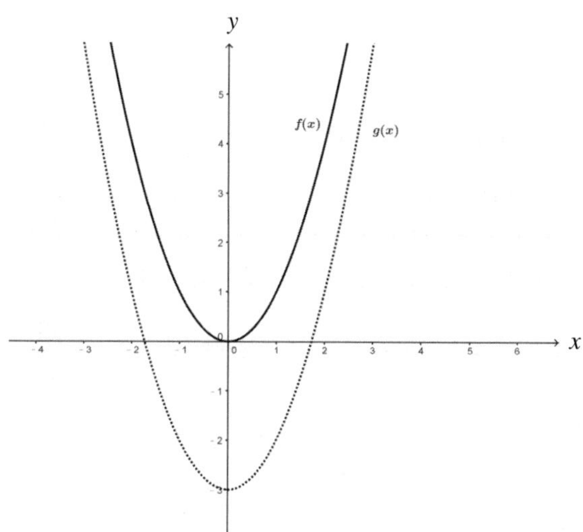

圖 8.8 $f(x)=x^2$ 圖形與 $g(x)=x^2-3$ 的圖形

例 9 試判斷下圖二次函數 $f(x)=ax^2+bx+c$ 之係數 a、b、c 的正負值。

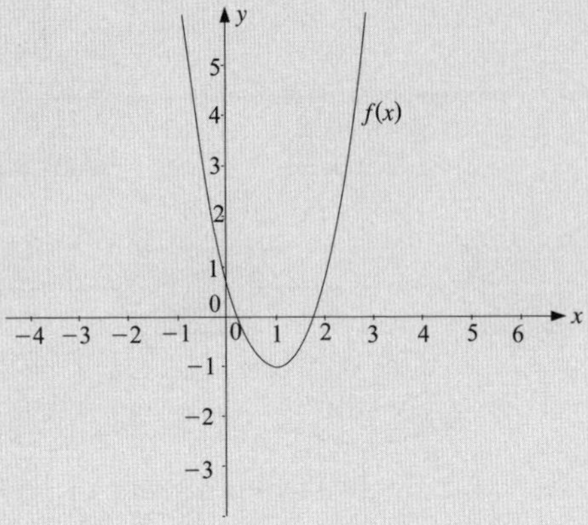

解： $\because$ 圖形開口向上，$\therefore a>0$。圖形頂點的 x 座標 $\dfrac{-b}{2a}>0$，所以 $b<0$。圖形與 y 軸交點其值為正，所以 $c>0$。

例 10 二次函數 $f(x)=ax^2+bx+c$ 的圖形與 x 軸交於兩相異點 A 與 B，試求 $\overline{AB}$ 之長度。

解： 因為圖形與 x 軸交於相異兩點 A、B，因此 A 與 B 為 $f(x)=0$ 的解，由公式解可知 A 點坐標為 $(\dfrac{-b+\sqrt{b^2-4ac}}{2a}, 0)$，$B$ 點坐標為 $(\dfrac{-b-\sqrt{b^2-4ac}}{2a}, 0)$，故 $\overline{AB}=\dfrac{\sqrt{b^2-4ac}}{|a|}$。

例 11 若二次函數 $f(x)=ax^2+bx+c$ 圖形的頂點為 $(3, -2)$，且經過 $(0, 7)$，試求 $f(x)$。

解： 根據前述推導，$f(x)$ 的頂點座標為 $(-\frac{b}{2a}, \frac{4ac-b^2}{4a})$，因此可以得到：

$$\begin{cases} -\dfrac{b}{2a}=3 \\ -\dfrac{b^2-4ac}{4a}=-2 \end{cases} \Rightarrow \begin{cases} b=-6a \cdots\cdots\cdots\cdots ① \\ b^2-4ac=8a \cdots\cdots ② \end{cases}$$

將①代入②中，可以得到

$$36a^2-4ac-8a=0 \cdots\cdots ③$$

又因為 $f(x)$ 經過 $(0, 7)$，可知 $c=7$，將之代入③，可以得到：

$$36a^2-4ac-8a=36a^2-36a=36a\,(a-1)=0$$

$\therefore a=0$ 或 $a=1$。又因為 $a \neq 0$，所以 $a=1$，$b=-6$，$c=7$，

$\therefore f(x)=x^2-6x+7$

另解： 根據圖 8.8，設 $f(x)=a(x-3)^2-2$，又因為 $f(x)$ 通過 $(0, 7)$，

$\therefore 7=9a-2 \Rightarrow a=1$，$\therefore f(x)=(x-3)^2-2=x^2-6x+7$

例 12 用 200 公尺的童軍繩圍成一個矩形，則所能圍出矩形之最大面積為何？

解： 令矩形的一邊邊長為 x，則另一邊邊長為 $100-x$，所圍成的矩形面積為 $A=x(100-x)$。很明顯地，A 的大小與邊長 x 有關，因此令 $A=f(x)=x(100-x)=-x^2+100x$ 為一元二次函

數，且二次項係數小於 0，故有最大值。將 A 重新表示為

$A=-(x^2-100x+50^2)+50^2=-(x-50)^2+50^2$

因此當 $x=50$ 公尺時，A 有最大面積 2500 平方公尺。同時可以發現，另一邊長亦為 50 公尺，可知 A 為正方形。

例 13 二次函數 $y=-2x^2+16x+18$，試求：

(1)此圖形的開口方向、頂點坐標與對稱軸方程式。

(2)此圖形與 x 軸、y 軸的交點坐標。

解： (1) $\because y=-2x^2+16x+18$

$=-2(x^2-8x+16)+32+18$

$=-2(x-4)^2+50$

$\therefore$ 其圖形的開口向下，頂點坐標為 $(4, 50)$，對稱軸方程式為 $x-4=0$

(2)令 $x=0$，得 $y=18$

令 $y=0$，得 $-2x^2+16x+18=0 \Rightarrow -2(x^2-8x-9)=0$

$\therefore x^2-8x-9=0 \Rightarrow (x-9)(x+1)=0 \Rightarrow x=9$ 或 -1

故圖形與 x 軸之交點坐標為 $(9, 0)$ 與 $(-1, 0)$，與 y 軸之交點坐標為 $(0, 18)$

例 14 將二次函數 $y=3x^2-6x+7$ 之圖形向右平移 3 個單位長，再向下平移 8 個單位長，求新圖形對應的二次函數為何？

解： $\because y=3x^2-6x+7$

$=3(x^2-2x+1)-3+7$

$=3(x-1)^2+4$

∴平移後新圖形對應的二次函數為

$y=3[(x-1)-3]^2+(4-8)$

$=3(x-4)^2-4$

$=3(x^2-8x+16)-4$

$=3x^2-24x+44$

例 15 已知二次函數 $y=(a-2)x^2-6x+9$，試回答下列問題：

(1)若其圖形與 x 軸交於相異的兩點，試求 a 的範圍。

(2)若其圖形與 x 軸只有一個交點，試求 a 之值與此函數圖形的頂點坐標。

解： 函數 $y=(a-2)x^2-6x+9$ 的判別式：

$(-6)^2-4(a-2)\times 9=36-36a+72=108-36a$

(1)圖形與 x 軸交於相異的兩點時，

$108-36a>0\Rightarrow a<3$，但 $a\neq 2$

(2)圖形與 x 軸只有一個交點時，

$108-36a=0\Rightarrow a=3$

$\therefore y=x^2-6x+9=(x-3)^2$

故圖形的頂點坐標為(3, 0)

例 16 已知二次函數的圖形通過(0, −6)、(2, 0)、(−1, 3)三點，試求此二次函數。

解： 設此二次函數為 $y=ax^2+bx+c$，並分別將 $(0, -6)$、$(2, 0)$、$(-1, 3)$ 代入，得：

$$\begin{cases} c=-6 & \cdots\cdots① \\ 4a+2b+c=0 & \cdots\cdots② \\ a-b+c=3 & \cdots\cdots③ \end{cases}$$

把①式分別代入②式、③式得：$\begin{cases} 4a+2b-6=0 \\ a-b-6=3 \end{cases} \Rightarrow \begin{cases} a=4 \\ b=-5 \end{cases}$

故此二次函數為 $y=4x^2-5x-6$

例 17 已知二次函數的圖形通過 $(-1, 2)$，且其頂點 $(3, 8)$，試求此二次函數。

解： 設此二次函數為 $y=a(x-3)^2+8$

$\because$ 其圖形通過 $(-1, 2)$，$\therefore a(-1-3)^2+8=2$

$\Rightarrow 16a+8=2 \Rightarrow a=-\dfrac{6}{16}=-\dfrac{3}{8}$

故此二次函數為 $y=-\dfrac{3}{8}(x-3)^2+8=-\dfrac{3}{8}(x^2-6x+9)+8$

即 $y=-\dfrac{3}{8}x^2+\dfrac{9}{4}x+\dfrac{37}{8}$

整理二次函數的最大值與最小值

當 x 有限制範圍時，求 $y=ax^2+bx+c$ 的最大值與最小值：

設 $y=ax^2+bx+c=a(x-h)^2+k$，則：

(1) $a>0$ 時，當 x 之值愈靠近 h，其 y 值愈小；當 $x=h$ 時，y 有最小值；x 之值離 h 愈遠，其 y 值愈大。

(2) $a<0$ 時，當 x 之值愈靠近 h，其 y 值愈大；當 $x=h$ 時，y 有最大值；

x 之值離 h 愈遠，其 y 值愈小。

例 18 (1)求二次函數 $y=-3x^2+24x-43$ 的頂點坐標及其最大值或最小值。

(2)求 $\frac{1}{2x^2-36x+171}$ 的最大值。

解： (1)先將 $y=-3x^2+24x-43$ 配方，得到

$$
\begin{aligned}
y&=-3x^2+24x-43\\
&=-3\,(x^2-8x+16)+48-43\\
&=-3\,(x-4)^2+5\le 5
\end{aligned}
$$

所以二次函數 $y=-3x^2+24x-43$ 的頂點坐標為(4, 5)，且當 $x=4$ 時，y 有最大值 5

(2)令 $y=2x^2-36x+171$，配方後得

$$
\begin{aligned}
y&=2x^2-36x+171\\
&=2\,(x^2-18x+81)-162+171\\
&=2\,(x-9)^2+9\ge 9
\end{aligned}
$$

當 $x=9$ 時，y 有最小值 9

故 $\frac{1}{2x^2-36x+171}$ 有最大值 $\frac{1}{9}$

例 19 (1)已知二次函數 $y=7x^2+ax+17$，當 $x=4$ 時有最小值 b，試求 a、b 之值。

(2)若二次函數 $y=-5x^2+10ax-44$ 有最大值 1，試求 a 之值。

解： (1)當 $x=4$ 時，y 有最小值 b，所以

$y=7x^2+ax+17$

$=7(x-4)^2+b$

$=7(x^2-8x+16)+b$

$\Rightarrow a=-56$，$b=-95$

(2)函數 $y=-5x^2+10ax-44$ 有最大值 1，配方後得

$y=-5x^2+10ax-44$

$=-5(x^2-2ax+a^2)+5a^2-44$

$=-5(x-a)^2+5a^2-44\leq 5a^2-44$

$\Rightarrow 5a^2-44=1$，$5a^2=45$，$a^2=9$

$\Rightarrow a=\pm 3$

例 20 神童站在離地面 20 公尺高的塔頂，向上投擲一球，經 t 秒後，離地面高度為 S 公尺，已知 S 與 t 的關係為 $S=-t^2+8t+20$，試求：

(1)當球達最高高度時，其 t 值為何？最高的高度為多少公尺？

(2)此球擲出經多少秒後才會落到地面？

解： (1)將 $S=-t^2+8t+20$ 配方可得

$S=-t^2+8t+20$

$=-(t^2-8t+16)+16+20$

$=-(t-4)^2+36\leq 36$

當 $t=4$ 時，S 有最大值 36

即此球擲出 4 秒後，可達最高的高度 36 公尺

(2)當球落到地面時，$S=0$，

即 $-t^2+8t+20=0 \Rightarrow t^2-8t-20=0 \Rightarrow (t-10)(t+2)=0$

$t=10$ 或 -2（不合，球擲出到落地的時間不可能是負數）

所以此球擲出 10 秒後，才會落到地面

8.3 一元二次不等式

例 21 解二次不等式$(x-2)(x-10)\le 0$。

解： 首先，我們根據 x 範圍來觀察$(x-2)(x-10)$的數值範圍：

x 範圍	$x<2$	$x=2$	$2<x<10$	$x=10$	$x>10$
$(x-2)$	恆負（$-$）	0	恆正（$+$）	8	恆正（$+$）
$(x-10)$	恆負（$-$）	-8	恆負（$-$）	0	恆正（$+$）
$(x-2)\times(x-10)$	恆正（$+$）	0	恆負（$-$）	0	恆正（$+$）

透過上表分析，我們發現，當 $2\le x\le 10$ 時，都能滿足$(x-2)(x-10)\le 0$，其餘 x 的數值，都無法使$(x-2)(x-10)\le 10$成立。因此，我們稱 $2\le x\le 10$ 為本題的解。

我們也可以用下圖來呈現例 21 的結果：

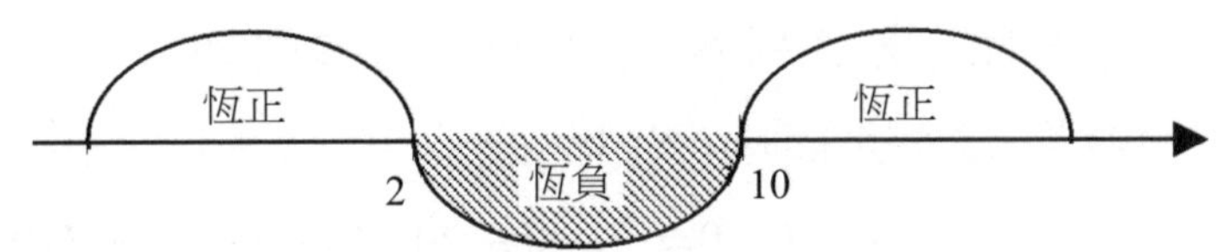

由上圖觀之，我們首先在數線上標示出能使$(x-2)(x-10)=0$ 的 x數值為 2、10；接續，再判斷當$x>10$、$2<x<10$、$x<2$ 時，$(x-2)(x-10)$的數值範圍，由此亦可獲知滿足$(x-2)(x-10)\leq 10$ 的解。

我們也可利用「函數」的概念來思考上述的問題，$y=(x-2)(x-10)$為二次函數，那麼$(x-2)(x-10)\leq 0$ 的解則可看成符合$y=(x-2)(x-10)\leq 0$ 的所有 (x, y) 數對。我們可以將 $y=(x-2)(x-10)$化為下式：

$$
\begin{aligned}
y &= (x-2)(x-10) \\
&= x^2-12x+20 \\
&= (x^2-12x+6^2)+20-6^2 \\
&= (x-6)^2-16
\end{aligned}
$$

這是一個以(6, −16)為頂點開口向上，與x軸交於(2, 0)、(10, 0)的拋物線，其圖形如下

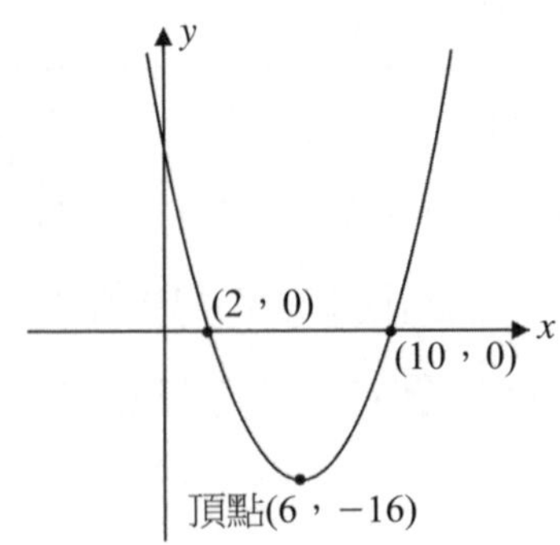

因此，要求$(x-2)(x-10)\le 0$ 即是求函數$y=(x-2)(x-10)$中使得$y\le 0$的x範圍，所以$2\le x\le 10$即為所求。

透過上面的例子，我們發現$x=2$ 與$x=10$ 為$(x-2)(x-10)=0$ 的「實根（實數解）」，而此二實根也正是影響我們判斷x數值範圍的重要關鍵。因此，當我們在解二次不等式$ax^2+bx+c>0$、$ax^2+bx+c\ge 0$、$ax^2+bx+c<0$、$ax^2+bx+c\le 0$時，可先考慮方程式$ax^2+bx+c=0$的判別式$D=b^2-4ac$如下：

(1) 當判別式$D>0$時，因為方程式$ax^2+bx+c=0$有二相異實根（如例題 21），所以可將ax^2+bx+c因式分解成兩個一次因式的乘積（如例題 22）。

(2) 當判別式$D=0$時，因為方程式$ax^2+bx+c=0$有二相等實根，所以ax^2+bx+c為一完全平方式。也就是$ax^2+bx+c=0$有重根（如例題 23）。

(3) 當判別式$D<0$時，因為方程式$ax^2+bx+c=0$無實數根，所以不能將ax^2+bx+c分解成兩個實係數一次因式的乘積。這時候可以採用配方法來處理（如例題 24）。

例 22　解二次不等式$3+2x-x^2\ge 0$

解： 我們將$3+2x-x^2\ge 0$化為$x^2-2x-3\le 0$的形式。

$\because D=(-2)^2-4\times 1\times(-3)=16>0$，

$\therefore x^2-2x-3$可因式分解為$(x-3)(x+1)$的形式。

$\therefore 3+2x-x^2\ge 0$可化為$(x-3)(x+1)\le 0$的形式。

根據x的範圍來觀察$(x-3)(x+1)$的數值範圍如下：

x範圍	$x<-1$	$x=-1$	$-1<x<3$	$x=3$	$x>3$
$(x+1)$	恆負 $(-)$	0	恆正 $(+)$	4	恆正 $(+)$
$(x-3)$	恆負 $(-)$	-4	恆負 $(-)$	0	恆正 $(+)$
$(x-3)(x+1)$	恆正 $(+)$	0	恆負 $(-)$	0	恆正 $(+)$

由上表可知，當 $-1\leq x\leq 3$ 時，能滿足 $(x-3)(x+1)=x^2-2x-3\leq 0$，亦即滿足 $3+2x-x^2\geq 0$。所以 $-1\leq x\leq 3$ 為此題的解。

我們可以用「函數」的概念來思考上述問題，$y=3+2x-x^2$ 為二次函數，那麼 $3+2x-x^2\geq 0$ 的解可看成符合 $y=3+2x-x^2\geq 0$ 的所有(x, y)數對。我們可以將 $y=3+2x-x^2$ 化為下式：

$$\begin{aligned} y&=3+2x-x^2\\ &=-x^2+2x+3\\ &=-(x^2-2x+1^2)+3+1^2\\ &=-(x-1)^2+4 \end{aligned}$$

這是一個以$(1, 4)$為頂點開口向下，與 x 軸交於$(-1, 0)$、$(3, 0)$的拋物線，其圖形如下

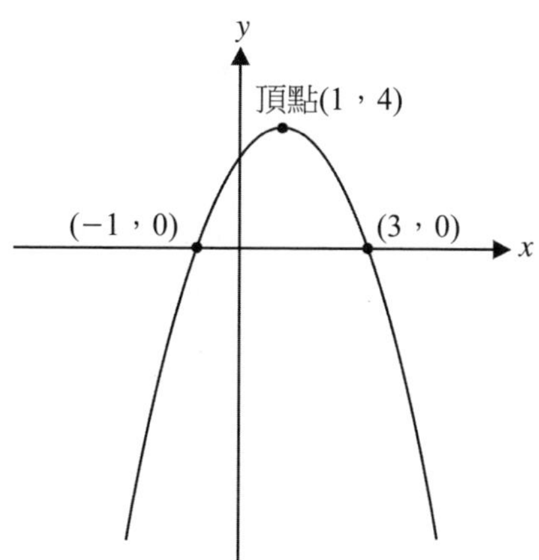

因此，解二次不等式 $3+2x-x^2 \geq 0$ 即是求函數 $y=3+2x-x^2$ 中，使得 $y \geq 0$ 的 x 範圍，所以 $-1 \leq x \leq 3$ 即為所求。

例 23　解二次不等式 $x^2-4x+4>0$

解： $\because D=(-4)^2-4\times 1\times 4=0$

$\therefore x^2-4x+4$ 可因式分解為 $(x-2)^2$ 的形式。

$\therefore x^2-4x+4>0$ 可化為 $(x-2)^2>0$ 的形式。

因為 x^2-4x+4 為完全平方式，只有當 $x=2$ 時，會使得 $(x-2)^2=x^2-4x+4=0$；其餘的任意實數 x，都能使 $(x-2)^2=x^2-4x+4>0$。

$\therefore$ 我們稱 $\mathbb{R}-\{2\}$ 為不等式 $x^2-4x+4>0$ 的解。

我們可以用「函數」的概念來思考上述問題，$y=x^2-4x+4$ 為二次函數，那麼 $x^2-4x+4>0$ 的解可看成符合 $y=x^2-4x+4>0$ 的所有 (x, y) 數對。我們可以將 $y=x^2-4x+4$ 化為下式：

$$y = x^2 - 4x + 4$$
$$= (x-2)^2$$

這是一個以$(2, 0)$為頂點開口向上，與x軸交於$(2, 0)$的拋物線，其圖形如下

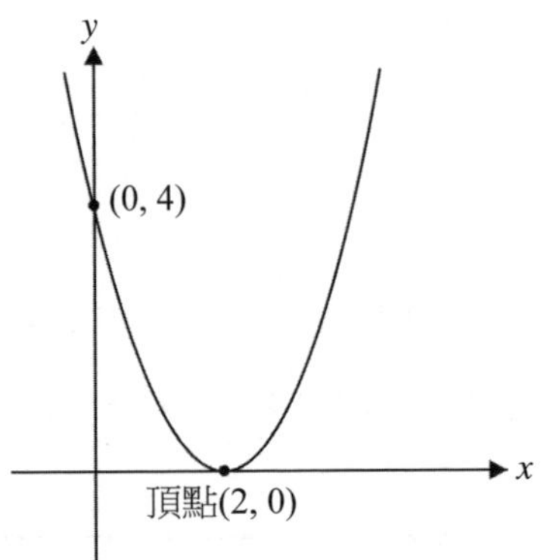

因此，解二次不等式$x^2 - 4x + 4 > 0$即是求函數$y = x^2 - 4x + 4$中，使得$y > 0$的x範圍，所以$\mathbb{R}\backslash\{2\}$即為所求。

例 24 解二次不等式$x^2 + x + 1 > 0$

解： $\because D = 1^2 - 4 \times 1 \times 1 = -3 < 0$

$\therefore$無法將$x^2 + x + 1$分解成兩個實係數一次因式的乘積。

$\therefore$利用配方法可得

$$x^2 + x + 1 = (x^2 + 2 \times \frac{1}{2}x + (\frac{1}{2})^2) + \frac{3}{4} = (x + \frac{1}{2})^2 + \frac{3}{4}$$

因此，對於任意實數x，均滿足$x^2 + x + 1 > 0$

$\therefore$我們稱$\mathbb{R}$為不等式$x^2 + x + 1 > 0$的解。

承前面例題，我們也可利用「函數」的概念獲得類似的解法。

因此，我們歸納「二次函數」圖形的性質，獲得下列結論：

(1) 對於所有的 $x \in \mathbb{R}$，$ax^2+bx+c>0 \Leftrightarrow a>0$ 且 $b^2-4ac<0$

(2) 對於所有的 $x \in \mathbb{R}$，$ax^2+bx+c<0 \Leftrightarrow a<0$ 且 $b^2-4ac<0$

例 25　設 k 為實數，若對任意實數 x，二次式 kx^2+2x+k 的值恆正，求 k 的範圍。

解：　令二次函數 $y=kx^2+2x+k$ 且其值恆正

則此二次函數的圖形開口必向上且與 x 軸無交點

$\therefore k>0$ 且 $D=2^2-4\times k\times k<0$

$\therefore k>0$ 且 $k^2>1$

$\therefore k>0$ 且 $k^2-1>0$

$\therefore k>0$ 且 $(k+1)(k-1)>0$

$\therefore k>0$ 且 $k>1$ 或 $k<-1$

$\therefore k>1$ 為其解

8.4　三次式的性質

一個方程式只含一個未知數，且其最高次數為三次，則稱此方程式為一元三次方程式，據此敘述，一元三次方程式可以定義如下：

定義

一元三次方程式可以表成 $ax^3+bx^2+cx+d=0$，其中 x 表未知數，a、b、c 和 d 為常數且 $a\neq 0$。

由上述定義，可以發現一元三次方程式 x^3 項之係數 a 必不可為 0，否則將違反定義。例如：$x^3-2x+1=0$ 符合上述定義，故為一元三次方程式。

三次函數之定義如下：

定義

若一函數 $f(x)=ax^3+bx^2+cx+d$，其中 a、b、c 和 d 為常數且 $a\neq 0$，則稱 $f(x)$ 為一個三次函數。

圖 8.9 為 $f(x)=2x^3-1$ 與 $f(x)=x^3-7x^2+2x+1$ 之函數圖形。前述一元三次方程式可視為 $f(x)=0$。

三次函數 $f(x)=ax^3+bx^2+cx+d$ 的圖形是一點對稱圖形。以圖 8.9 為例，兩圖形均為點對稱圖形且對稱點均為反曲點。三次式的判別式為 $D=b^2-3ac$，D 的決定乃是利用微分技巧中之一階導數而來，在此不加詳述，僅針對 D 之特性提供判別 $f(x)$ 特性來敘述之，詳如下表所述。

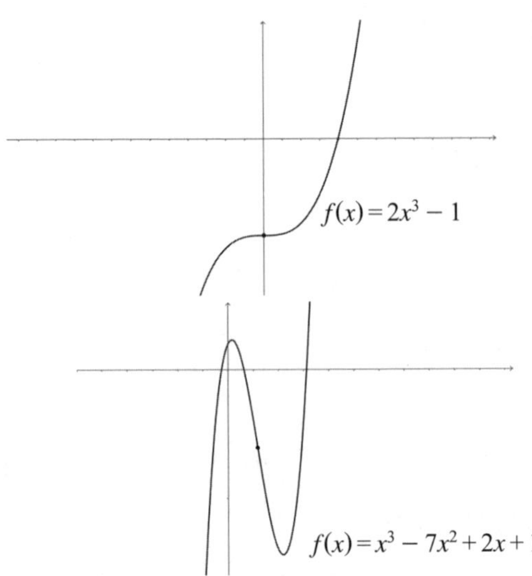

圖 8.9　$f(x)=2x^3-1$ 與 $f(x)=x^3-7x^2+2x+1$ 之圖形

判別式	圖形特徵	範例圖形
$D>0$ $(b^2>3ac)$	• 有一相對極大值，一相對極小值 • 反曲點為相對極大點和相對極小點連線之中點 • 反曲點位置 $(-\frac{b}{3a},f(-\frac{b}{3a}))$ $=(\frac{\alpha+\beta}{2},f(\frac{\alpha+\beta}{2}))$	相對極大點 $(\alpha, f(\alpha))$ 反曲點 $(\frac{\alpha+\beta}{2}, f(\frac{\alpha+\beta}{2}))$ 相對極小點 $(\beta, f(\beta))$
$D=0$ $(b^2=3ac)$	• $f(x)$ 是遞增或是遞減函數 • 沒有極大值和極小值 • 反曲點位置 $(-\frac{b}{3a},f(-\frac{b}{3a}))$ • 一實根且為三重根	反曲點 $(-\frac{b}{3a}, f(-\frac{b}{3a}))$
$D<0$ $(b^2<3ac)$	• $f(x)$ 是遞增或是遞減函數 • 沒有極大值和極小值 • 反曲點位置 $(-\frac{b}{3a},f(-\frac{b}{3a}))$	反曲點 $(-\frac{b}{3a}, f(-\frac{b}{3a}))$

關於三次方程式的根，可利用三次式的判別式 D 及相對極小值與相對極大值進行判別。茲整理說明並舉一範例圖形，詳如下表所示。

根	條件	範例圖形
三相異實根	• $D>0\ (b^2>3ac)$ • 若相對極大值大於 0，相對極小值小於 0	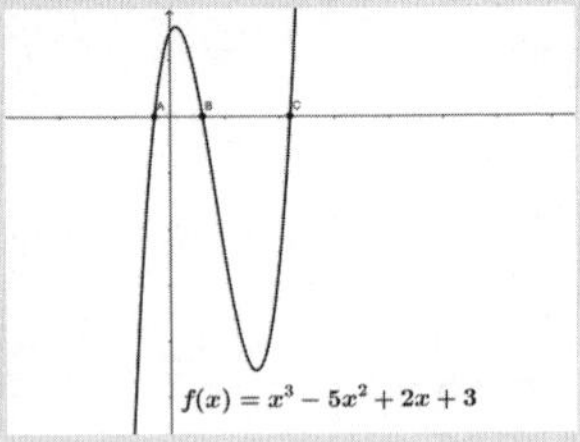 $f(x)=x^3-5x^2+2x+3$
兩相異實根，其中一根為二重根	• $D>0\ (b^2>3ac)$ • 相對極大值等於 0 或相對極小值等於 0	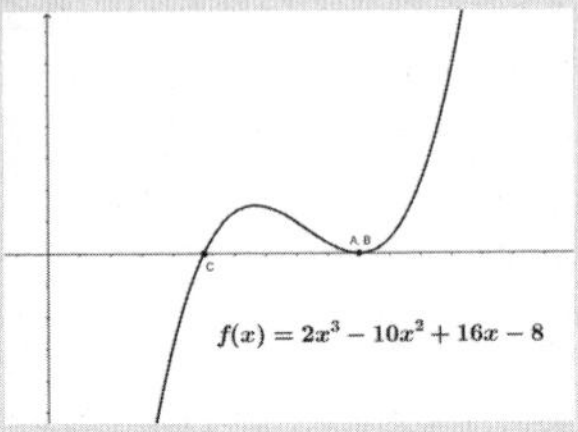 $f(x)=2x^3-10x^2+16x-8$
一實根且為三重根	• $D=0\ (b^2=3ac)$	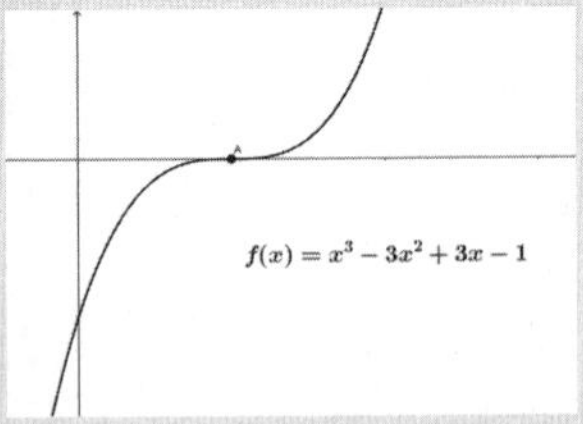 $f(x)=x^3-3x^2+3x-1$
一實根	• $D<0\ (b^2<3ac)$ 或 • $D>0\ (b^2>3ac)$ • 相對極大值小於 0 或相對極小值大於 0	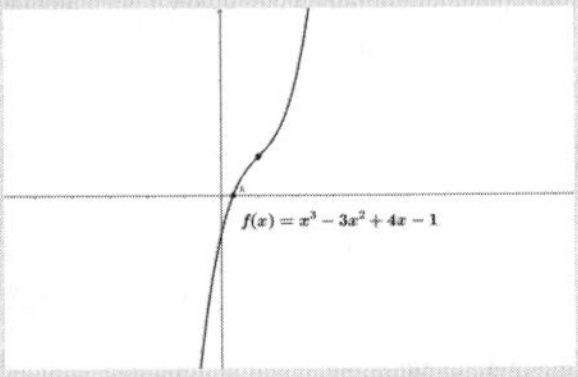 $f(x)=x^3-3x^2+4x-1$

8.5 高次不等式

當不等式為三次或三次以上的不等式時，若能將該多項式分解成一次或二次因式的連乘積，即可依據前述一次與二次不等式的解法求得不等式的解。

例 26 試解不等式 $x^3-6x^2+11x-6\le 0$

解： 我們先將 $x^3-6x^2+11x-6$ 進行因式分解，

$$\therefore x^3-6x^2+11x-6=(x-1)(x^2-5x+6)$$
$$=(x-1)(x-2)(x-3)$$

接著，我們以 x 的範圍來觀察數值：

x 範圍 / 數值範圍	$x<1$	$x=1$	$1<x<2$	$x=2$	$2<x<3$	$x=3$	$3<x$
$(x-1)$	$-$	0	$+$	1	$+$	2	$+$
$(x-2)$	$-$	-1	$-$	0	$+$	1	$+$
$(x-3)$	$-$	-2	$-$	-1	$-$	0	$+$
$(x-1)(x-2)(x-3)$	$-$	0	$+$	0	$-$	0	$+$

透過上表分析，我們發現，當 $x\le 1$ 以及 $2\le x\le 3$ 時，都能滿足 $x^3-6x^2+11x-6\le 0$，其餘 x 的數值，都無法使 $x^3-6x^2+11x-6\le 0$ 成立。因此，我們稱 $x\le 1$ 以及 $2\le x\le 3$ 為本題的解。

例 27 試解不等式$(x-1)(x-2)^3(x-3)^4(2x^2+3x+4)\le 0$

解: $\because 2x^2+3x+4=2(x^2+2\times\frac{3}{4}x+(\frac{3}{4})^2)+4-2x(\frac{3}{4})^2$

$=2(x+\frac{3}{4})^2+\frac{46}{16}>0$（恆為正）

$\therefore 2x^2+3x+4$ 不影響不等式

$(x-1)(x-2)^3(x-3)^4(2x^2+3x+4)\le 0$ 的解。

$\therefore$ 求 $(x-1)(x-2)^3(x-3)^4(2x^2+3x+4)\le 0$ 的解，即是求

$(x-1)(x-2)^3(x-3)^4\le 0$ 的解，

(1)當$(x-1)(x-2)^3(x-3)^4=0$ 時，$x=1, 2, 3$

(2)當$(x-1)(x-2)^3(x-3)^4<0$ 時（此時$x\ne 1, 2, 3$）

$\because (x-2)^2>0$，$(x-3)^4>0$

即$(x-1)(x-2)<0$

可知 $1<x<2$

故$(x-1)(x-2)^3(x-3)^4(2x^2+3x+4)\le 0$ 的解為 $1\le x\le 2$，$x=3$。

習題

1. 下圖為二次函數$y=ax^2+bx+c$的圖形，試判別a、b、c的正、負。

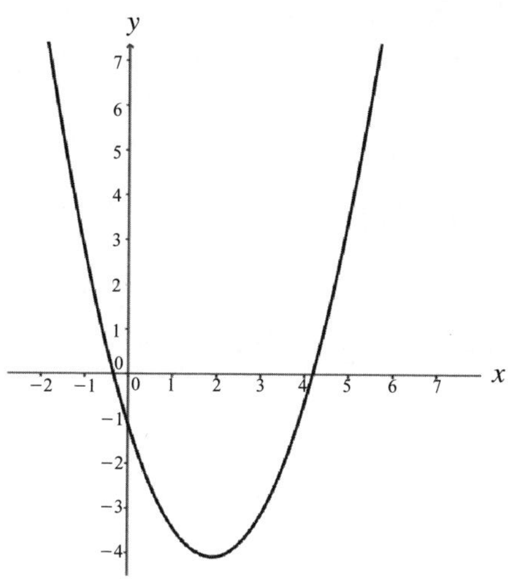

2. 下圖為二次函數$y=ax^2+bx+c$的圖形，則：

(1) $a+b+c=$？ (2)若$a=2$，則面積$\triangle ABC$面積 $=$？

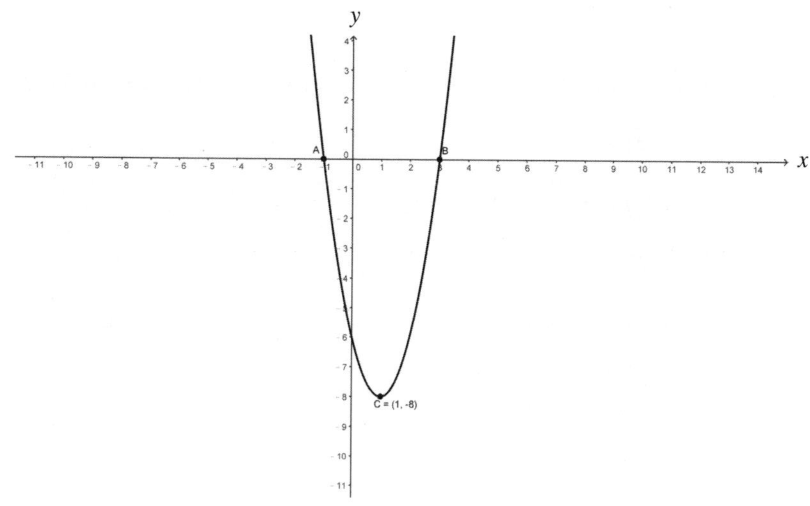

3. 已知兩正數和為 100，則兩數乘積的可能範圍為何？
4. 若有一數，其倒數減去自己的 5 倍的值為 4，求此數為何？
5. 若要用 80 公尺的籬笆圍成一個矩形的菜園，請問菜園的邊長及面積的可能範圍為何？
6. 一個長為x，寬為y的矩形，若滿足$\frac{x}{y}=\frac{y-x}{x}$的關係，則此矩形為「黃金矩形」。亦即將此矩形以短邊為邊長劃一正方形，如下圖所示的切割，矩形剩下的部份是一個較小的黃金矩形，若將此矩形以短邊為邊長劃一正方形則剩下的矩形依舊為黃金矩形。一般稱x和y的比例為黃金比例（ϕ），試求ϕ之值。

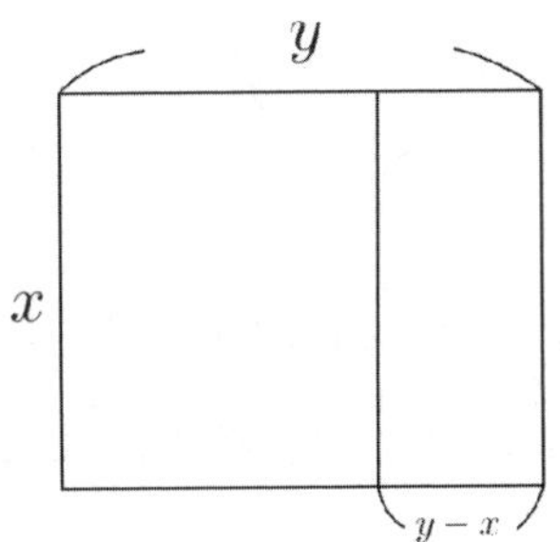

7. 試證：若$b^2=3ac$且$f(-\frac{b}{3a})=0$，則$f(x)=ax^3+bx^2+cx+d$恰有一實根，且為三重根。
8. 已知二次函數$y=(k-6)x^2-\sqrt{21}x+(k-4)$圖形的開口向下，且與$x$軸只有一個交點，試求$k$之值。
9. 設一二次函數的圖形與x軸交於$(-7, 0)$與$(2, 0)$，且通過$(1, -24)$，試求此二次函數。

10. 已知二次函數$y=-4x^2+40x-91$，且$4\le x\le 8$，求y的最大值與最小值。

11. 滿貫旅行社推出「揪團玩樂趣－菊島三天兩夜」旅遊，預定人數為 30 人，每人收費 7000 元，但人數若超過 30 人，每增 1 人，每人可減收 100 元，請問增加多人少時，這家旅行社才能收到最多的錢？又最多共可收到多少錢？

12. 求下列二次不等式的解：

    (1)$6x^2+x-2\le 0$

    (2)$3x^2-5x+1>0$

    (3)$4x^2-4x+1\le 0$

    (4)$x^2+4x+5\le 0$

    (5)$-2x^2+x-3<0$

13. 求下列多項式不等式的解：

    (1)$(x-1)(x+2)(2x-3)(3x+1)\le 0$

    (2)$(x+1)^2(x-4)(4x+3)(2x-1)^3(3x-7)^4\le 0$

    (3)$(x-2)(x+3)(2x^2-5x+1)(3x^2+2x+1)<0$

    (4)$(2x+1)^4(x-3)(x^2+x-1)^2>0$

    (5)$2x^3-x^2-13x-6\ge 0$

    (6)$x^4+x^3-x^2-7x-6>0$

第 9 章

空間中的平面與直線

【教學目標】

- 認識三維空間、空間向量、行列式
- 理解空間中直線與直線、直線與平面、平面與平面間的關係及特性
- 理解空間向量、內積、外積和行列式之基本性質
- 理解平面方程式（含點法式及一般式）
- 理解空間直線方程式（含參數式及對稱方程式）

9.1 空間概念

9.1.1 空間中直線和平面的位置關係

1. 相異兩點恰可決定一直線。
2. 不共線三點恰可決定一平面。
3. 若直線 L 上有相異兩點落在平面 E 上，則直線 L 在平面 E 上。
4. 若相異兩平面相交，則此兩平面相交於一直線。
5. 空間中，過直線 L 上一點 A 有無限多條直線與 L 垂直，這些直線構成一平面 E。

9.1.2 決定一平面的條件

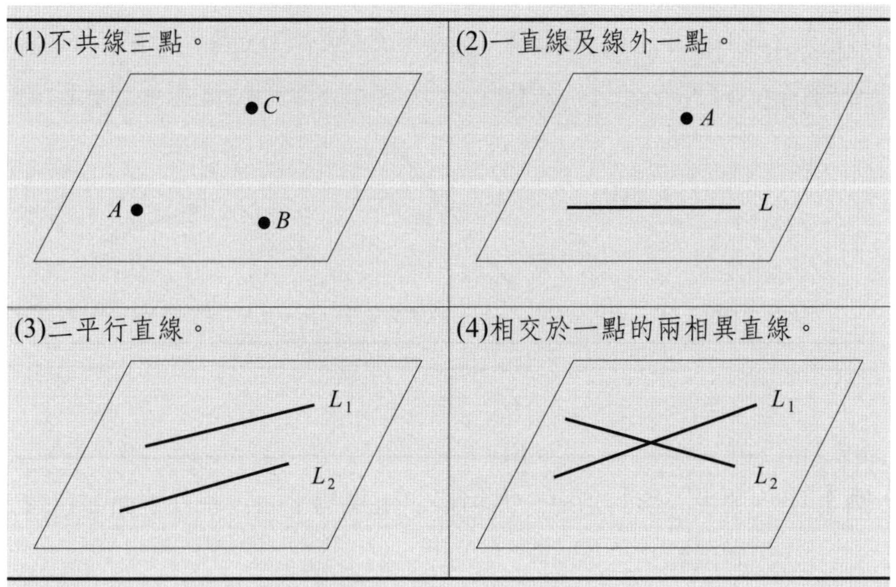

9.1.3 空間中相異兩直線L_1、L_2的關係

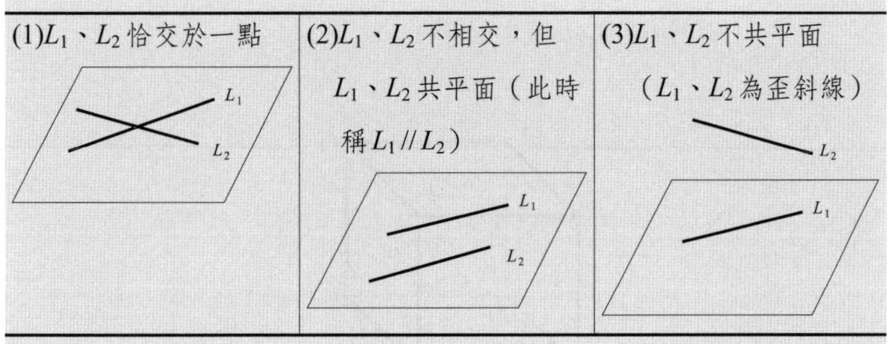

9.1.4 直線L與平面E的關係：

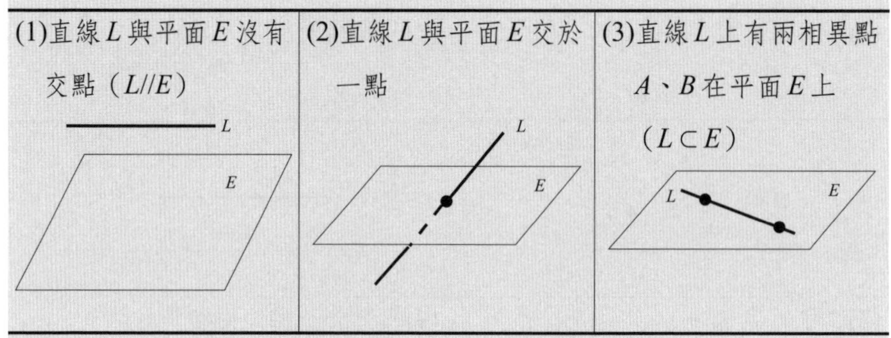

(1)直線L與平面E沒有交點（$L//E$）	(2)直線L與平面E交於一點	(3)直線L上有兩相異點A、B在平面E上（$L \subset E$）

例 1　一個正方體的頂點一共可以決定幾個平面，使其平面共包含四個頂點？

解： 正方體一共有 8 個頂點（如下圖），故可決定 12 個平面，分別為平面$ABCD$、$EFGH$、$BCGF$、$ADHE$、$ABFE$、$DCGH$、$ADGF$、$BCHE$、$ABGH$、$CDEF$、$BDHF$、$ACGE$（需考慮四點共面的情形）。

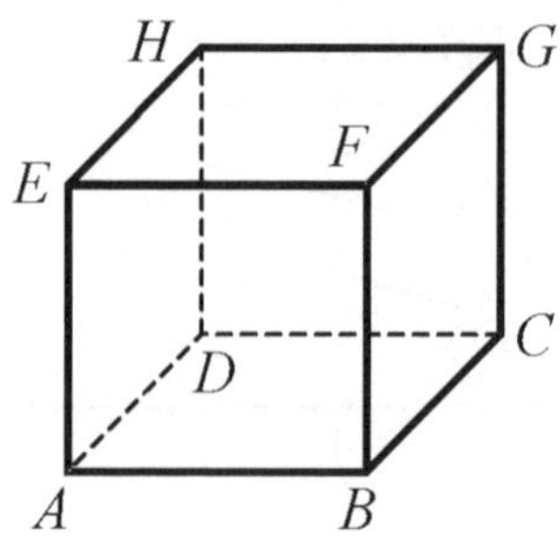

9.1.5 直線和平面的垂直關係

1. 直線與平面垂直的判斷方式

若直線 L 與平面 E 交於一點 P，且與平面 E 上通過 P 點的每一條直線都垂直，則稱直線 L 與平面 E 垂直（於 P 點）。

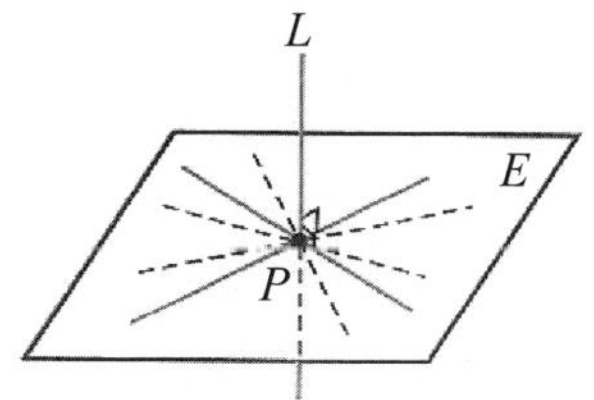

2. 垂直性質

(1) 若一直線 L 與一平面 E 相交於一點 A，而平面 E 上過 A 點之每一直線均與直線 L 垂直，則稱直線 L 與平面 E 垂直。

(2) 若給定一直線 L 與一點 A，則恰有一平面過 A 點與直線 L 垂直。

(3) 若給定一點 A 與一平面 E，則恰有一直線過 A 點與平面 E 垂直。

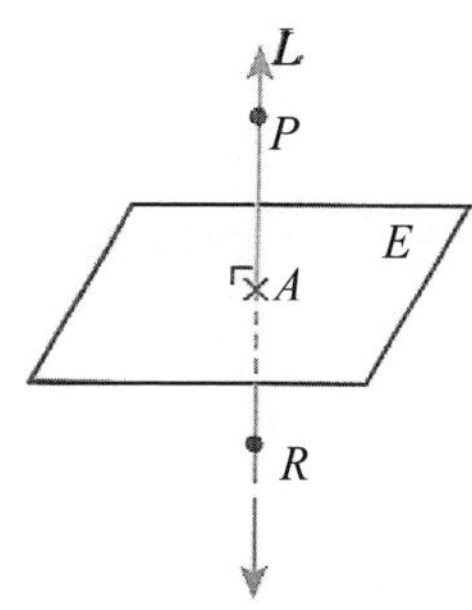

例 2 下列敘述何者正確？

(1) 在平面上，若兩相異直線不相交，則此兩條直線必平行。

(2) 在空間中，若兩相異直線不相交，則此兩條直線必平行。

(3) 直線 L、M 為同一平面上的兩相異直線，在這個平面上一定找得到第三條直線 N 使得 $L\perp N$ 且 $M\perp N$。

(4) 在空間中，直線 L、M 為兩相異直線，一定找得到第三條直線 N 使得 $L\perp N$ 且 $M\perp N$。

(5) 在空間中有相交的兩相異平面 E 和 F，一定可以找到第三個平面 G 同時與這兩個平面垂直。

解： (1) 正確

(2) 錯誤，因為空間中不相交的兩相異直線可能為歪斜線

(3) 錯誤，因為在空間中才能成立

(4) 正確

(5) 正確

9.1.6 平面和平面的關係

1. 空間中相異兩平面如果平行，則沒有交點。

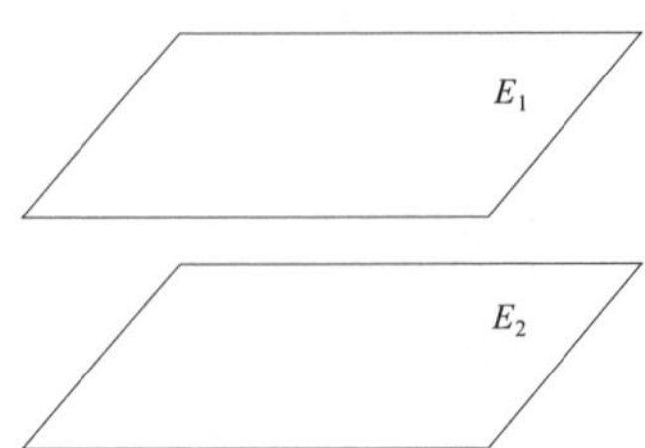

(2) 兩平面之交線

在空間中，當兩相異平面 E_1 與 E_2 相交時，他們的公共點構成一直線，稱為平面 E_1 和 E_2 的交線（或稱為稜）。

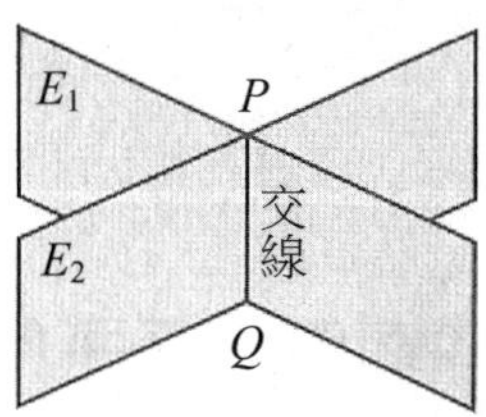

3. 半平面

直線 L 在平面 E 上，則直線 L 將平面 E 分割為 H_1 和 H_2 兩部分，稱 H_1 和 H_2 為半平面。我們稱平面 E 由半平面 H_1、半平面 H_2 和直線 L 所組成。

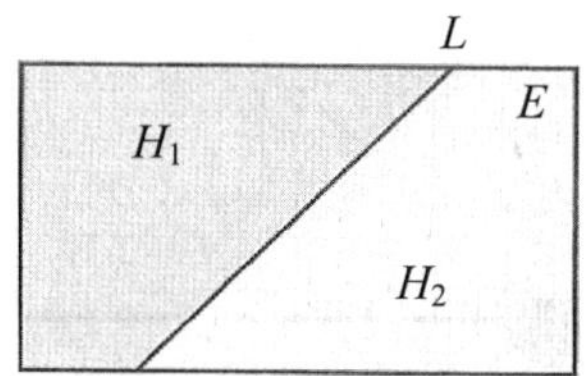

4. 二面角

相異兩半平面與稜形成一個二面角，兩半平面稱為此二面角的邊或面。

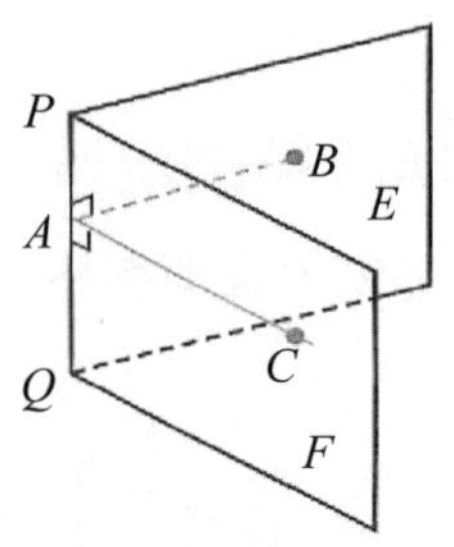

5. **兩面角之平面角**

如上圖，在一個二面角的稜上任取一點A，在二面角的兩面上分別作兩射線$\overrightarrow{AB}$與$\overrightarrow{AC}$，使它們都與二面角的稜垂直，則$\angle BAC$的角度就稱為這個二面角的角度，而$\angle BAC$稱為這個二面角的一個平面角。

6. **直二面角**

當一個二面角的平面角是直角時，則稱此二面角為直二面角。

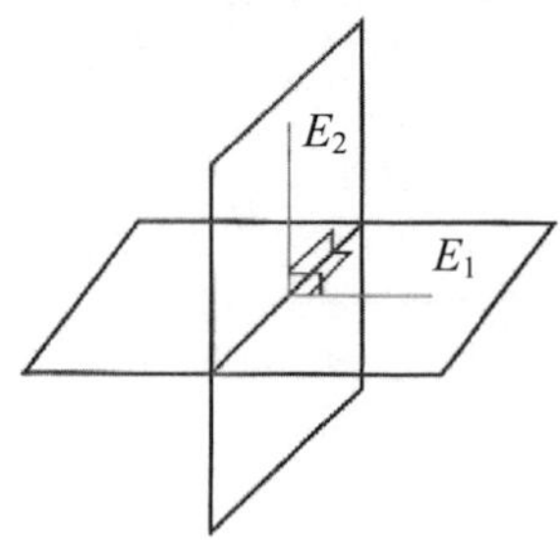

7. **兩平面互相垂直**

相異兩平面分所夾的二面角為直二面角時，則稱此兩平面垂直。

例 3 右圖為一正方體，A、B、C 分別為所在邊之中點，通過 A、B、C 三點的平面與此立方體表面相截，請問截痕的形狀為何？

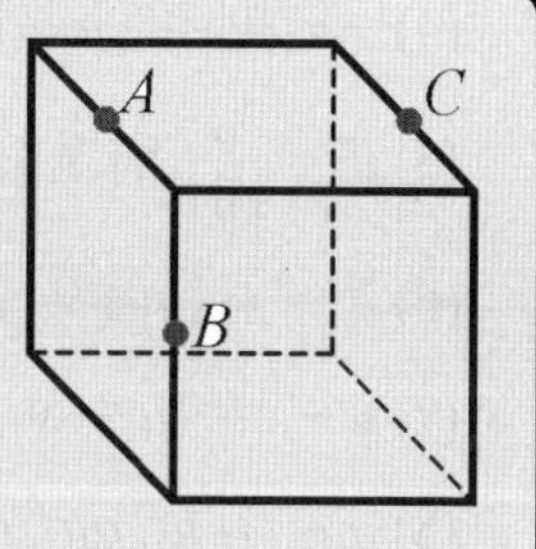

解： 長方形。

9.2 空間向量及其內積

9.2.1 空間向量之基本性質

1. 在空間（$\mathbb{R}^3$）上，點 $P(x_1, y_1, z_1)$、$Q(x_2, y_2, z_2)$，以 P 為起點，Q 為終點所形成的有向線段以向量 $\overrightarrow{PQ} = (x_2 - x_1,\ y_2 - y_1,\ z_2 - z_1)$ 表之，其中 $x_2 - x_1$、$y_2 - y_1$ 和 $z_2 - z_1$ 分別為 $\overrightarrow{PQ}$ 的 x 分量、y 分量和 z 分量，P 點稱為向量 $\overrightarrow{PQ}$ 的起點，Q 點為向量 $\overrightarrow{PQ}$ 的終點，$\overrightarrow{PQ}$ 的長度以 $|\overrightarrow{PQ}|$ 表示，$|\overrightarrow{PQ}| = \sqrt{(x_2 - x_1)^2 + (y_2 - y_1)^2 + (z_2 - z_1)^2}$。
2. 空間坐標系中，$O(0, 0, 0)$ 為原點，$P(a, b, c)$，則 $\overrightarrow{OP} = (a, b, c)$ 稱為位置向量，其長度為 $|\overrightarrow{OP}| = \sqrt{a^2 + b^2 + c^2}$。

   設 $\vec{i} = (1, 0, 0)$，$\vec{j} = (0, 1, 0)$，$\vec{k} = (0, 0, 1)$ 分別為 x 軸、y 軸、z 軸的單位向量，則向量 $(a, b, c) = a\vec{i} + b\vec{j} + c\vec{k}$。
3. 設 $\vec{u} = (u_1, u_2, u_3)$，$\vec{v} = (v_1, v_2, v_3)$，$\alpha \in \mathbb{R}$，則

   (1) $\vec{u} = \vec{v} \Leftrightarrow u_1 = v_1$，$u_2 = v_2$，$u_3 = v_3$

   (2) $|\vec{u}| = \sqrt{{u_1}^2 + {u_2}^2 + {u_3}^2}$

(3) 若$|\vec{u}|=0$，則$\vec{u}=(0, 0, 0)$，稱$\vec{u}$為零向量

(4) $-\vec{u}$表示與$\vec{u}$長度相等但方向相反的向量

(5) $\vec{u_A}=\dfrac{\vec{u}}{|\vec{u}|}$稱為單位向量，表示向量$\vec{u}$的方向

(6) $\vec{u}+\vec{v}=(u_1+v_1, u_2+v_2, u_3+v_3)$

(7) $\vec{u}-\vec{v}=(u_1-v_1, u_2-v_2, u_3-v_3)$

(8) $\alpha\vec{u}=(\alpha u_1, \alpha u_2, \alpha u_3)$

4. 設$\vec{u}$，$\vec{v}$，$\vec{w}$為空間$\mathbb{R}^3$上的任意三個向量，$\alpha, \beta \in \mathbb{R}$，則：

(1) $\vec{u}+\vec{v}=\vec{v}+\vec{u}$（交換律）

(2) $\vec{u}+(\vec{v}+\vec{w})=(\vec{v}+\vec{u})+\vec{w}$（結合律）

(3) $\vec{u}+\vec{0}=\vec{0}+\vec{u}=\vec{u}$（$\vec{0}$為向量加法的單位元素）

(4) $\vec{u}+(-\vec{u})=(-\vec{u})+\vec{u}=\vec{0}$（$\vec{u}$和$-\vec{u}$互為加法反元素）

(5) $1 \cdot \vec{u}=\vec{u}$

(6) $\alpha(\vec{u}+\vec{v})=\alpha\vec{u}+\alpha\vec{v}$

(7) $(\alpha+\beta)\vec{u}=\alpha\vec{u}+\beta\vec{u}$

例 4　設$P(1, 2, 3)$、$Q(3, 1, -4)$，求：

(1) $\overrightarrow{PQ}$　(2) $|\overrightarrow{PQ}|$。

解： $\overrightarrow{PQ}=(3-1, 1-2, -4-3)=(2, -1, -7)$

$|\overrightarrow{PQ}|=\sqrt{2^2+(-1)^2+(-7)^2}=\sqrt{54}=3\sqrt{6}$

例 5　設$\vec{u}=(2, -1, -1)$、$\vec{v}=(1, 3, -2)$、$\vec{w}=(-1, 2, 4)$，求：

(1) $\vec{u}+\vec{v}+\vec{w}$　(2) $3\vec{u}-2\vec{v}$　(3) $2\vec{u}-\vec{v}+3\vec{w}$。

解： (1) $\vec{u}+\vec{v}+\vec{w}=(2+1-1,-1+3+2,-1-2+4)=(2,4,1)$

(2) $3\vec{u}-2\vec{v}=(6,-3,-3)-(2,6,-4)=(4,-9,1)$

(3) $2\vec{u}-\vec{v}+3\vec{w}=(4,-2,-2)-(1,3,-2)+(-3,6,12)$

$=(0,1,12)$

例 6 設$\vec{u}=\vec{i}+2\vec{j}-3\vec{k}$，$\vec{v}=-2\vec{i}-\vec{j}+2\vec{k}$，$\vec{w}=3\vec{i}+2\vec{j}-\vec{k}$，求：

(1) $|\vec{u}+\vec{v}|$(2) $|2\vec{u}+3\vec{v}|$ (3) $|\vec{u}-2\vec{v}+3\vec{w}|$。

解： (1) $|\vec{u}+\vec{v}|=|-\vec{i}+\vec{j}-\vec{k}|=\sqrt{3}$

(2) $|2\vec{u}+3\vec{v}|=|-4\vec{i}+\vec{j}-0\vec{k}|=\sqrt{17}$

(3) $|\vec{u}-2\vec{v}+3\vec{w}|=|14\vec{i}+10\vec{j}-10\vec{k}|=\sqrt{396}=6\sqrt{11}$

例 7 若▱$ABCD$為平行四邊形，其中$A(1,2,3)$、$B(4,3,-2)$、$C(2,-1,4)$，求D點坐標。

解： 設$D(x,y,z)$，由$\overrightarrow{BA}=\overrightarrow{CD}$可知

$(-3,-1,5)=(x-2,y+1,z-4)$

$\begin{cases}x-2=-3\\y+1=-1\\z-4=5\end{cases}\Rightarrow\begin{cases}x=-1\\y=-2\\z=9\end{cases}$，即$D(-1,-2,9)$

9.2.2 空間向量的內積

1. 空間向量的內積求法

設$\vec{a}=(a_1,a_2,a_3)$，$\vec{b}=(b_1,b_2,b_3)$為空間中兩向量，夾角為θ，則$\vec{a}$

與$\vec{b}$的內積定義為$\vec{a}\cdot\vec{b}=|\vec{a}||\vec{b}|\cos\theta=(a_1, a_2, a_3)\cdot(b_1, b_2, b_3)=a_1b_1+a_2b_2+a_3b_3$。

2. 向量的夾角

設$\vec{a}$、$\vec{b}$均非零向量，且其夾角為θ（$0\le\theta<\pi$），則

$$\cos\theta=\frac{\vec{a}\cdot\vec{b}}{|\vec{a}||\vec{b}|}=\frac{a_1b_1+a_2b_2+a_3b_3}{\sqrt{a_1^2+a_2^2+a_3^2}\sqrt{b_1^2+b_2^2+b_3^2}}，\theta=\cos^{-1}\frac{\vec{a}\cdot\vec{b}}{|\vec{a}||\vec{b}|}。$$

3. 內積的性質

設$\vec{a}$、$\vec{b}$、$\vec{c}$為空間$\mathbb{R}^3$上的任意三個向量，$m\in\mathbb{R}$，則：

(1) $|\vec{a}|^2=\vec{a}\cdot\vec{a}$

(2) $\vec{a}\cdot\vec{b}=\vec{b}\cdot\vec{a}$（交換律）

(3) $\vec{a}$與$\vec{b}$垂直$\Leftrightarrow\vec{a}\cdot\vec{b}=0$（其中$|\vec{a}|\neq0$，$|\vec{b}|\neq0$）

(4) $(m\vec{a})\cdot\vec{b}=\vec{a}\cdot(m\vec{b})=m(\vec{a}\cdot\vec{b})$

(5) $\vec{a}\cdot(\vec{b}+\vec{c})=\vec{a}\cdot\vec{b}+\vec{a}\cdot\vec{c}$（內積對加法的分配性）

例 8 設$\vec{a}=(2, -2, 1)$、$\vec{b}=(-1, 2, 3)$：

(1) 求$|\vec{a}|$、$|\vec{b}|$和$\vec{a}\cdot\vec{b}$ (2) 設$\vec{a}$、$\vec{b}$的夾角為θ，求$\cos\theta$和θ

解： (1) $|\vec{a}|=\sqrt{2^2+(-2)^2+1^2}=\sqrt{9}=3$

$|\vec{b}|=\sqrt{(-1)^2+2^2+3^2}=\sqrt{14}$

$\vec{a}\cdot\vec{b}=2\cdot(-1)+(-2)\cdot2+1\cdot3=-3$

(2) $\cos\theta=\frac{-3}{3\cdot\sqrt{14}}=-\frac{1}{\sqrt{14}}$

$\theta=\cos^{-1}\frac{-1}{\sqrt{14}}$

例 9　設 $A(-3,1,4)$、$B(1,-4,-2)$，若點 C 在 z 軸上，$\angle ACB$ 為直角，則點 C 的坐標為何？

解： 設 $C(0,0,z)$

$\because \angle ACB$ 為直角，$\therefore \overrightarrow{CA}\cdot\overrightarrow{CB}=0$，其中 $\overrightarrow{CA}=(-3,1,4-z)$

$\overrightarrow{CB}=(1,-4,-2-z)$

$(-3)\cdot 1+1\cdot(-4)+(4-z)(-2-z)=0$

$z^2-2z-8-7=0$，$z^2-2z-15=0$，$(z-5)(z+3)=0$，

$z=5$ 或 -3

C 點坐標為 $(0,0,5)$ 或 $(0,0,-3)$

另解： 設 $C(0,0,z)$

$\because \angle ACB$ 為直角，$\therefore \overrightarrow{AC}\cdot\overrightarrow{BC}=0$，其中 $\overrightarrow{AC}=(3,-1,z-4)$

$\overrightarrow{BC}=(-1,4,z+2)$

$3\cdot(-1)+(-1)\cdot 4+(z-4)(z+2)=0$

$z^2-2z-8-7=0$，$z^2-2z-15=0$，$(z-5)(z+3)=0$，

$z=5$ 或 -3

C 點坐標為 $(0,0,5)$ 或 $(0,0,-3)$

9.2.3　向量的正射影與三角形面積

1. 向量 $\vec{a}$ 在向量 $\vec{b}$ 上的正射影為 $(|\vec{a}|\cos\theta)\dfrac{\vec{b}}{|\vec{b}|}=|\vec{a}|\cdot\dfrac{|\vec{a}|\cdot|\vec{b}|}{|\vec{a}||\vec{b}|}\cdot\dfrac{\vec{b}}{|\vec{b}|}=$ $\left(\dfrac{\vec{a}\cdot\vec{b}}{|\vec{b}|^2}\right)\vec{b}$。

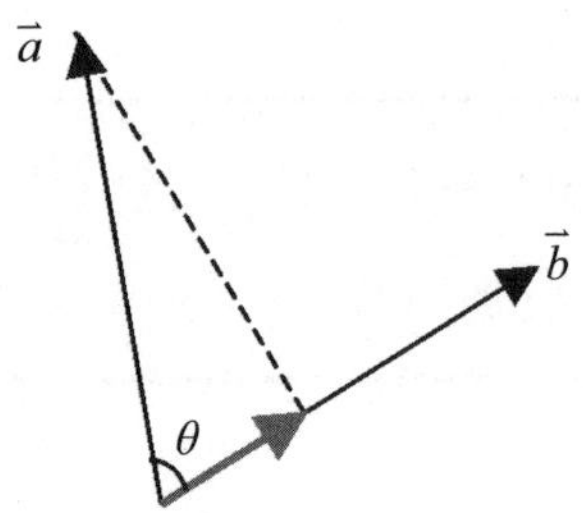

2. 以 $\vec{a}$ 與 $\vec{b}$ 為鄰邊所圍成的圖形面積：

(1)平行四邊形的面積為 $\sqrt{|\vec{a}|^2|\vec{b}|^2-(\vec{a}\cdot\vec{b})^2}$

(2)三角形的面積為 $\frac{1}{2}\sqrt{|\vec{a}|^2|\vec{b}|^2-(\vec{a}\cdot\vec{b})^2}$

例 10 設 $A(4,-4,6)$、$B(2,0,2)$、$C(4,-1,3)$，求：
(1) $\overrightarrow{AB}$ 在 $\overrightarrow{AC}$ 上的正射影 (2) $\triangle ABC$ 的面積

解： (1) $\overrightarrow{AB}=(-2,4,-4)$，$\overrightarrow{AC}=(0,3,-3)$

$\overrightarrow{AB}$ 在 $\overrightarrow{AC}$ 上的正射影

$$=\left(\frac{\overrightarrow{AB}\cdot\overrightarrow{AC}}{|\overrightarrow{AC}|^2}\right)\overrightarrow{AC}$$

$$=\left(\frac{(-2,4,-4)\cdot(0,3,-3)}{|(0,3,-3)|^2}\right)(0,3,-3)$$

$$=\frac{24}{18}(0,3,-3)$$

$$=(0,4,-4)$$

(2) $\triangle ABC$ 的面積

$$=\frac{1}{2}\sqrt{|(-2,4,-4)|^2\cdot|(0,3,-3)|^2-[(-2,4,-4)\cdot(0,3,-3)]^2}$$

$$=\frac{1}{2}\sqrt{36\cdot 18-24^2}$$

$=\frac{1}{2}\sqrt{72}$

$=3\sqrt{2}$

9.3 外積、體積及行列式

9.3.1 外積與面積

1. 空間向量的外積源於物理學上的「力矩」，用來描述槓桿所造成的轉動效果。兩個空間向量的外積，仍然是一個空間向量。設空間兩向量$\vec{a}=(a_1, a_2, a_3)$，$\vec{b}=(b_1, b_2, b_3)$，$\vec{a}$和$\vec{b}$的外積為

$$\vec{a}\times\vec{b}=\left(\begin{vmatrix}a_2 & a_3\\ b_2 & b_3\end{vmatrix}, \begin{vmatrix}a_3 & a_1\\ b_3 & b_1\end{vmatrix}, \begin{vmatrix}a_1 & a_2\\ b_1 & b_2\end{vmatrix}\right)$$

$$=(a_2b_3-a_3b_2, a_3b_1-a_1b_3, a_1b_2-a_2b_1)$$

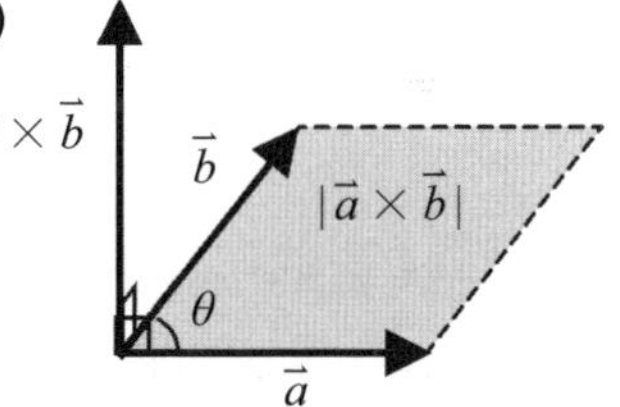

2. 外積的基本性質

 (1) $\vec{a}\times\vec{b}=-\vec{b}\times\vec{a}$

 (2) $\vec{a}$和$\vec{b}$平行時，$\vec{a}\times\vec{b}=\vec{0}$

 (3) 若$\vec{a}\times\vec{b}$不為零向量，則$\vec{a}\times\vec{b}$同時與$\vec{a}$和$\vec{b}$垂直

 (4) $|\vec{a}\times\vec{b}|=|\vec{a}||\vec{b}|\sin\theta$，其中$\theta$為$\vec{a}$和$\vec{b}$的夾角，$|\vec{a}||\vec{b}|\sin\theta$是以$\vec{a}$和$\vec{b}$為相鄰兩邊所張出的平行四邊形面積

例 11 已知$\vec{a}=(2, 1, 0)$、$\vec{b}=(2, 0, 1)$，求：

(1) $\vec{a}$和$\vec{b}$的外積$\vec{a}\times\vec{b}$ (2)$\vec{b}$和$\vec{a}$的外積$\vec{b}\times\vec{a}$。

解： (1) $\vec{a}\times\vec{b}=(1\cdot 1-0\cdot 0, 0\cdot 2-2\cdot 1, 2\cdot 0-1\cdot 2)$

$=(1, -2, -2)$

$$(2)\ \vec{b} \times \vec{a} = (0 \cdot 0 - 1 \cdot 1, 1 \cdot 2 - 2 \cdot 0, 2 \cdot 1 - 0 \cdot 2)$$
$$= (-1, 2, 2)$$

9.3.2　三階行列式的基本性質

1. $\begin{vmatrix} a_1 & b_1 & c_1 \\ a_2 & b_2 & c_2 \\ a_3 & b_3 & c_3 \end{vmatrix}$ 稱之為三階行列式

2. 三階行列式的展開式

$$\begin{vmatrix} a_1 & b_1 & c_1 \\ a_2 & b_2 & c_2 \\ a_3 & b_3 & c_3 \end{vmatrix} = a_1b_2c_3 + b_1c_2a_3 + c_1a_2b_3 - c_1b_2a_3 - a_1c_2b_3 - b_1a_2c_3$$

3. 三階行列式的性質：

(1) 行列互換，其值不變：$\begin{vmatrix} a_1 & b_1 & c_1 \\ a_2 & b_2 & c_2 \\ a_3 & b_3 & c_3 \end{vmatrix} = \begin{vmatrix} a_1 & a_2 & a_3 \\ b_1 & b_2 & b_3 \\ c_1 & c_2 & c_3 \end{vmatrix}$。

(2) 任意兩行（列）對調，其值變號，例如：

$\begin{vmatrix} a_1 & b_1 & c_1 \\ a_2 & b_2 & c_2 \\ a_3 & b_3 & c_3 \end{vmatrix} = -\begin{vmatrix} a_2 & b_2 & c_2 \\ a_1 & b_1 & c_1 \\ a_3 & b_3 & c_3 \end{vmatrix}$。

(3) 任一行（列）乘上 k 倍，其值變為 k 倍，例如：

$\begin{vmatrix} a_1 & b_1 & c_1 \\ ka_2 & kb_2 & kc_2 \\ a_3 & b_3 & c_3 \end{vmatrix} = k\begin{vmatrix} a_1 & b_1 & c_1 \\ a_2 & b_2 & c_2 \\ a_3 & b_3 & c_3 \end{vmatrix}$。

(4) 兩行（列）成比例時，其值為 0，例如：$\begin{vmatrix} a_1 & b_1 & c_1 \\ ka_1 & kb_1 & kc_1 \\ a_3 & b_3 & c_3 \end{vmatrix} = 0$。

(5) 將一行（列）的 k 倍加到另一行（列），其值不變。

(6) 可依任一行（列）將一個行列式拆成兩個行列式。

(7) 三階行列式可依某一行（列）降成二階行列式展開。

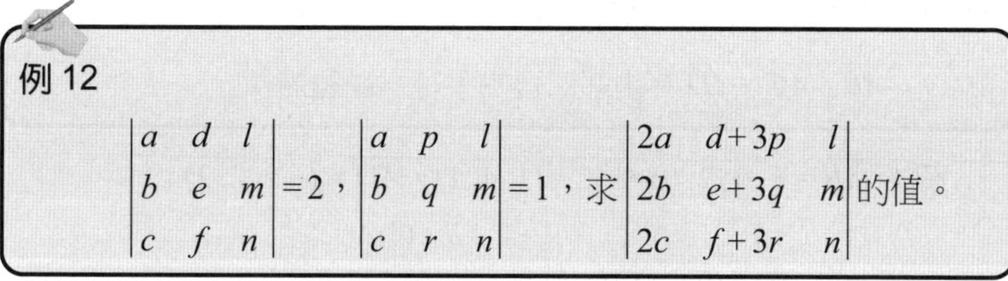

例 12

$$\begin{vmatrix} a & d & l \\ b & e & m \\ c & f & n \end{vmatrix}=2，\begin{vmatrix} a & p & l \\ b & q & m \\ c & r & n \end{vmatrix}=1，求\begin{vmatrix} 2a & d+3p & l \\ 2b & e+3q & m \\ 2c & f+3r & n \end{vmatrix}的值。$$

解：

$$\begin{vmatrix} 2a & d+3p & l \\ 2b & e+3q & m \\ 2c & f+3r & n \end{vmatrix}=\begin{vmatrix} 2a & d & l \\ 2b & e & m \\ 2c & f & n \end{vmatrix}+\begin{vmatrix} 2a & 3p & l \\ 2b & 3q & m \\ 2c & 3r & n \end{vmatrix}$$

$$=2\cdot\begin{vmatrix} a & d & l \\ b & e & m \\ c & r & n \end{vmatrix}+6\cdot\begin{vmatrix} a & p & l \\ b & q & m \\ c & r & n \end{vmatrix}$$

$$=10$$

9.3.3 平行六面體體積

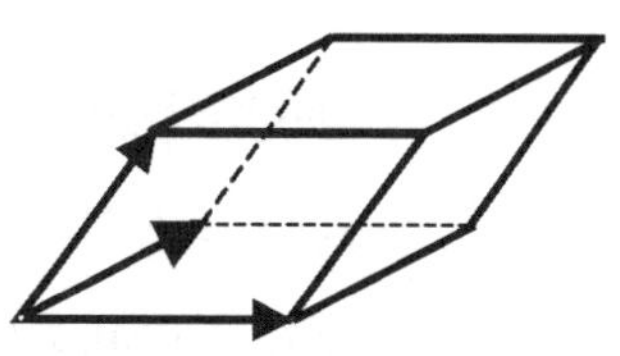

設$\vec{a}=(a_1, a_2, a_3)$，$\vec{b}=(b_1, b_2, b_3)$，$\vec{c}=(c_1, c_2, c_3)$為坐標空間中三個非零向量。把這三個向量的始點皆置於同一點，當這三個向量的終點與其共同始點等四點不共面時，我們稱$\vec{a}$、$\vec{b}$、$\vec{c}$不共平面，而這三個向量可以張出一個平行六面體。可以利用向量的外積與內積運算求出此平行六面體的體積

$$=|\vec{a}\cdot(\vec{b}\times\vec{c})|=\left|\begin{vmatrix} a_1 & b_1 & c_1 \\ a_2 & b_2 & c_2 \\ a_3 & b_3 & c_3 \end{vmatrix}\right|$$

$$=|a_1b_2c_3+b_1c_2a_3+c_1a_2b_3-c_1b_2a_3-a_1c_2b_3-b_1a_2c_3|$$

例 13 設 $A(1, -1, 0)$、$B(0, 1, 0)$、$C(2, 3, 1)$、$D\ (-1, 1, 2)$，求以 $\overrightarrow{AB}$、$\overrightarrow{AC}$、$\overrightarrow{AD}$ 為相鄰三邊的平行六面體體積。

解： $\overrightarrow{AB} = (-1, 2, 0)$，$\overrightarrow{AC} = (1, 4, 1)$，$\overrightarrow{AD} = (-2, 2, 2)$

$$\text{平行六面體的體積} = \left| \begin{vmatrix} -1 & 2 & 0 \\ 1 & 4 & 1 \\ -2 & 2 & 2 \end{vmatrix} \right|$$

$$= |(-1)\cdot 4\cdot 2 + 1\cdot 2\cdot 0 + (-2)\cdot 2\cdot 1 - (-2)\cdot 4\cdot 0 - (-1)\cdot 2\cdot 1 - 1\cdot 2\cdot 2|$$

$$= |-8 - 4 + 2 - 4|$$

$$= 14$$

9.4 平面方程式

9.4.1 平面的法線與法向量

若一直線 L 垂直於平面 E，則稱此直線 L 為平面 E 的法線。一個平面的法線不只一條，但任兩條法線互相平行。平面 E 之法線的方向向量稱為平面 E 的法向量。

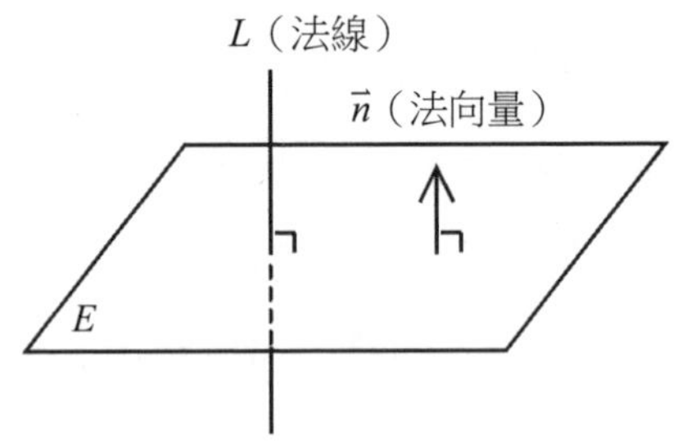

9.4.2 平面的方程式

1. 點法式

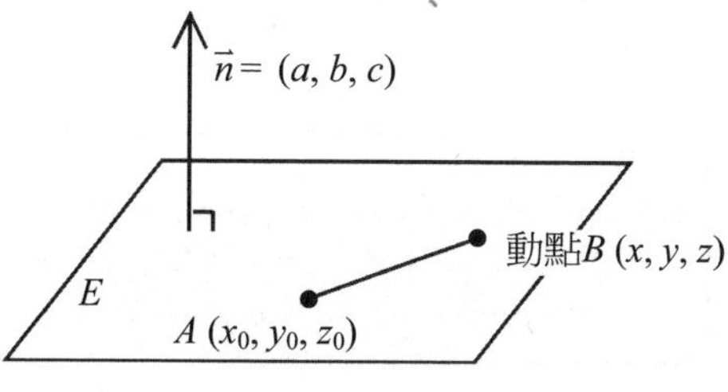

若平面E的法向量$\vec{n}=(a, b, c)$且過點$A(x_0, y_0, z_0)$，則平面E的方程式為$a(x-x_0)+b(y-y_0)+c(z-z_0)=0$。

2. 一般式

平面方程式的一般式為$ax+by+cz+d=0$，其中向量(a, b, c)為平面的一法向量。

例 14 求過點$P(2, -3, 1)$且法向量$\vec{n}=(2, -3, 4)$的平面方程式

解： 利用點法式，此平面方程式

$2(x-2)+(-3)[y-(-3)]+4(z-1)=0$

因此 $2x-3y+4z=17$

3. 不共線A、B、C三點求平面方程式

(1) 方法一：

假設此平面的法向量為$\vec{n}=(a, b, c)$，則$\vec{n}\perp\overrightarrow{AB}$且$\vec{n}\perp\overrightarrow{AC}$，即$\vec{n}\cdot\overrightarrow{AB}=0$，$\vec{n}\cdot\overrightarrow{AC}=0$，解聯立方程式。

(2) 方法二：

$\because\overrightarrow{AB}\times\overrightarrow{AC}$同時垂直$\overrightarrow{AB}$和$\overrightarrow{AC}$，因此可將$\overrightarrow{AB}\times\overrightarrow{AC}$視為不共線$A$、$B$、$C$三點所形成平面的法向量，再利用點法式求出此平

面方程式。

例 15 設$A(1, 2, 0)$、$B(0, 1, 0)$、$C(-2, -3, 1)$，求$\overrightarrow{AB}$與$\overrightarrow{AC}$的公垂向量。

解法一：$\overrightarrow{AB}=(-1, -1, 0)$，$\overrightarrow{AC}=(-3, -5, 1)$，且設$\overrightarrow{AB}$與$\overrightarrow{AC}$的一個公垂向量為$\vec{n}=(a, b, c)$。因為$\vec{n}\perp\overrightarrow{AB}$，$\vec{n}\perp\overrightarrow{AC}$，可得

聯立方程式$\begin{cases}-a-b=0\\-3a-5b+c=0\end{cases}\Rightarrow\begin{cases}a=-b\\c=2b\end{cases}\Rightarrow\vec{n}=(-b, b, 2b)$

$-1(x-1)+1(y-2)+2(z-0)=0$，即$-x+y+2z=1$

故$\overrightarrow{AB}$與$\overrightarrow{AC}$的公垂向量為$(-b, b, 2b)$，但$b\in\mathbb{R}\backslash\{0\}$。

解法二：$\overrightarrow{AB}=(-1,-1,0)$，$\overrightarrow{AC}=(-3,-5,1)$，$\overrightarrow{AB}\times\overrightarrow{AC}=(-1,1,2)$，

故$\overrightarrow{AB}$與$\overrightarrow{AC}$的公垂向量為$(-b, b, 2b)$，但$b\in\mathbb{R}\backslash\{0\}$。

4. 行列式法求平面方程式

空間中三向量$\vec{\alpha}=(a_1, a_2, a_3)$、$\vec{\beta}=(b_1, b_2, b_3)$、$\vec{\gamma}=(c_1, c_2, c_3)$，

若$\vec{\alpha}$、$\vec{\beta}$、$\vec{\gamma}$共面，則$\begin{vmatrix}a_1 & a_2 & a_3\\b_1 & b_2 & b_3\\c_1 & c_2 & c_3\end{vmatrix}=0$。

例 16 利用行列式法求出例題 15 包含A、B、C三點所形成的平面方程式。

解：設$D(x, y, z)$與點A、B、C共平面，

$\overrightarrow{AB}=(-1, -1, 0)$，$\overrightarrow{AC}=(-3, -5, 1)$，

$\overrightarrow{AD} = (x-1, y-2, z-0)$

$$\begin{vmatrix} x-1 & y-2 & z \\ -1 & -1 & 0 \\ -3 & -5 & 1 \end{vmatrix} = 0，$$

$$(x-1)\begin{vmatrix} -1 & 0 \\ -5 & 1 \end{vmatrix} - (y-2)\begin{vmatrix} -1 & 0 \\ -3 & 1 \end{vmatrix} + z\begin{vmatrix} -1 & -1 \\ -3 & -5 \end{vmatrix} = 0$$

$-(x-1)+(y-2)+2z=0$，即 $-x+y+2z=1$

9.4.3 平面的垂直與平行

設 E_1：$a_1x+b_1y+c_1z=d_1$，E_1 的法向量 $\overrightarrow{n_1}=(a_1, b_1, c_1)$；$E_2$：$a_2x+b_2y+c_2z=d_2$，$E_2$ 的法向量 $\overrightarrow{n_2}=(a_2, b_2, c_2)$，則

(1) $E_1 \perp E_2 \Leftrightarrow \overrightarrow{n_1} \cdot \overrightarrow{n_2}=0 \Leftrightarrow a_1a_2+b_1b_2+c_1c_2=0$

(2) $E_1 /\!/ E_2 \Leftrightarrow a_1 : a_2 = b_1 : b_2 = c_1 : c_2$，或存在 $k \in \mathbb{R}$，$k \neq 0$，使得 $(a_1, b_1, c_1)=k(a_2, b_2, c_2)$。若 $a_1 : a_2 = b_1 : b_2 = c_1 : c_2 = d_1 : d_2$，則兩平面重合。

例 17 平面 E_1：$2x+my-z=1$，E_2：$6x-4y-3z=8$，求：
(1) $E_1 \perp E_2$ (2) $E_1 /\!/ E_2$ 時的 m 值

解： (1)當 $E_1 \perp E_2$ 時，$2 \cdot 6 + m \cdot (-4) + (-1) \cdot (-3) = 0$，$m=\frac{15}{4}$

(2)當 $E_1 /\!/ E_2$ 時，$2 : 6 = m : -4 = (-1) : (-3)$，$m=-\frac{4}{3}$

9.5 空間直線方程式

9.5.1 空間直線方程式

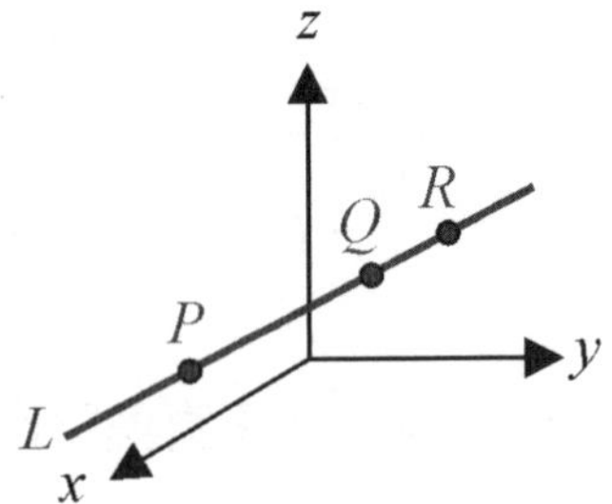

直線L通過空間中相異的兩點$P(x_1, y_1, z_1)$、$Q(x_2, y_2, z_2)$，令直線L上的任意一點的坐標為$R(x, y, z)$，由圖知$\overrightarrow{PR} // \overrightarrow{PQ}$ $\Rightarrow \overrightarrow{PR} = m\overrightarrow{PQ}$，$m \in \mathbb{R}$得

$$\overrightarrow{PR} = (x - x_1)\vec{i} + (y - y_1)\vec{j} + (z - z_1)\vec{k}$$

$$\overrightarrow{PQ} = (x_2 - x_1)\vec{i} + (y_2 - y_1)\vec{j} + (z_2 - z_1)\vec{k}$$

$$\Rightarrow (x - x_1)\vec{i} + (y - y_1)\vec{j} + (z - z_1)\vec{k} = m(x_2 - x_1)\vec{i} + m(y_2 - y_1)\vec{j} + m(z_2 - z_1)\vec{k}$$

1. 空間直線參數方程式

$$\begin{cases} x - x_1 = m(x_2 - x_1) \\ y - y_1 = m(y_2 - y_1) \\ z - z_1 = m(z_2 - z_1) \end{cases} \quad \text{或} \quad \begin{cases} x = x_1 + m(x_2 - x_1) \\ y = y_1 + m(y_2 - y_1) \\ z = z_1 + m(z_2 - z_1) \end{cases}$$

2. 空間直線對稱比例式

$$\frac{x - x_1}{x_2 - x_1} = \frac{y - y_1}{y_2 - y_1} = \frac{z - z_1}{z_2 - z_1} = m$$

例 18 求過$A(3, 1, 2)$、$B(1, 0, 2)$的直線參數式。

解： $\begin{cases} x = 3 + m(1 - 3) \\ y = 1 + m(0 - 1) \\ z = 2 + m(2 - 2) \end{cases} \Rightarrow \begin{cases} x = -2m + 3 \\ y = -m + 1 \\ z = 2 \end{cases}, m \in \mathbb{R}$

例 19 空間中有一點$A(3, 1, 2)$及直線L：$\frac{x-1}{1}=\frac{y+3}{-2}=\frac{z-2}{-2}$，求：

(1)A在直線L上之正射影的坐標。

(2)過點A與直線L垂直的直線方程式。

解： (1)設A在直線L上之正射影的坐標為

$B(t+1, -2t-3, -2t+2)$，則$\overrightarrow{AB}\cdot(1, -2, -2)=0$

即$(t-2, -2t-4, -2t)\cdot(1, -2, -2)=0$，$t=-\frac{2}{3}$

所以A在直線L上之正射影的坐標為$B(\frac{1}{3}, -\frac{5}{3}, \frac{10}{3})$。

(2)過點A與直線L垂直的直線方程式$\begin{cases} x-3=m(\frac{1}{3}-3) \\ y-1=m(-\frac{5}{3}-1) \\ z-2=m(\frac{10}{3}-2) \end{cases}$

$$\Rightarrow \begin{cases} x=-\frac{8}{3}m+3 \\ y=-\frac{8}{3}m+1, m\in\mathbb{R} \\ z=\frac{4}{3}m+2 \end{cases}$$

3. 直線的二面式

若E_1：$a_1x+b_1y+c_1z=d_1$，E_2：$a_2x+b_2y+c_2z=d_2$是兩個不平行的平面，相交於直線L，則聯立方程式$\begin{cases} a_1x+b_1y+c_1z=d_1 \\ a_2x+b_2y+c_2z=d_2 \end{cases}$的圖形即為交線$L$，此聯立方程式稱為直線$L$的二面式。

例 20　求兩平面 $\begin{cases}2x-y+3z-4=0\\x+4y-2z+7=0\end{cases}$ 的交線 L 的對稱比例式。

解： $\begin{cases}2x-y+3z-4=0\cdots①\\x+4y-2z+7=0\cdots②\end{cases}$

① − ② × 2 ⇒ $-9y+7z-18=0$，$z=\dfrac{9y+18}{7}$

① × 4 + ② ⇒ $9x+10z-9=0$，$z=-\dfrac{9x-9}{10}$

L 的對稱比例式為 $-\dfrac{9x-9}{10}=\dfrac{9y+18}{7}=z$，或 $\dfrac{x-1}{-10}=\dfrac{y+2}{7}=\dfrac{z}{9}$

9.5.2　直線與平面的交點

設直線 L：$\begin{cases}x=a_0+a_1t\\y=b_0+b_1t\\z=c_0+c_1t\end{cases}$，$t\in\mathbb{R}$，平面 E：$px+qy+rz=s$，欲知直線 L 與平面 E 是否相交，可設交點 $P\,(a_0+a_1t,\ b_0+b_1t,\ c_0+c_1t)$ 代入平面 E 的方程式：

(1) 如果 t 有一解，則直線 L 與平面 E 有一個交點。

(2) 如果 t 無解，則直線 L 與平面 E 平行。

(3) 如果 t 有無限多解，則直線 L 在平面 E 上。

例 21　求直線 $\dfrac{x-1}{2}=\dfrac{y-2}{-1}=\dfrac{z}{3}$ 與平面 $2x+4y-z+2=0$ 交點之坐標。

解： 設 $\dfrac{x-1}{2}=\dfrac{y-2}{-1}=\dfrac{z}{3}=t$，則 $x=1+2t$，$y=2-t$，$z=3t$

代入 $2x+4y-z+2=0$，得 $2(1+2t)+4(2-t)-3t+2=0$，

$3t=12$，$t=4$

故交點為$(9, -2, 12)$

習題

1. 下列何者可能為兩歪斜線在平面之正射影

   (1)兩平行直線 (2)一直線 (3)一線及線外一點 (4)兩點

   (5)相交兩直線。

2. 在空間中，一平面與一正立方體相截，若在平面兩側各有正立方體的四個頂點，則其截面的形狀可能是下列哪種圖形？

   (1)三角形 (2)四邊形 (3)五邊形 (4)六邊形 (5)八邊形。

3. 下列敘述何者正確？

   (1)設一直線L交一平面E於A，若在E上過A有一直線L'與L垂直，則L垂直於平面E。

   (2)已知相異兩平面F、M交於一直線L，若L垂直一平面E，則F、M均垂直於E。

   (3)相異三平面E_1、E_2、E_3兩兩交於不同的三線，此三線必平行。

   (4)平行於同一平面的兩直線必平行。

   (5)若一直線上的相異兩點，均在一個平面的同側且與平面距離相等，則此直線必與此平面平行。

4. 設$\vec{a}=(-1, 2)$、$\vec{b}=(3, 1)$，若$\vec{c}=5\vec{a}-2\vec{b}$，求$\vec{c}$。

5. 坐標空間中，已知$\vec{a}=(2, 1, -1)$、$\vec{b}=(1, -2, 3)$。

(1)設$(\vec{a}-t\vec{b})\perp\vec{b}$，求$t$

(2)求$\vec{a}$在$\vec{b}$上的正射影

6. 設$\vec{a}=(2, 3, -1)$、$\vec{b}=(2, -4, 3)$，已知$\vec{v}\perp\vec{a}$，$\vec{v}\perp\vec{b}$，且$\vec{v}=(x, y, z)$，求$x：y：z$。

7. 設$\triangle ABC$的三頂點為$A(3, -2)$、$B(-1, -4)$、$C(6, -3)$，求內角$\angle A$的角度。

8. 設$\vec{u}=(k, 1)$，$\vec{v}=(2, 3)$，求k使：

(1)$\vec{u}$和$\vec{v}$垂直　(2)$\vec{u}$和$\vec{v}$平行　(3)$\vec{u}$和$\vec{v}$的夾角為$60°$

9. 設空間向量$\vec{a}=(3, -6, 2)$、$\vec{b}=(1, 3, 4)$。若單位向量$\vec{u}$與$\vec{a}$及$\vec{b}$皆垂直，求$\vec{u}$。

10. 試求$\begin{vmatrix} 12 & 108 & 72 \\ 16 & 64 & 0 \\ 52 & 0 & 13 \end{vmatrix}$之值。

11. 空間中三點$A(1, 2, 2)$、$B(2, 4, 5)$、$C(0, 6, 4)$，試求：

(1)$\overrightarrow{AB}\times\overrightarrow{AC}$

(2)$\overrightarrow{AB}$與$\overrightarrow{AC}$所張出的平行四邊形面積

(3)$\triangle ABC$面積

12. 設$A(1, 2, 3)$、$B(0, 4, 5)$，試寫出直線$\overleftrightarrow{AB}$之參數式與對稱比例式。

13. 求通過點$P(1, 2, 3)$，且平行於直線$L：\frac{x+1}{2}=\frac{y-2}{-1}=\frac{z-3}{3}$之直線方程式。

14. 試將$L：\begin{cases} x-y-2z=6 \\ x+2y+z=0 \end{cases}$化成直線參數式。

15. 求直線$L：\begin{cases} x+2y-z=-4 \\ 2x+y+z=-2 \end{cases}$與平面$2x+4y-z=-10$的交點坐標。

第 10 章 證明

10.1　算術和代數的論證

10.2　證明法

10.3　平面幾何定理證明舉例

【教學目標】

- 理解證明是透過邏輯的推演，建立數學事實的過程
- 認識與應用直接證明法、數學歸納法和反證法
- 理解畢氏定理的證明流程
- 認識三角形的重心，並了解其推導流程
- 認識算術與代數論證方式

10.1 算術和代數的論證

算術與代數常常涉及數的計算，因此必須考慮數的相等或大小關係，為了表達這樣的概念，我們時常使用以下的符號：

$=$	等於
$\neq$	不等於
$>$	大於
$<$	小於
$\geq$	大於或等於
$\leq$	小於或等於

我們透過這些符號的聯結，賦予數與數之間的關係，若要檢驗這些陳述是否正確，則必須仰賴對以上符號的操作，才能夠確認真實性。例如我們常使用以下推論：

若a、b和c皆為實數且$a=b$，則$a+c=b+c$。

諸如此類的性質，已經為人所熟知，因此證明算術或代數的論述時，

只要適時採用合宜的推論，往往就可以完成論證的流程。

例 1 證明若 x 為一正數，則 $x+\frac{1}{x}\geq 2$。

證明： 因為 x 為正數，所以

$$x-2+\frac{1}{x}=(\sqrt{x})^2-2\cdot\sqrt{x}\cdot\frac{1}{\sqrt{x}}+(\frac{1}{\sqrt{x}})^2$$

$$=(\sqrt{x}-\frac{1}{\sqrt{x}})^2\geq 0,$$

左右兩式加上 2 後，我們得到 $x+\frac{1}{x}\geq 2$，即為所求。

在例 1 中，我們首先利用「≥」的性質，將問題 $x+\frac{1}{x}\geq 2$ 轉換成 $x-2+\frac{1}{x}\geq 0$，再說明該式成立即可，這是採用直接證明法。對於部分代數的命題，有時我們也會將所有可能發生的情況列出，再以逐一討論的方式，得到最後的結論。

例 2 證明若 x 為實數，則 $-|x|\leq x\leq |x|$ 恆成立。

證明： 我們分成以下兩種情況討論：

(1)若 $x\geq 0$，則 $|x|=x$，所以 $-|x|=-x\leq 0\leq x=|x|$。

(2)若 $x<0$，則 $|x|=-x$，所以 $-|x|=-(-x)=x<0<-x=|x|$。

由以上的討論可知，對於所有的實數 x，$-|x|\leq x\leq |x|$ 恆成立。

總而言之，有關算術與代數的相關證明，只要對於符號的操作運用得宜，並選擇適切的證明方式，都可以成功地推導，完成論證的流程與目標。

10.2 證明法

建構數學體系的歷史中，證明扮演極其重要的角色，而在數學知識的學習過程，證明更是確認與了解數學觀念和事實的必要手段，所以具備閱讀與理解數學證明的能力，更進一步培養書寫證明的技巧，是學好數學的不二法門。

在數學上，證明是一個透過由大家所公認的規則與標準，加上經過檢核確認為真的敘述，推導出一件事實的過程，而證明的方式，則必須建立於邏輯的基礎上。例如考慮以下的敘述：「若一正整數n為 6 的倍數，則n必為 3 的倍數」，假設以p代表「正整數n為 6 的倍數」這個陳述，而q代表「正整數n為 3 的倍數」的陳述，則原敘述即等價於邏輯的觀點「$p \to q$」或「$q \leftarrow p$」，這個敘述稱為命題，而證明就是說明這個命題為真的過程。在以下的內容，我們將介紹直接證明法、數學歸納法和反證法等常見的數學證明方法，說明其精神原理，並提供經典的範例。

1. 直接證明法

要證明一個數學事實，亦即說明一個命題$p \to q$為真，最常見而直觀的方式就是從陳述p的前提之下，依據邏輯的推導規則，輔以由p所衍生的相關性質，直接確認陳述q的真實性，這就是直接證明法。而使用直接證明法的時機，則是推演的每個過程所利用的觀念與事實，皆是大家所清楚明白，不須額外解釋就能接受的場合最為適切。

例 3 證明若 a 與 r 皆為實數且 $r \neq 1$，則對於每個正整數 n，以下的等比級數公式

$$a + ar + ar^2 + \cdots + ar^{n-1} = \frac{a(1-r^n)}{1-r}$$

恆成立。

證明： 對於所有的正整數 n，令

$S_n = a + ar + ar^2 + \cdots + ar^{n-1} \cdots$①

將①式等號兩側同乘以 r，我們得到

$rS_n = ar + ar^2 + ar^3 + \cdots + ar^n \cdots$②

① − ②$\Rightarrow (1-r)S_n = S_n - rS_n = a - ar^n = a(1-r^n)$

再將上式左右兩側同除以 $1-r$ 即為公式

$S_n = \dfrac{a(1-r^n)}{1-r}$。

以上的例題中，我們只須將等比級數進行加、減、乘、除等大家所熟知的基本運算，就可以推演得到最後的公式，而讀者在閱讀證明的過程，都能夠不費力地立即理解每個推導步驟，這就是使用直接證明法的最佳時機。

例 4 證明若 a 與 b 皆為非負數（大於或等於 0），則此兩數的算術平均數大於或等於其幾何平均數，亦即

$$\frac{a+b}{2} \ge \sqrt{ab}$$

恆成立。

證明： 令 a 與 b 為任意的非負數。因為任何實數的平方皆為非負數，顯然 $(a-b)^2 \ge 0$ 恆成立，藉此我們得到

$$(a+b)^2 = a^2+2ab+b^2 = (a^2-2ab+b^2)+4ab$$
$$= (a-b)^2+4ab \ge 4ab,$$

由於 $(a+b)^2$ 和 $4ab$ 皆為非負數，所以將不等式左右兩側開平方根可得

$$a+b \ge 2\sqrt{ab},$$

最後將上式同除以 2 即為所求。

一般而言，大多數的數學論證都是使用直接證明法，可以依循證明過程體會其思考脈絡與前因後果，手法比較直觀也較為簡潔。

2. 數學歸納法

部分的數學論述與事實，嚴格來說並非一個單獨的敘述，例如在例 3 中所考慮的等比級數公式，就是依正整數 n 的改變，而有不同的敘述：

$$n=1 \text{ 時，} a=\frac{a(1-r)}{1-r}$$

$$n=2 \text{ 時，} a+ar=\frac{a(1-r^2)}{1-r}$$

$$n=3 \text{ 時，} a+ar+ar^2=\frac{a(1-r^3)}{1-r}$$

$$\vdots \qquad\qquad \vdots$$

$$n=k \text{ 時，} a+ar+ar^2+\cdots+ar^{k-1}=\frac{a(1-r^k)}{1-r}$$

$$\vdots \qquad\qquad \vdots$$

以上雖然有無限多個敘述，但是仍可以用例 3 中的等比級數公式精準地表達，這類敘述大多與正整數 n 有關，亦即選取不同的正整數 n，就得到不同的敘述，但彼此之間又有緊密的關聯。由於不可能逐一檢驗所有敘述的真偽，因此我們嘗試利用這些敘述彼此之間的關係，說明所有的敘述皆成立，這就是接下來要介紹的數學歸納法。

在例 3 的等比級數公式中，對於所有的正整數 n，假設 p_n 為以下的敘述：

$$(p_n) \quad a+ar+ar^2+\cdots+ar^{n-1}=\frac{a(1-r^n)}{1-r}\text{，}$$

則我們容易驗證當 $n=1$ 時，該公式成立，也就是敘述 p_1 為真，再利用前後敘述的特殊關係，說明

$$p_1 \Rightarrow p_2\text{，}p_2 \Rightarrow p_3\text{，}p_3 \Rightarrow p_4\text{，}\cdots$$

皆成立，如此一來，所有的敘述都是正確的。這個想法就和推骨牌一樣，我們先推倒第 1 張骨牌（證明敘述 p_1 為真），再保證第 k 張骨牌倒下時，第 $k+1$ 張骨牌會接續倒下（確認 $p_k \Rightarrow p_{k+1}$ 成立），其結果就是所有的骨牌皆會倒下（所有的敘述 p_n 皆為真）。

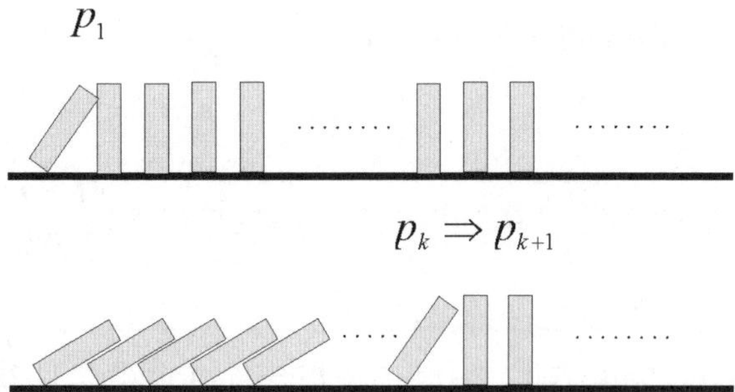

以上的理論基礎稱為歸納法原理，而其對應的證明方法則稱為數學歸納法。

總結來說，使用數學歸納法證明一件論述，主要包括兩個步驟：

(1)說明敘述 p_1 成立，

(2)驗證若敘述 p_k 成立的前提之下，敘述 p_{k+1} 亦成立。

例 5 以數學歸納法證明若 a 與 r 皆為實數且 $r \neq 1$，則對於每個正整數 n，

$$a+ar+ar^2+\cdots+ar^{n-1}=\frac{a(1-r^n)}{1-r}$$

恆成立。

證明： (1)當 $n=1$ 時，$a=\dfrac{a(1-r)}{1-r}$ 顯然成立。

(2)假設當 $n=k$ 時，原式成立，亦即

$$a+ar+ar^2+\cdots+ar^{k-1}=\frac{a(1-r^k)}{1-r}。$$

當 $n=k+1$ 時，因為

$$a+ar+ar^2+\cdots+ar^{k-1}+ar^k$$

$$=\frac{a(1-r^k)}{1-r}+ar^k$$

$$=\frac{a(1-r^k)+ar^k(1-r)}{1-r}$$

$$=\frac{a-ar^{k+1}}{1-r}$$

$$=\frac{a(1-r^{k+1})}{1-r},$$

所以原式對 $n=k+1$ 亦成立。

從(1)與(2)，藉由數學歸納法可知，原式對任何的正整數 n 恆成立。

數學歸納法在數學證明中扮演非常重要的角色，因為我們若要建立新的公式，會先從簡單的例子觀察，了解部分的結果，然後猜測公式的全貌，最後要檢驗猜測的公式是否正確時，就會嘗試使用數學歸納法驗證。例如，我們希望求得前 n 項正奇數和的公式，亦即算 $1+3+5+\cdots+(2n-1)$，我們可以先觀察若干項次：

$n=1$ 時，$1=1$

$n=2$ 時，$1+3=4$

$n=3$ 時，$1+3+5=9$

$n=4$ 時，$1+3+5+7=16$

$n=5$ 時，$1+3+5+7+9=25$

從前 5 項的結果顯示，最後的總和皆為平方數，於是我們就會很自然的猜測公式為

$$1+3+5+\cdots\cdots+(2n-1)=n^2,$$

這個猜測純粹是由觀察而來，並不帶有任何邏輯推演的概念，所以嘗

試利用數學歸納法驗證這個公式，就成了一個好的選擇。

例 6　證明對於每個正整數 n，

$$1+3+5+\cdots\cdots+(2n-1)=n^2$$

恆成立。

證明：　(1)當 $n=1$ 時，因為 $1=1^2$，原式成立。

(2)設 $n=k$ 時，原式成立，

即 $1+3+5+\cdots+(2k-1)=k^2$。

當 $n=k+1$ 時，

$$\begin{aligned}原式&=1+3+5+\cdots+(2k-1)+[(2k+1)-1]\\&=k^2+2k+1\\&=(k+1)^2成立。\end{aligned}$$

由數學歸納法可知 $\forall n\in\mathbb{N}$，原式均成立。

我們必須強調在使用數學歸納法的時候，說明步驟(1)成立（以例 6 為例，說明當 $n=1$ 時原式成立）看似簡單，卻非常的重要。若忽略這個流程，可能導致錯誤的結論。這個概念就像是先確認第 1 張骨牌一定會倒下，才有機會保證後面所有的骨牌也會一併倒下。

在數學發展的歷史中，許多著名的公式都是先藉由觀察，猜測其結果，最後再由數學歸納法驗證，正因如此，數學歸納法在數學論證中占有非常重要的地位，也是強而有力的工具。

3. 反證法

部分的數學論述，並不容易透過直接的邏輯推演來確認其真實性，此時可以使用反證法。反證法是先預設原命題不成立，再配合已有的條件或已知的事實，依據合理有效的推導，得到邏輯上的矛盾，因此判定原命題不成立是錯誤的假設，進而確認原命題是正確的。在數學歷史上，有許多著名的論證都是例用反證法證明，並成為經典的範例，例如，古希臘數學家歐幾里德在他的名著《幾何原本》中，利用反證法說明存在無限多個質數。

例 7 證明存在無限多個質數。

證明： 假設僅存在有限多個質數，由小至大依序為 p_1、p_2、…、p_n。

令 $p = p_1 p_2 \cdots p_n + 1$，

則 p 不被任何的 p_1、p_2、…、p_n 所整除，因此 p 為一異於 p_1、p_2、…、p_n 之質數，與假設矛盾，故質數的個數應為無限多個。

使用反證法的好處與時機，在於若原命題的條件性質並不明顯，難以有效地運用於邏輯推導時，預設原命題不成立就如同多加一道限制條件，多這道限制條件可以讓我們從合理的推演中獲得更多資訊，最終導致錯誤的結論，而證明原命題成立。

例 8 證明 $\sqrt{2}$ 是無理數。

證明： 設 $\sqrt{2}$ 為有理數，即存在 $p, q \in \mathbb{N}, (p, q) = 1$，

使得 $\sqrt{2}=\dfrac{q}{p}$

$\Rightarrow 2=\dfrac{q^2}{p^2}$，$q^2=2p^2$

$\because (p,q)=1$，$\therefore q$ 為 2 的倍數，

即存在 $r\in\mathbb{N}$ 使得 $q=2r$

$\Rightarrow (2r)^2=2p^2$，$2r^2=p^2$

又 $(p,r)=1$，$\therefore p$ 為 2 的倍數

$\because p$、q 均為 2 的倍數 $\Rightarrow p$、q 至少有公因數 2 與 $(p,q)=1$ 矛盾。

故 $\sqrt{2}$ 為無理數。

直接證明法與反證法是古老且為人所熟知的證明方法，許多數學論證都可以由這兩個方式達成，只要能夠體會其思路脈絡，就可以理解大部分的數學定理，若能進一步熟練證明的程序技巧，獨立驗證相關理論，更可以訓練自身邏輯推演的能力，奠定厚實的數學基礎。

4. 其他證明方法

除了前面所提的數學證明方法，還有許多不同的證明方式也常被使用，一般而言，只要推導過程合理，沒有犯邏輯上的錯誤，都是能夠被接受，具說服力的證明手法。

例 9　證明有無限多組正整數 (a, b, c) 滿足 $a^2+b^2=c^2$。

證明：　若 m 與 n 為兩個正整數且 $m>n$，令 $a=m^2-n^2$，$b=2mn$ 和 $c=m^2+n^2$，則

$a^2+b^2=(m^2-n^2)^2+(2mn)^2$

$=m^4-2m^2n^2+n^4+4m^2n^2$

$=m^4+2m^2n^2+n^4$

$=(m^2+n^2)^2$

$=c^2$

恆成立。因為以上(m, n)有無限多組，所以其對應的數(a, b, c)也有無限多組。

在這個例題中，我們直接構造出符合要求的a、b、c三數，說明這個命題是正確的，像這樣構造滿足命題所需要例子的手法，於證明存在性定理的過程中極為常見。不過這種證明法由於必須滿足諸多條件的限制，構造時需要更多的巧思，而其對應的例子亦常令人驚豔，像是天外飛來一筆，宛如藝術。另一種證明的型式，則是考慮所有可能發生的情況，逐一分析，以達到驗證的效果。

例 10　$n\in\mathbb{N}$且n不為 3 的倍數，則n^2被 3 除餘 1。

證明：　$n\in\mathbb{N}$且n不為 3 的倍數，則n僅有兩種可能，即$n=3k+1$或$n=3k+2$，其中k為一個非負整數。

(1) 若$n=3k+1$，則$n^2=(3k+1)^2=9k^2+6k+1=3(3k^2+2k)+1$，所以$n^2$被 3 除餘 1。

(2) 若$n=3k+2$，則$n^2=(3k+2)^2=9k^2+12k+4=3(3k^2+4k+1)+1$，所以$n^2$被 3 除亦餘 1。

由(1)與(2)可知，若$n\in\mathbb{N}$且n不為 3 的倍數，則n^2被 3 除餘 1。

逐一分析所有可能發生情況的策略，一般都只使用在狀況數不多的時候，若可預期的狀況數太多，則證明過程會過於複雜，而錯誤率也會提高，導致論證的困難。有些證明的手段，可能同時包含若干不同的方法，相互搭配，截長補短，以達到驗證的目的。

例 11　證明存在兩個無理數 x 與 y，使得 x^y 為有理數。

證明：　考慮 $\sqrt{2}^{\sqrt{2}}$ 這個數。

(1)若 $\sqrt{2}^{\sqrt{2}}$ 為有理數，則選取 $x=y=\sqrt{2}$，這樣 x 與 y 顯然都是無理數且 $x^y=\sqrt{2}^{\sqrt{2}}$ 為有理數；

(2)若 $\sqrt{2}^{\sqrt{2}}$ 為無理數，則令 $x=\sqrt{2}^{\sqrt{2}}$ 與 $y=\sqrt{2}$，如此一來，x 與 y 皆為無理數且 $x^y=\left(\sqrt{2}^{\sqrt{2}}\right)^{\sqrt{2}}=\sqrt{2}^{\sqrt{2}\times\sqrt{2}}=\sqrt{2}^{2}=2$ 顯然是有理數。

所以存在兩個無理數 x 與 y，使得 x^y 為有理數。

在例 11 中，我們以數字 $\sqrt{2}^{\sqrt{2}}$ 的特殊性質，探討若 $\sqrt{2}^{\sqrt{2}}$ 為有理數與若 $\sqrt{2}^{\sqrt{2}}$ 為無理數不同的情境中，構造出滿足命題的例子，有趣的是，在證明的過程，仍然沒有說明 $\sqrt{2}^{\sqrt{2}}$ 究竟是有理數還是無理數。

最後，我們必須理解沒有所謂的最佳證明策略，可以一體適用於任何數學論證，不同的定理所適用的證明方法亦不相同，不過可以確定的是，一個數學證明，除了在邏輯推演沒有瑕疵外，能夠清楚地呈現並使用簡潔的敘述，才稱得上是一個優質的證明。

10.3 平面幾何定理證明舉例

平面幾何探討平面圖形的基本性質，包括直線、曲線、長度、角度以及面積等問題，由於圖形可以藉由視覺直接觀察，並且在生活中有許多應用，所以很早就有相關的理論。憑著視覺化的優點，平面幾何已建立一套有系統的研究方法，據載可追溯至古希臘數學家的傑出貢獻，而歐幾里德的《幾何原本》更是樹立了典範，透過對圖像的操作，平面幾何的推導大多採用直接證明法，以下我們將介紹畢氏定理的證明，以及三角形重心的基本性質。

1. 畢氏定理的證明

畢氏定理亦稱勾股定理或商高定理，描敘直角三角形中，斜邊與兩股長度的關係，由於畢氏定理很早就為人所熟知，所以其推導的方法非常多樣，至今已有上百種不同的證明方法，以下我們採用三角形相似的性質，證明畢氏定理。

定理 1 畢氏定理

在直角三角形 ABC 中，若 $\angle ACB$ 為直角，則

$$\overline{BC}^2+\overline{AC}^2=\overline{AB}^2。$$

證明： 令 $a=\overline{BC}$、$b=\overline{AC}$ 和 $c=\overline{AB}$，我們必須說明 $a^2+b^2=c^2$。

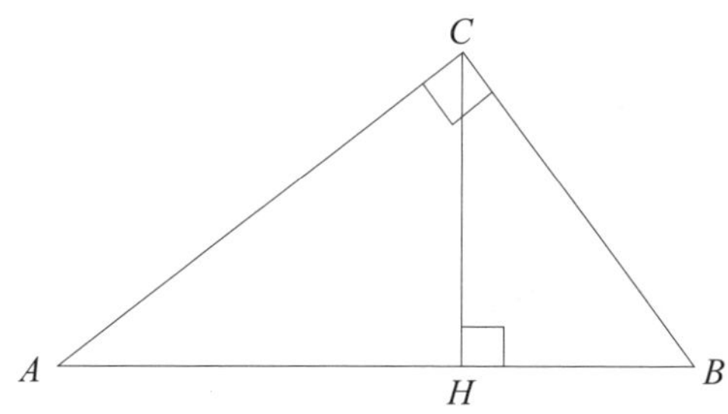

先由 C 點作 $\overline{AB}$ 的垂線，並交 $\overline{AB}$ 於 H 點。在 $\triangle ABC$ 與 $\triangle ACH$ 中，因為 $\angle CAB = \angle HAC$ 為共用角，且 $\angle ACB = \angle AHC = 90°$，所以由 AA 相似性質，可推得 $\triangle ABC \sim \triangle ACH$，因此 $\frac{\overline{AC}}{\overline{AH}} = \frac{\overline{AB}}{\overline{AC}}$，亦即 $\frac{b}{\overline{AH}} = \frac{c}{b}$，也就是

$b^2 = c \times \overline{AH} \cdots ①$

同樣地，在 $\triangle ABC$ 與 $\triangle CBH$ 中，因為 $\angle ABC = \angle CBH$ 為共用角，且 $\angle ACB = \angle CHB = 90°$，所以由 AA 相似性質，可推得 $\triangle ABC \sim \triangle CBH$，因此 $\frac{\overline{BC}}{\overline{BH}} = \frac{\overline{AB}}{\overline{CB}}$，亦即 $\frac{a}{\overline{BH}} = \frac{c}{a}$，也就是

$a^2 = c \times \overline{BH} \cdots ②$

將①與②兩式相加，得到

$a^2 + b^2 = c \times (\overline{AH} + \overline{BH}) = c \times \overline{AB} = c^2$

即為所求。

從畢氏定理所衍生出來的提問，就是構成直角三角形三個邊的長度是否可以是正整數？又有多少個直角三角形滿足如此的特性？這個問題等價於求滿足 $a^2 + b^2 = c^2$ 的正整數對 (a, b, c)，我們稱這樣的正整數對為畢氏數，以下為若干常見的畢氏數：

(a, b, c)	$a^2 + b^2 = c^2$
(3, 4, 5)	$3^2 + 4^2 = 5^2$
(5, 12, 13)	$5^2 + 12^2 = 13^2$
(7, 24, 25)	$7^2 + 24^2 = 25^2$

從例 9 的敘述，得知畢氏數有無限多組，該例題也提供了建構畢氏數的方法。

2. 三角形的重心

要探討平面多邊形圖形的性質，我們可以先透過切割的方式，分成若干個三角形來處理，以簡化相關的問題。因此，了解三角形的基本特性，是研究多邊形圖形的基礎。

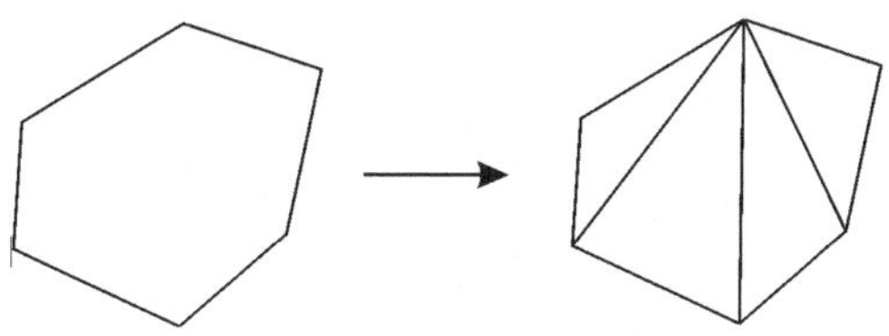

以下我們將利用三角形全等或相似的性質，推導出三角形的相關定理。

在一個三角形中，頂點至對邊中點的連線稱為該三角形的中線。

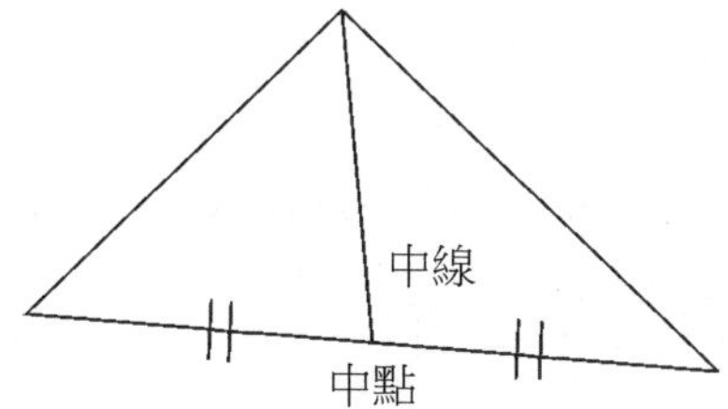

顯然每個三角形皆有三條中線，且任兩條中線都會相交，實際上，這三條中線會交於一點，該點就稱為三角形的重心。

定理 2

三角形的三條中線必交於一點。

證明： 在$\triangle ABC$中，令D和E分別為$\overline{BC}$和$\overline{AC}$之中點，連接兩中線$\overline{AD}$與$\overline{BE}$，並假設其交於G點，連接$\overline{CG}$並延長交$\overline{AB}$於F點。

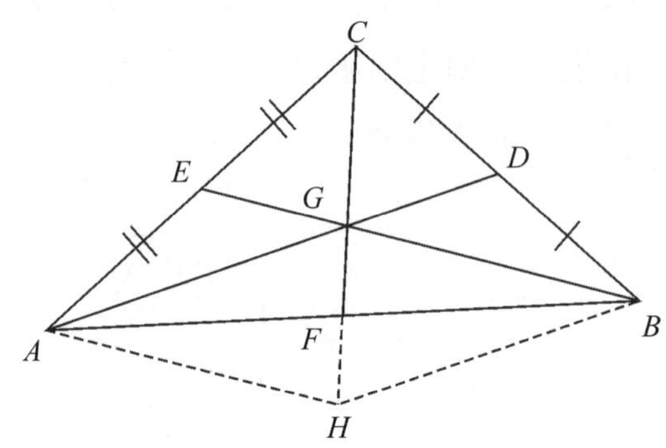

我們必須說明$\overline{AF}=\overline{FB}$，亦即$\overline{CF}$為第三條中線。延長$\overline{CF}$至一點$H$，使得$\overline{CG}=\overline{GH}$，並連接$\overline{AH}$和$\overline{BH}$。在$\triangle CEG$和$\triangle CAH$中，由於$\angle ECG=\angle ACH$為共用角，且$\dfrac{\overline{CE}}{\overline{CA}}=\dfrac{1}{2}=\dfrac{\overline{CG}}{\overline{CH}}$，所以由$SAS$相似性質，我們得到$\triangle CEG\sim\triangle CAH$，因此

$\dfrac{\overline{EG}}{\overline{AH}}=\dfrac{\overline{CE}}{\overline{CA}}=\dfrac{1}{2}\cdots$①

且$\angle CEG=\angle CAH$。由於$\angle CEG$和$\angle CAH$為$\overline{EG}$和$\overline{AH}$的同位角，所以$\overline{EG}/\!/\overline{AH}$，亦即

$\overline{GB}/\!/\overline{AH}\cdots$②

相同的方式也可證明$\triangle CGD\sim\triangle CHB$，因此

$\dfrac{\overline{GD}}{\overline{HB}}=\dfrac{1}{2}\cdots$③

而且

$\overline{AG}/\!/\overline{HB}\cdots$④

②和④說明四邊形 $GAHB$ 為平行四邊形，所以其對角線相互平分（習題 5），因此 $\overline{AF}=\overline{FB}$，即 F 為 $\overline{AB}$ 之中點而 $\overline{CF}$ 為△ABC 之中線，以上證明了三條中線交於一點 G。

在定理 2 的圖中，由四邊形 $GAHB$ 為平行四邊形的性質，可得知 $\overline{AH}=\overline{GB}$ 且 $\overline{AG}=\overline{HB}$（習題 5），再加上①和③式可推得 $\dfrac{\overline{BG}}{\overline{GE}}=\dfrac{\overline{AG}}{\overline{GD}}=2$，同樣的方式可說明 $\dfrac{\overline{CG}}{\overline{GF}}=2$，所以我們得到以下的推論：

$$\overline{AG}:\overline{GD}=\overline{BG}:\overline{GE}=\overline{CG}:\overline{GF}=2:1$$

這是三角形重心的重要性質，我們常利用這個性質進行計算與應用。

習題

1. 請判斷下列敘述的真偽。若敘述為真，請給出證明；若敘述為假，請提供反例。

   (1)對於所有的實數 x 和 y，$x^2+y^2 \leq (x+y)^2$ 恆成立。

   (2)對於所有大於 2 的正整數 n，n^3-1 皆不為質數。

   (3)若 x 為實數且 $x^2>1$，則 $x>1$。

   (4)若 a、b 和 c 皆為正數，則 $a^2+b^2+c^2 \geq a+b+c$。

2. 證明任意連續三個正整數的乘積皆為 6 的倍數。

3. 證明對於每個正整數 n，$1^2+2^2+\cdots+n^2=\dfrac{n(n+1)(2n+1)}{6}$ 恆成立。

4. (1)證明有理數相加或相乘仍為有理數，且非零有理數的倒數亦是有理數。

   (2)舉例說明(1)的性質對無理數不成立。

(3)證明任意兩個不同的有理數之間，必存在一個有理數。

(4)證明任意兩個不同的有理數之間，必存在一個無理數。

5. 證明平行四邊形的對邊等長且對角線相互平分。

6. $\triangle ABC$ 中，若 D、E 和 F 分別為 $\overline{BC}$、$\overline{CA}$ 和 $\overline{AB}$ 的中點，而 G 為 $\triangle ABC$ 的重心，證明

$a\triangle AFG = a\triangle BFG = a\triangle BDG = a\triangle CDG = a\triangle CEG = a\triangle AEG = \frac{1}{6}a\triangle ABC$（註：$a\triangle AFG$ 代表 $\triangle AFG$ 的面積，以此類推。）

7. 證明若 a、b、c、d 皆為實數且 $b>0$、$d>0$、$\frac{a}{b}<\frac{c}{d}$，則

$\frac{a}{b}<\frac{a+c}{b+d}<\frac{c}{d}$。

8. 證明任意連續三個正整數的立方和皆為 9 的倍數。

第 11 章 幾何圖形

【教學目標】

- 能了解平面幾何的直線、角、多邊形定義與所建立之整個嚴密關連性
- 能了解空間幾何形體涉及之各種形體如長方體、正方體、柱體、錐體、正多面體、圓柱、圓錐、球體相關之形狀、定義及性質
- 能了解、推導平面各幾何圖形與空間形體相關之長度、面積、體積定理與公式
- 能使用平面與空間幾何學相關的定理與公式來解決實際的問題

11.1　平面圖形與其對應的度量

11.1.1　點、線、面

一、點

點是一個位置，沒有長、寬、面積或體積。

二、線

1. 直線

直線是空間裡一個點 A 向點 B 的方向及其反方向運動所經過的所有點所成的點集合，以 $\overleftrightarrow{AB}$ 表示。

2. 射線

射線是空間中一個點 A 向點 B 方向運動所經過的所有點所成的點集合，以 $\overrightarrow{AB}$ 表示。

3. 線段

線段是直線L上相異兩點A、B所形成的射線$\overrightarrow{AB}$和射線$\overrightarrow{BA}$的交集所成的點集合，以$\overline{AB}$表示。直線、射線、線段在平面上表徵方式如下圖：

直線	射線	線段
←——→	•——→	•——•

三、面

1. 平面

平面是一直線沿此直線以外任意方向和其反方向一直延展所掃出來的所有點所成的點集合。平面是向四面八方無限延伸出去的。

2. 邊與半平面

平面上任意一直線L將平面分成三個點集合，除直線L本身稱為該平面的分界邊外，其餘的兩個開放區域稱為以L為邊的半平面。

11.1.2 曲線及其度量

平面上某一點在無固定方向任意運動所經過的所有點所成的點集合稱為曲線。

曲線又分為封閉曲線與非封閉曲線：

1. 封閉曲線

若一曲線其起點與其終點重疊時，稱為封閉曲線。若一封閉曲線除起點與終點外，無任何其他相異兩點重合，則稱此曲線為簡單封閉曲線；若一封閉曲線除起點與終點外，還有其他重合的點，則稱此曲線為非簡單封閉曲線。

2. 非封閉曲線

若一曲線的起點與終點未重疊，則稱此曲線為非封閉曲線。

3. 曲線的度量

曲線的長度是將該曲線拉直成為線段後所測得的長度。

簡單封閉曲線	非簡單封閉曲線	非封閉曲線
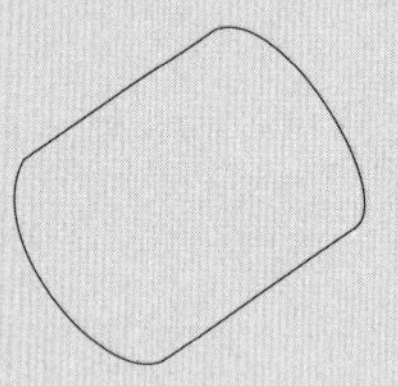	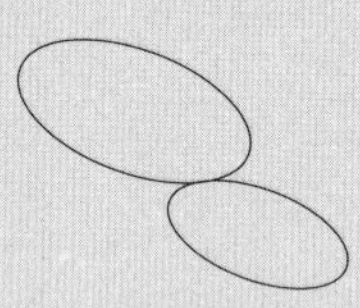	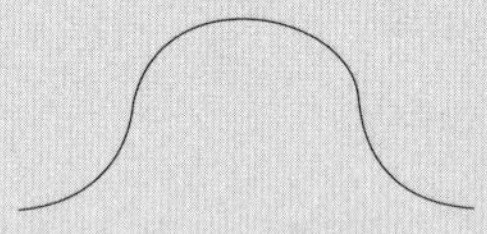

11.1.3 角

角是共用一個端點 O 的相異兩射線 $\overrightarrow{OA}$、$\overrightarrow{OB}$ 上所有點所形成的點集合，以 $\angle AOB$ 或 $\angle BOA$ 表示，其中 $\overrightarrow{OA}$ 與 $\overrightarrow{OB}$ 稱為 $\angle AOB$ 的邊，點 O 稱為 $\angle AOB$ 的頂點。

若 $\angle AOB$ 之邊 $\overrightarrow{OA}$、$\overrightarrow{OB}$ 上各有一異於點 O 之點 P、Q，點 R 在 $\overline{PQ}$ 上且 $P \neq R$、$Q \neq R$，則稱 R 為 $\angle AOB$ 內部的點；$\angle AOB$ 所有內部點的集合成為 $\angle AOB$ 之內部。

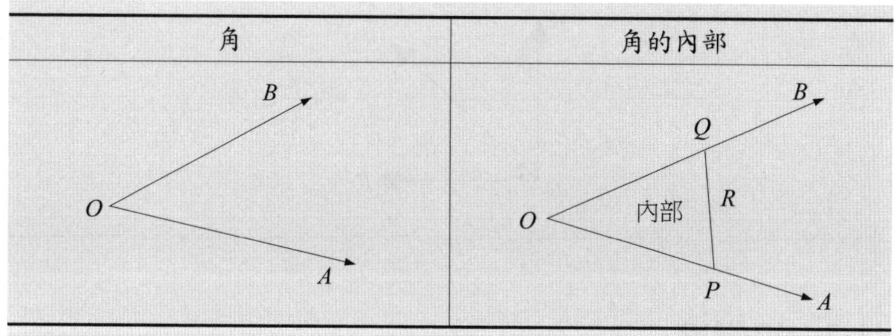

11.1.4 角的度量

角度常用的測量單位為「度」，「1 度」是指將一圓之圓周等分成 360 份，相鄰兩等分點與圓心連接而成的角度稱為 1 度，記作 $1°$。

A、O、B 在同一直線上，且 O 介於 A、B 之間，則稱 $\overrightarrow{OA}$ 與 $\overrightarrow{OB}$ 為相反射線，若 D 為直線 $\overleftrightarrow{AB}$ 外一點，稱 $\angle AOD$ 與 $\angle DOB$ 互為補角，簡稱互補，兩角互為補角時，其角度之和為 $180°$。

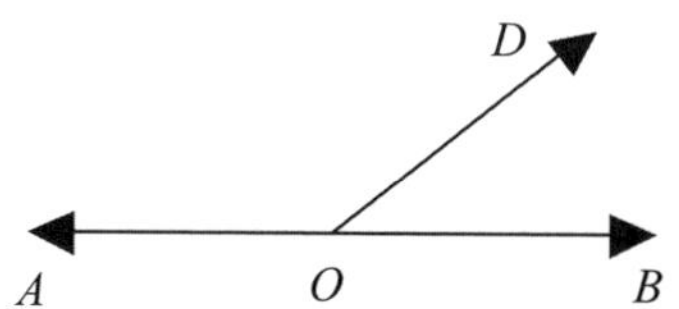

若 $\overrightarrow{OA}$ 與 $\overrightarrow{OB}$ 垂直於點 O，D 為 $\angle AOB$ 內部一點，稱 $\angle AOD$ 與 $\angle DOB$ 互為餘角，簡稱互餘；兩角互為餘角時，其角度之和為 $90°$。

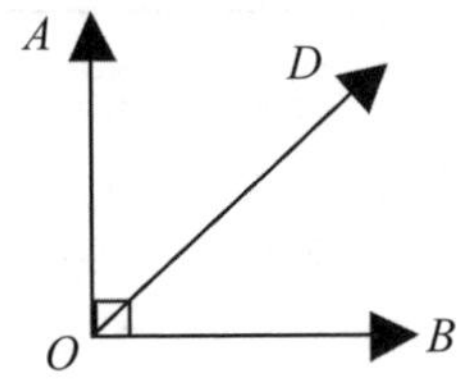

11.2 平行線

在同一平面上，直線 T 分別與直線 L、M 相交於不同兩點，T 叫作 L 與 M 的截線，如下圖，各角的關係敘述如下：

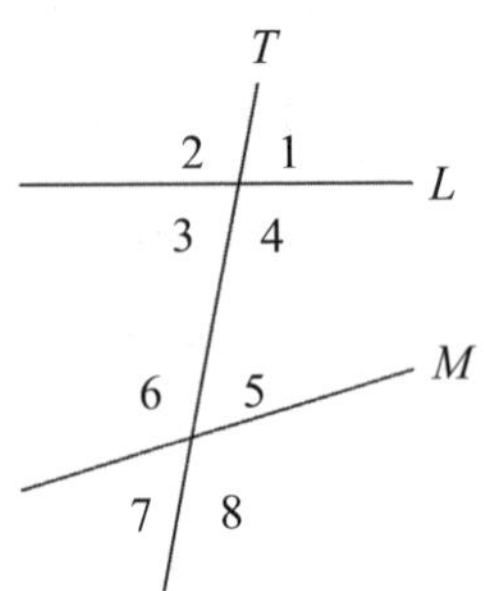

(1) 同位角：$\angle 1$ 和 $\angle 5$、$\angle 2$ 和 $\angle 6$、$\angle 3$ 和 $\angle 7$、$\angle 4$ 和 $\angle 8$ 各組互為同位角。

(2) 同側內角：$\angle 4$ 和 $\angle 5$、$\angle 3$ 和 $\angle 6$ 各組互為同側內角。

(3) 同側外角：$\angle 1$ 和 $\angle 8$、$\angle 2$ 和 $\angle 7$ 各組互為同側外角。

(4) 內錯角：$\angle 3$ 和 $\angle 5$、$\angle 4$ 和 $\angle 6$ 各組互為內錯角。

例 1　已知兩相異直線 $\overleftrightarrow{AB}$ 和 $\overleftrightarrow{CD}$ 交於一點 O，試證明此兩線所交成的對頂角相等。

證明： 設$\overleftrightarrow{AB}$、$\overleftrightarrow{CD}$交於O，如圖中$\angle 1$、$\angle 2$ 為對頂角，又$\angle 1+\angle 3=180°=\angle 2+\angle 3$，$\therefore \angle 1=\angle 2$。
同理$\angle 3=\angle 4$。

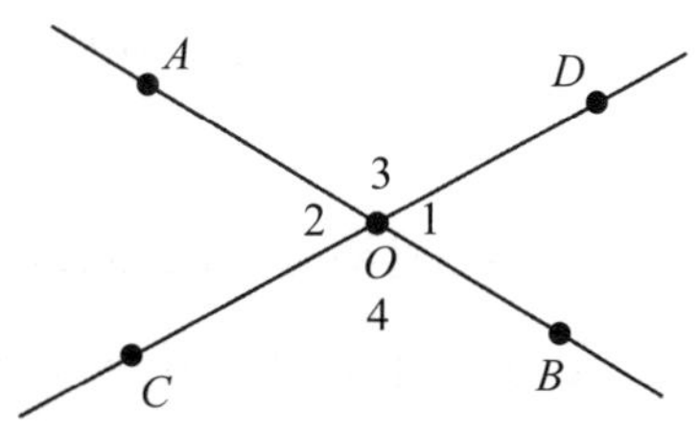

在同一平面上相異兩直線L、M，如果永遠不相交，則稱此兩直線互相平行，記為$L//M$。因此，若兩平行線L、M被另一直線所截，如下圖，則有下列性質：

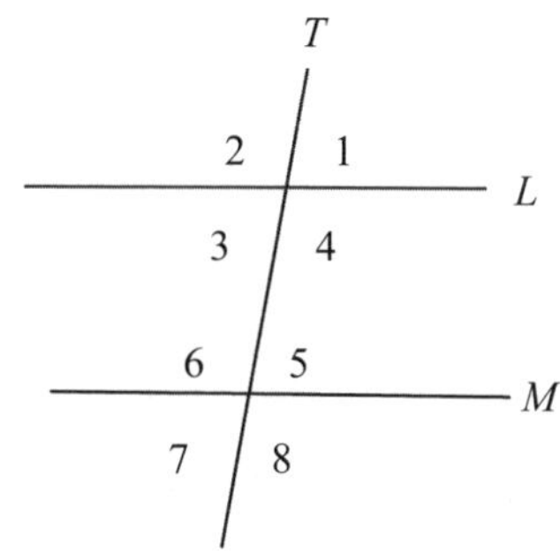

(1) 同位角相等，亦即$\angle 1=\angle 5$、$\angle 2=\angle 6$、$\angle 3=\angle 7$、$\angle 4=\angle 8$。

(2) 同側內角互補，亦即$\angle 4+\angle 5=180°$、$\angle 3+\angle 6=180°$。

(3) 同側外角互補，亦即$\angle 1+\angle 8=180°$、$\angle 2+\angle 7=180°$。

(4) 內錯角相等，亦即$\angle 4=\angle 6$、$\angle 3=\angle 5$。

上述四個性質亦可用來判斷兩直線是否平行，若兩相異直線L、M被直線T所截，且滿足其中任一性質，則$L//M$。

11.3 平面多邊形的介紹

11.3.1 封閉多邊形與多邊形區域

若平面上有A_1、A_2、A_3、A_4、…、A_n等n個相異點且任意三點不共線，則$\overline{A_1A_2}\cup\overline{A_2A_3}\cup\overline{A_3A_4}\cup\cdots\cup\overline{A_nA_1}$稱為此$n$邊形的周界，$n$邊形的周界及其內部所有點所成的集合稱為一個$n$多邊形區域。

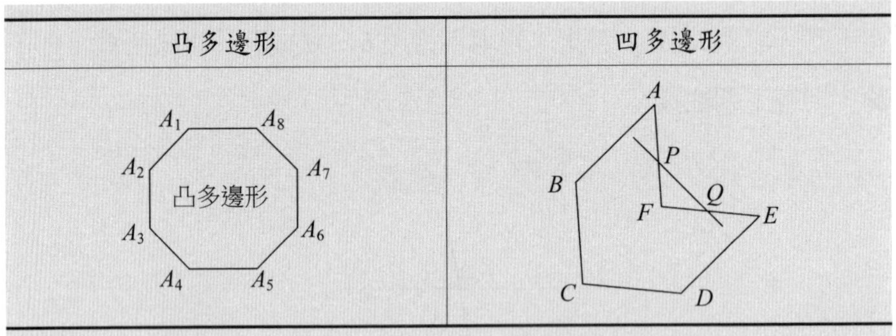

若平面上一n多邊形區域內任意兩點的連線段恆在此n多邊形區域內，則稱此n多邊形為凸n多邊形；若n多邊形區域內存在兩點其連線段不完全在此n多邊形區域內，則稱此n多邊形為凹n多邊形；一般我們將凸多邊形簡稱為多邊形。多邊形內，不相鄰兩個頂點連接所成的線段，稱為此多邊形的一條對角線；共有同一頂點的兩邊所決定的角稱為此多邊形的一個內角；若n多邊形的各邊等長且各內角相等時，則稱之為一個正n邊形。

當兩個圖形可以將其中之一移動或翻轉或旋轉使這兩個圖形之頂點與對應頂點間、邊與對應邊之間、角與對應角相互對應的部分處處疊合時，稱此兩圖形為全等圖形。

11.3.2　多邊形的平移、旋轉與鏡射

如果兩個平面圖形經過平移、旋轉或鏡射（翻轉）可以完全重疊在一起，它們就是兩個形狀大小都相同的圖形，我們稱它們是兩個全等圖形。茲將三種幾何運動分述如下：

1. 平移（Translation）

平面上，一個圖形的每一個點都延同一方向移動相同距離稱之為平移。

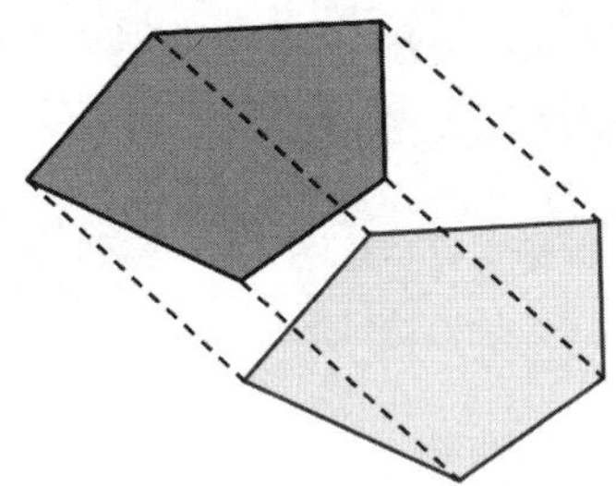

2. 旋轉（Rotation）

平面上，一個圖形的每一點都依某固定點 O，順時針（或逆時針）轉動同一個角度稱之為旋轉，此時 O 點稱為旋轉中心。

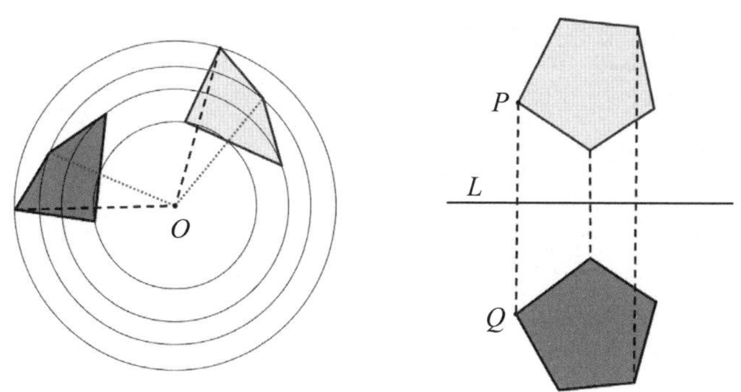

3. 鏡射（Reflection）

平面上兩點P、Q，若$\overline{PQ}$被直線L垂直平分，則稱Q點為P點對直線L的對稱點。畫出一個平面圖形對直線L的所有對稱點稱之為鏡射，此時直線L稱為對稱軸。

透過鏡射，我們可以判斷一平面圖形是否具備下列特性：

(1) 線對稱圖形：若一個圖形延著某一條直線對摺後，直線兩側的圖形完全疊合在一起，則稱此圖形為一線對稱圖形，而摺線稱為這個圖形的對稱軸（如右下圖）。

(2) 點對稱圖形：若一個圖形延著直線L對摺，再沿著垂直直線L的另一直線M對摺後，圖形完全疊合在一起，則稱此圖形為點對稱圖形，而直線L與M的交點稱為這個圖形的點對稱中心（如左下圖及右下圖）。

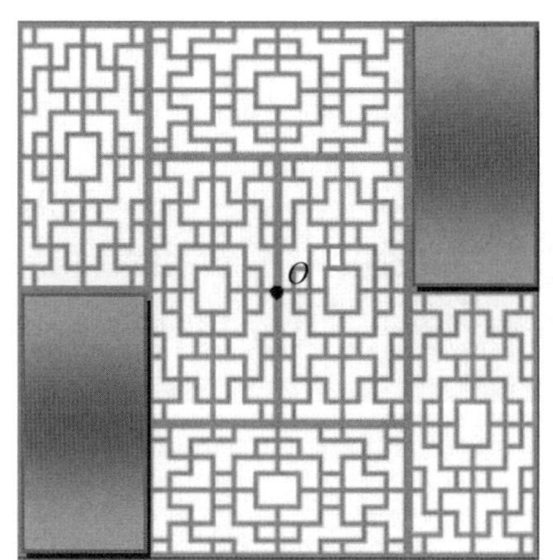

11.4 三角形與四邊形

11.4.1 三角形

如果一個多邊形有三個邊，則稱為三角形。三角形可依它們的角度來加以分類：(1)最大角為直角的三角形，稱為直角三角形；(2)所有角都是銳角的三角形，稱為銳角三角形；(3)最大角為鈍角的三角形，稱為鈍角三角形。

若依其邊長的關係分類：(1)若任兩邊皆不等長，則稱為不等邊三角形；(2)有兩邊等長的三角形，稱為等腰三角形；(3)三個邊皆等長的三角形，稱為等邊三角形，也可稱作正三角形或等角三角形。

三角形的邊、角有如下的關係：

性質 1

$\triangle ABC$ 中，(1)內角大者所對邊大，內角小者所對邊小；(2)邊大者所對角大，邊小者所對角小。

性質 2

三角形△ABC中任兩邊之和大於第三邊。

性質 3

關於兩個三角形之間，亦有下列的「樞紐性質」：若兩個三角形之對應的兩鄰邊相等，則夾角大者所對的邊大、夾角小者所對的邊小。

若兩個三角形中，三個對應角相等且三個對應邊相等，稱這兩個三角形全等，以「≅」表示。判斷兩個三角形全等的性質如下，其中A表示「角（Angle）」、S表示「邊（Side）」：

性質 1：SSS

若兩個三角形之三邊對應相等，則此兩三角形全等，以SSS表示。

性質 2：SAS

若兩個三角形兩對應邊及其夾角對應相等，則此兩三角形全等，以SAS表示。

性質 3：ASA

若兩個三角形兩對應角及其夾邊對應相等，則此兩三角形全等，以ASA表示。

性質 4：AAS

若兩個三角形兩對應角及前兩者其中一角之對邊對應相等，則此兩三角形全等，以AAS表示。

性質 5：*RHS*

若兩個直角三角形斜邊與一股對應相等，則此兩三角形全等，以*RHS*表示（其中*R*表示直角，*H*表示斜邊）。

1. **外心**

三角形三邊中垂線的交點稱為外心，一般以*O*來表示。外心*O*到三角形三個頂點的距離相等。中垂線是過一線段中點且垂直此線段的直線，又稱垂直平分線。

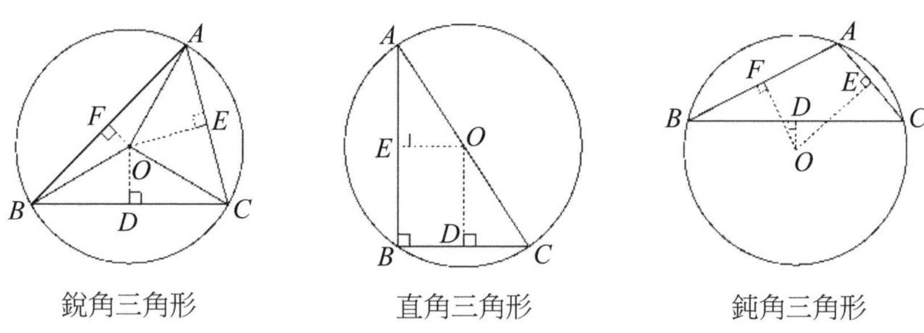

銳角三角形 直角三角形 鈍角三角形

2. **內心**

三角形三內角平分線的交點稱為內心，一般以*I*來表示。內心*I*到三角形三邊的垂直距離相等。角平分線為將一角分為兩相等角的直線，又稱分角線。

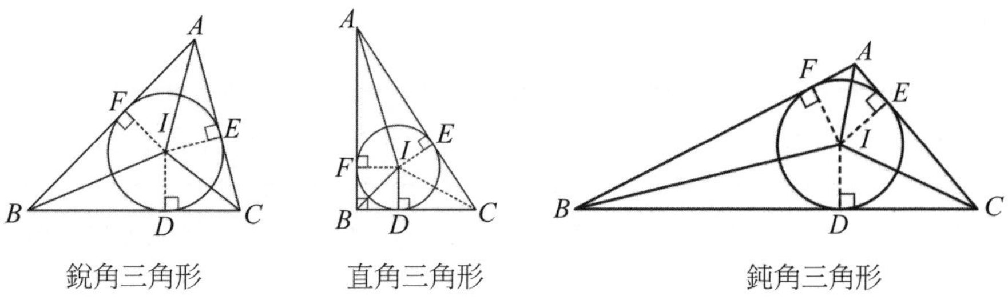

銳角三角形 直角三角形 鈍角三角形

3. 重心

三角形三中線的交點稱為重心，一般以 G 來表示。重心 G 到一頂點的距離等於它到對邊中點的兩倍。中線為三角形頂點到對邊中點的連線。

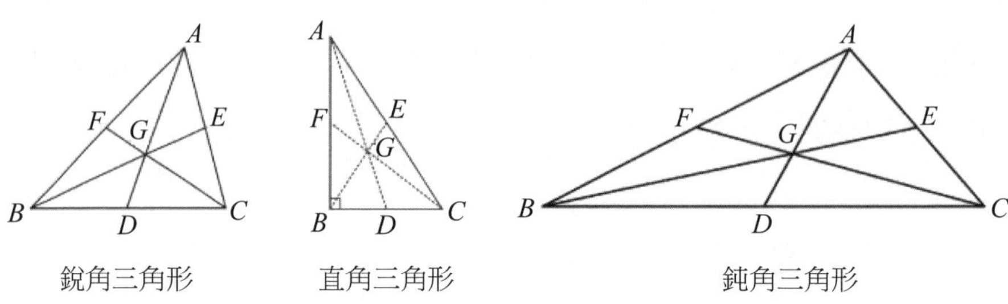

鋭角三角形　　直角三角形　　鈍角三角形

4. 垂心

三角形三高的交點稱為垂心，一般以 H 來表示。

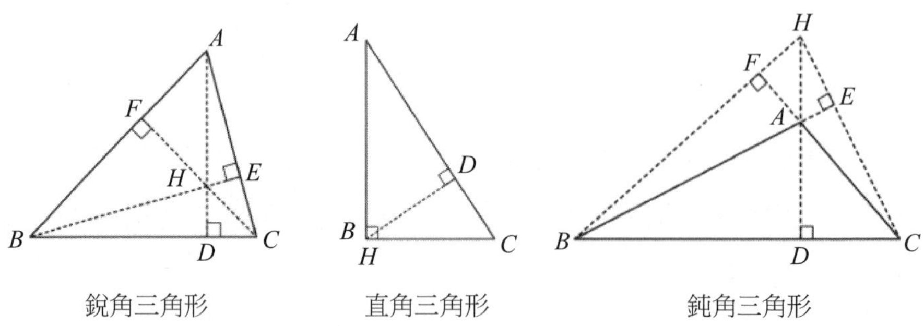

鋭角三角形　　直角三角形　　鈍角三角形

例 2　線段 $\overline{AB}$ 之中垂線上各點到線段 $\overline{AB}$ 的兩端點等距離。

證明：　已知點 O 為 $\overline{AB}$ 的中點，$\overline{OC}$ 為 $\overline{AB}$ 的中垂線，P 是 $\overleftrightarrow{OC}$ 上任一

點，在$\triangle AOP$和$\triangle BOP$中，

$\because \overline{OP}=\overline{OP}$，$\overline{AO}=\overline{OB}$，

$\angle AOP=\angle BOP=90^\circ$

$\triangle AOP\cong\triangle BOP\ (SAS)$，$\therefore \overline{AP}=\overline{PB}$

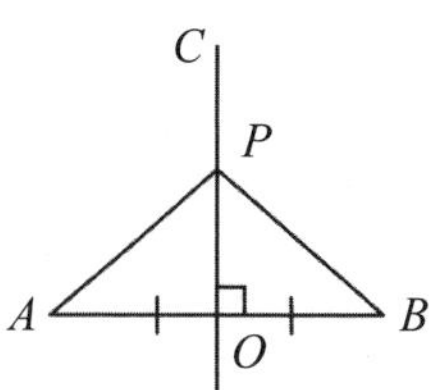

例 3　到線段$\overline{AB}$兩端點等距的所有點必在$\overline{AB}$中垂線上。

證明：　在平面上一點P且$\overline{PA}=\overline{PB}$，連接點$P$與$\overline{AB}$中點$C$。

$\because \overline{PA}=\overline{PB}$（已 知）、$\overline{PC}=\overline{PC}$（共用）、$\overline{AC}=\overline{BC}$（中點）

$\Rightarrow \triangle PAC\cong\triangle PBC$，即$\angle PCA=\angle PCB=90^\circ$，$\overline{PC}\perp\overline{AB}$

故P在$\overline{AB}$的中垂線上。

例 4　若$\triangle ABC$兩邊$\overline{AB}$、$\overline{AC}$之中點的連線段為$\overline{PQ}$，則$\overline{PQ}/\!/\overline{BC}$且$\overline{PQ}=\dfrac{\overline{BC}}{2}$。

證明：　(1)在$\overrightarrow{PQ}$上取一點R，使$\overline{PQ}=\overline{RQ}$（$P\neq R$），連$\overline{CR}$。

(2)$\because \overline{AQ}=\overline{CQ}$（中點）、$\overline{PQ}=\overline{RQ}$（已知）、

$\angle AQP=\angle CQR$（對頂角），

$\therefore \triangle AQP\cong\triangle CQR$，

可得$\overline{BP}=\overline{AP}=\overline{CR}$，

$\angle QAP=\angle QCR$

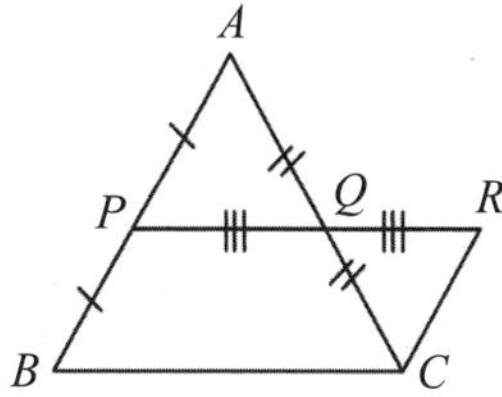

(3)$\because \angle QAP=\angle QCR \Rightarrow \overline{AB} // \overline{CR}$，

又$\overline{BP}=\overline{CR}$

$\therefore$四邊形$BPRC$為平行四邊形，故$\overline{PQ} // \overline{BC}$，

且$\overline{PR}=\overline{BC}$，又$\overline{PQ}=\overline{RQ}$，$\therefore 2\overline{PQ}=\overline{BC}$，即$\overline{PQ}=\dfrac{\overline{BC}}{2}$。

一圖形經縮放後與另一圖形全等，則稱此兩圖形相似。在三角形中，若兩個三角形的三個對應角相等，或對應邊成比例，則這兩個三角形相似，以「～」表示。判斷兩個三角形相似的性質如下：

性質 1：AA

若兩個三角形之對應角相等，則此兩三角形相似，以AA表示。

性質 2：SSS

若兩個三角形之三對應邊成比例，則此兩三角形相似，以SSS表示。

性質 3：SAS

若兩個三角形有一組對應角相等且夾此對應角的兩邊成比例，則此兩三角形相似，以SAS表示。

例 5　(1)直角$\triangle ABC$中，$\angle BAC=90°$，A點在$\overline{BC}$的垂足為D，則$\overline{AB}^2=\overline{BD}\cdot\overline{BC}$；$\overline{AC}^2=\overline{CD}\cdot\overline{BC}$。

(2)試利用(1)的結果，證明畢氏定理，即$\overline{BC}^2=\overline{AB}^2+\overline{AC}^2$。

A
B
D
C

證明： (1)$\because \triangle ABD \sim \triangle CBA$，$\therefore \overline{AB}:\overline{BD}=\overline{BC}:\overline{AB}$，即$\overline{AB}^2=\overline{BD}\cdot\overline{BC}$

同理$\triangle ADC \sim \triangle BAC$，$\therefore \overline{CD}:\overline{AC}=\overline{AC}:\overline{BC}$，即$\overline{AC}^2=\overline{CD}\cdot\overline{BC}$

(2)$\because \overline{AB}^2=\overline{BD}\cdot\overline{BC}$且$\overline{AC}^2=\overline{CD}\cdot\overline{BC}$

$\therefore \overline{AB}^2+\overline{AC}^2=(\overline{BD}+\overline{DC})\cdot\overline{BC}=\overline{BC}^2$

例 6　三角形$\triangle ABC$中已知$\overline{AB}=\overline{AC}=12$，$D$為$\overline{AC}$上一點且$\overline{BD}=\overline{BC}=8$，則$\overline{CD}=$？

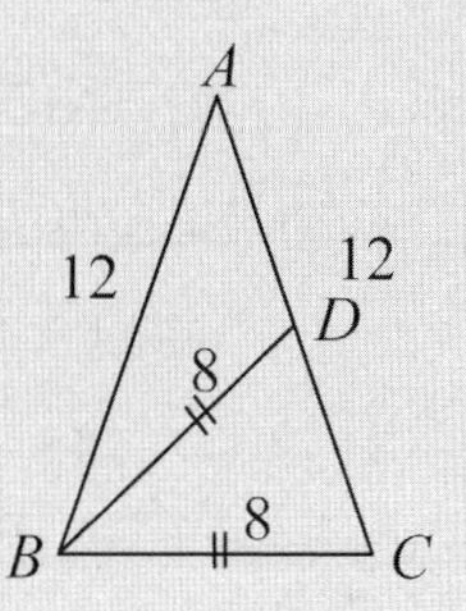

解： $\triangle ABC \sim \triangle BCD$（$AA$性質），$\therefore \overline{AB}:\overline{BC}=\overline{BC}:\overline{CD}$，

$\therefore 12:8=8:\overline{CD}$，$\overline{CD}=\dfrac{64}{12}=\dfrac{16}{3}$

我們可用平行線性質證明三角形外角定理和三角形內角和定理。

例 7　(1)試證明三角形的外角等於其兩內對角之和（三角形外角定理）。

(2)試利用(1)的結果，證明三角形內角和為 180°（三角形內角和定理）。

證明： (1)如圖，已知$\angle ACD$為$\triangle ABC$的一個外角，

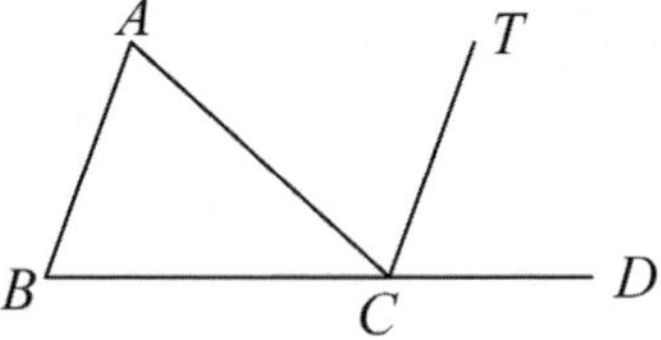

過C作直線$\overleftrightarrow{CT}$使得$\overleftrightarrow{CT} // \overleftrightarrow{AB}$，

$\because \angle A = \angle ACT$（內錯角）…①

又$\angle TCD = \angle B$（同位角）…②

①+②得$\angle ACT + \angle TCD = \angle A + \angle B$

$\angle ACD = \angle ACT + \angle TCD = \angle A + \angle B$，即三角形的外角等於其兩內對角之和。

(2)$\because \angle ACD + \angle ACB = 180°$（平角），又由(1)得$\angle ACD = \angle A + \angle B$

$\Rightarrow \angle A + \angle B + \angle ACB = 180°$，即三角形內角和為 180°。

11.4.2　四邊形

如果一個多邊形有四個邊，則稱此多邊形為四邊形。四邊形可依其邊角關係分為以下各類：

(1) 只有一雙對邊平行的四邊形稱為梯形；若梯形不平行的兩邊等長，稱此梯形為等腰梯形；

(2) 有兩雙對邊互相平行的四邊形稱為平行四邊形；

(3) 四個角均為直角的四邊形稱為矩形；

(4) 四個邊等長的四邊形稱為菱形；

(5) 有兩組鄰邊相等的四邊形稱為箏形，又稱為鳶形；

(6) 鄰邊等長的矩形稱為正方形；

(7) 鄰邊不等長的矩形稱為長方形。

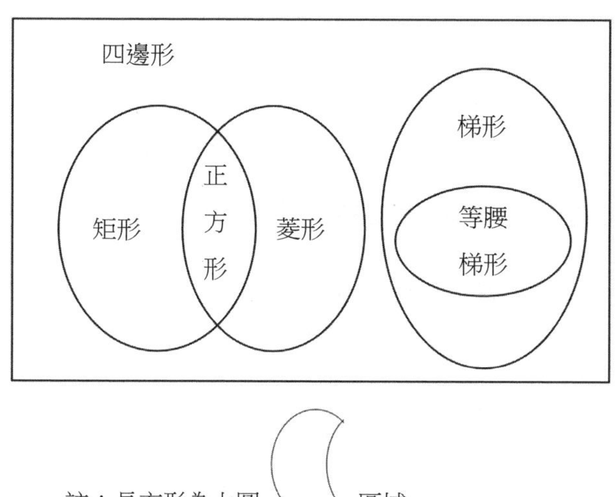

註：長方形為上圖（ ）區域

上述的各類四邊形有以下特性：

(1) 正方形、長方形、等腰梯形的對角線等長。

(2) 正方形、長方形、菱形、平行四邊形的對角線互相平分。

(3) 正方形、箏形、菱形的對角線互相垂直。

(4) 等腰梯形的兩底角相等。

(5) 梯形兩腰之中點連線段平行上下底且其長為上下底之和的一半。

(6) 菱形、平行四邊形的對邊相等且對角相等且對角線互相平分。

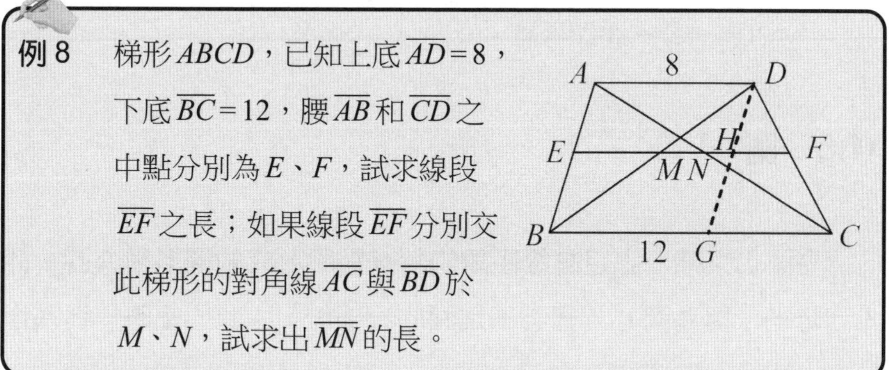

例 8 梯形 $ABCD$，已知上底 $\overline{AD}=8$，下底 $\overline{BC}=12$，腰 $\overline{AB}$ 和 $\overline{CD}$ 之中點分別為 E、F，試求線段 $\overline{EF}$ 之長；如果線段 $\overline{EF}$ 分別交此梯形的對角線 $\overline{AC}$ 與 $\overline{BD}$ 於 M、N，試求出 $\overline{MN}$ 的長。

解： 過D作直線$\overleftrightarrow{DG}$平行於線$\overleftrightarrow{AB}$交線段$\overline{EF}$於H，交底邊$\overline{BC}$於G，則四邊形$ABGD$及四邊形$AEHD$均為平行四邊形，∴$\overline{EH}=\overline{BG}=8$，$\overline{GC}=4$，而線段$\overline{HF}//\overline{GC}$，且$H$、$F$分別為$\triangle DGC$兩腰中點，∴$\overline{HF}=\frac{1}{2}\overline{GC}=\frac{4}{2}=2$；又

$\overline{EF}=\overline{EH}+\overline{HF}=8+2=10$…… ①；$\overline{EM}=\frac{1}{2}\overline{AD}=4$，又$\overline{NF}=\frac{1}{2}\overline{AD}=4$，而

$\overline{MN}=\overline{EF}-\overline{EM}-\overline{NF}=10-4-4=2$

例 9 平行四邊形$ABCD$，過對角線$\overline{AC}$上任一點K，分別作$\overleftrightarrow{MN}$及$\overleftrightarrow{PQ}$兩直線各平行於$\overline{AB}$及$\overline{BC}$，如圖，證明平行四邊形$MKQD$與平行四邊形$PBNK$之面積相等。

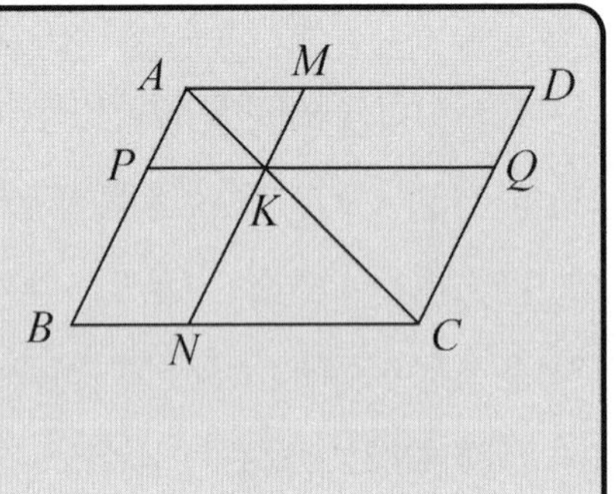

解： ∴$\triangle ABC=\triangle ACD$……①，$\triangle APK=\triangle AMK$……②，

$\triangle KNC=\triangle KCQ$……③

① − ② − ③即得證。

11.5 圓

平面上與某一固定點等距離的所有點所形成的圖形稱為圓。此「固定點」稱為圓心（圓心不是圓的一部份）；此「距離」稱為半

徑；圓把平面區域分成三個部分：圓的內部、圓（周界）和圓的外部；圓和圓的內部合起來稱為圓區域，圓區域的周界是圓周；圓的長度和圓周的長度相同，都簡稱為圓周長。

圓的相關名詞意義說明如下：

(1) 弦：連接圓上任兩相異點所形成的線段稱為弦。

(2) 直徑：通過圓心的弦稱為直徑。

(3) 圓周率：圓周長與直徑之比值稱為圓周率（π），常用的近似值為 3.14。

(4) 圓心角：以圓心為頂點兩半徑為邊所組成的角。

(5) 圓周角：圓上一點和通過此點的兩弦所形成的角。

(6) 弧：一弦會將圓周分為兩個弧，小於半圓的弧稱為劣弧，大於半圓的弧稱為優弧。若沒有特別說明時，我們所稱的弧是指劣弧。弧的度數等於它所對圓心角的度數。

(7) 弓形：圓的一弦和其所對應的一弧所組成的圖形稱為弓形。

(8) 扇形：圓的兩半徑和其所夾之弧所組成的圖形稱為扇形。

(9) 弦心距：圓心到弦的距離。

(10)切線：若一條直線與圓只交於一點（相切），稱此直線為圓的切線，此交點稱為切點。

(11)公切線：同時和兩圓相切的直線稱為此兩圓的公切線。

(12)弦切角：過圓上同一點的弦和切線所夾的角稱為弦切角。

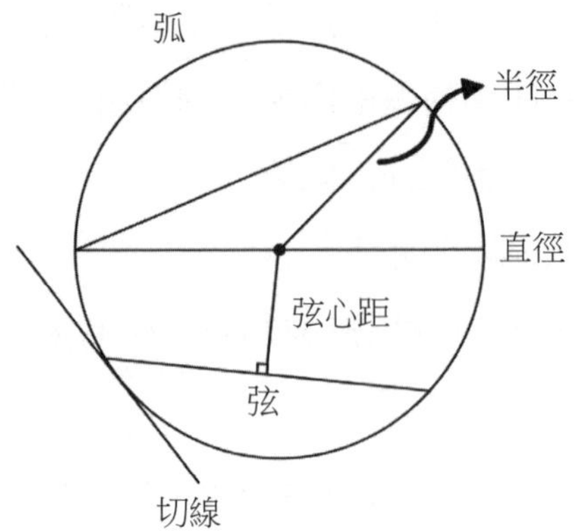

例 10 如右圖，$\angle APB$ 為圓周角，

試證明 $\angle APB=\frac{1}{2}\angle AOB=\frac{1}{2}\overset{\frown}{AB}$。

解： 連接直線 $\overleftrightarrow{PO}$ 令直線 $\overleftrightarrow{PO}$ 交圓周於 Q，

$\because \triangle POA$ 與 $\triangle POB$ 為等腰三角形，

$\therefore \angle 2=\angle 3$，$\angle 5=\angle 6$

又在 $\triangle POA$ 與 $\triangle POB$ 中，

$\because \angle 1=\angle 2+\angle 3$，

$\angle 4=\angle 5+\angle 6$（外角性質）

$\angle 1+\angle 4=\angle 2+\angle 3+\angle 5+\angle 6$

$=2\angle 2+2\angle 5$

$=2(\angle 2+\angle 5)$

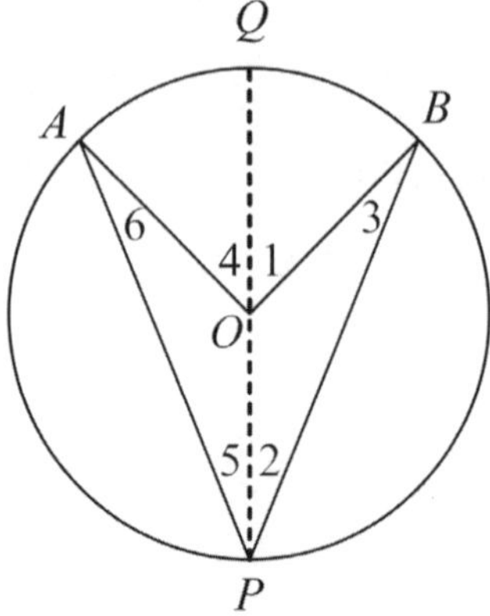

$\therefore \angle AOB = 2\angle APB$，即

$\angle APB = \frac{1}{2}\angle AOB = \frac{1}{2}\overset{\frown}{AB}$

例 11 圓內兩弦$\overline{AB}$與$\overline{CD}$交於圓內一點E，$\angle AEC$稱為圓內角，試證：

(1)$\overline{AE} \times \overline{BE} = \overline{CE} \times \overline{DE}$（圓冪性質）

(2)$\angle AEC = \frac{1}{2}(\overset{\frown}{AC} + \overset{\frown}{BD})$

解： (1)作$\overline{BC}$，則$\triangle AEC \sim \triangle DEB\ (AA)$

$\therefore \overline{AE} : \overline{DE} = \overline{CE} : \overline{BE}$

故$\overline{AE} \times \overline{BE} = \overline{CE} \times \overline{DE}$

(2)$\angle AEC = \angle ABC + \angle BCD$

$= \frac{1}{2}(\overset{\frown}{AC} + \overset{\frown}{BD})$

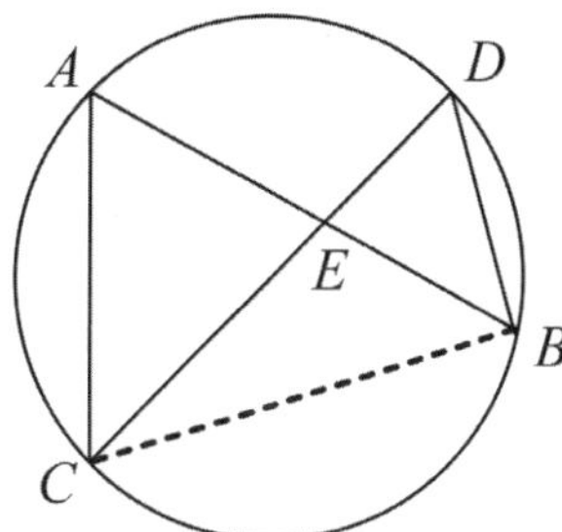

例 12 圓內有兩弦$\overline{AB}$與$\overline{CD}$之延伸線交於圓外一點E，則$\angle AEC$稱為圓外角。試證：

(1)$\overline{EB} \times \overline{EA} = \overline{ED} \times \overline{EC}$（圓冪性質）

(2)$\angle AEC = \frac{1}{2}(\overset{\frown}{AC} - \overset{\frown}{BD})$

證明： (1)作$\overline{AD}$與$\overline{BC}$，則$\triangle EAD \sim \triangle ECB\ (AA)$

$\therefore \overline{EB} : \overline{EC} = \overline{ED} : \overline{EA}$

$\overline{EB} \times \overline{EA} = \overline{ED} \times \overline{EC}$

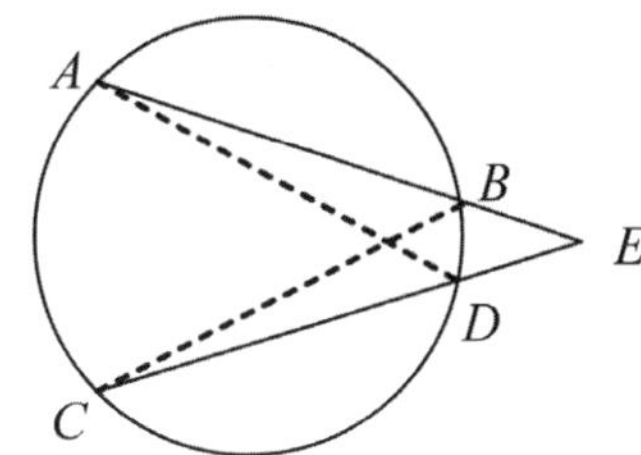

(2) $\angle AEC = \angle ADC - \angle EAD$（外角性質）

$= \frac{1}{2}(\overset{\frown}{AC} - \overset{\frown}{BD})$

例 13 如下圖，已知圓的切線 $\overleftrightarrow{PT}$ 與一弦 $\overline{AT}$ 交於切點 T，試證：$\angle PTA = \frac{1}{2}\angle AOT = \frac{1}{2}\overset{\frown}{AT}$。

證明： $\because \triangle OTA$ 為等腰三角形，$\therefore \angle 1 = \angle 2$

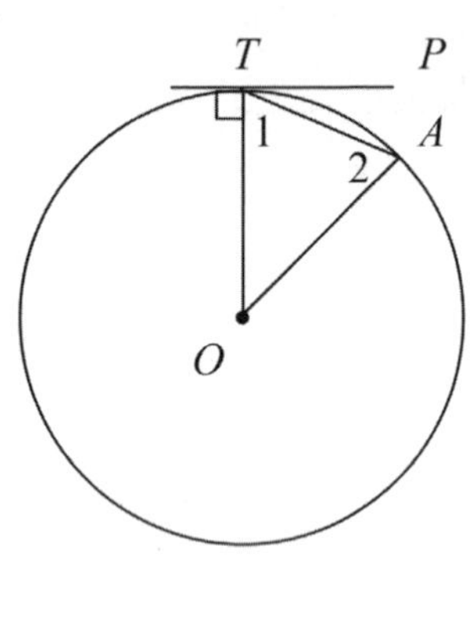

$\angle PTA = 90° - \angle 1$

$= \frac{1}{2} \times 180° - \angle 1$

$= \frac{1}{2} \times (\angle AOT + \angle 1 + \angle 2) - \angle 1$

$= \frac{1}{2}\angle AOT$

$= \frac{1}{2}\overset{\frown}{AT}$

例 14 過圓 O 之外部一點 P 作圓的切線切圓於 T，作圓的割線交圓於 A、B，則 $\overline{PT}^2 = \overline{PA} \times \overline{PB}$。

證明： 如右圖，作 $\overline{TA}$ 與 $\overline{TB}$。

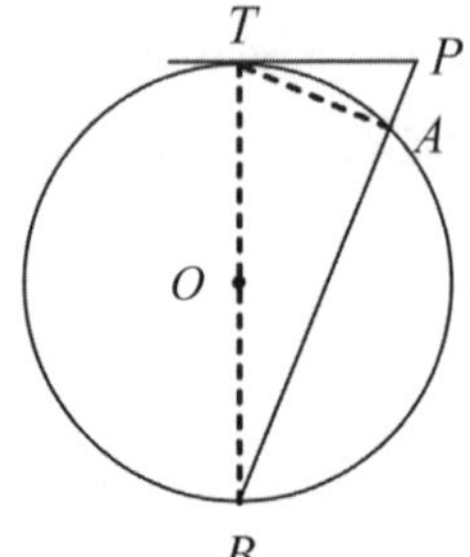

在 $\triangle BPT$ 與 $\triangle TPA$ 中，$\angle PTA = \frac{1}{2}\overset{\frown}{AT} = \angle TBP$

又 $\angle TPA = \angle BPT$，$\therefore \triangle BPT \sim \triangle TPA\ (AA)$

$\therefore \overline{PB}:\overline{PT}=\overline{PT}:\overline{PA}$

$\therefore \overline{PT}^2=\overline{PA}\times\overline{PB}$ 故得證

11.6 空間形體

當形狀具有長度、寬度和高度時，我們說它是三維空間的圖形。實際上，我們所看到的實物，幾乎都是具有這樣三度的立體。前面所談的點、線和面，都是空間中實物的一部份之抽象表徵。本節中以表面及形狀較具規則且有特定表徵的柱體、錐體和球為探討對象，簡要說明這些形體的特性和結構。

11.6.1 多面體

日常生活中的許多物品都具有簡單封閉表面，如盒子、球等皆是。簡單封閉曲面類似於平面上的簡單封閉曲線，它有唯一的內部，它把空間分成三個互斥集合：曲面外部的點、曲面上的點及在曲面內部的點。簡單封閉曲面上所有點和其內部所有點之聯集稱為立體。一些簡單封閉曲面的例子如下圖之(a)、(b)、(c)、(d)、(e)和(f)，(g)和(h)兩圖則非簡單封閉曲面。多面體是由多邊形區域造成的簡單封閉曲面，(a)、(b)、(c)和(d)為多面體之例子，(e)、(f)、(g)和(h)則不是多面體。多面體上之每個多邊形區域是它的面，多邊形區域的頂點即為多面體的頂點，每個多邊形區域的邊即為多面體的邊。

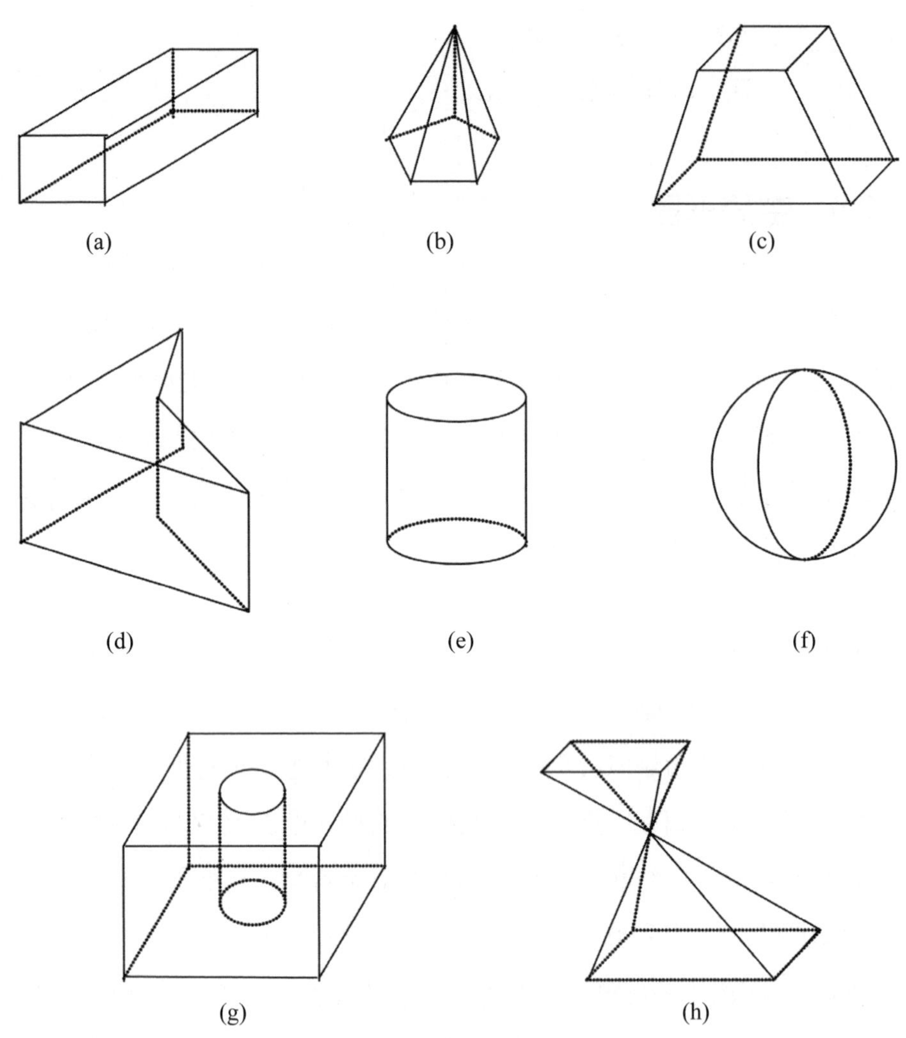

若且唯若一個多面體上任意兩點的連線段都在多面體的內部，則此種多面體稱為凸多面體，否則稱為凹多面體，上圖中之(a)、(b)、(c)所示各圖形皆為凸多面體，而圖(d)則為凹多面體。考慮凸多面體上的面、邊及頂點個數，尤拉（Euler, 1707-1783）發現凸多面體的頂點個數 V，邊的個數 E，面的個數 S 之間有一項關係，這個公式可以寫作：

$$V+S-E=2$$

例 15 試驗證下列各項是否滿足尤拉公式？

(1)三角柱 (2)三角錐 (3)四角柱 (4)四角錐

解：

	V	S	E	$V+S-E$
三角柱	6	5	9	2
三角錐	4	4	6	2
四角柱	8	6	12	2
四角錐	5	5	8	2

所以以上各項皆滿足尤拉公式。

若一個凸多面體的每個面都是全等的正多邊形，且每個頂點都由相同個數的邊相交時，稱此多面體為正多面體。一個正四面體是由 4 個全等的三角形區域所形成；一個正方體是由 6 個全等的正方形區域所形成；正十二面體是由 12 個正五邊形區域所形成。根據學理只有五種正多面體，如下圖。

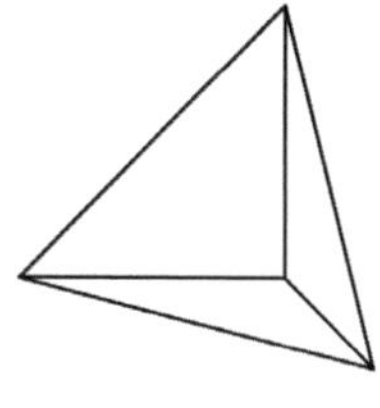
(a)正四面體

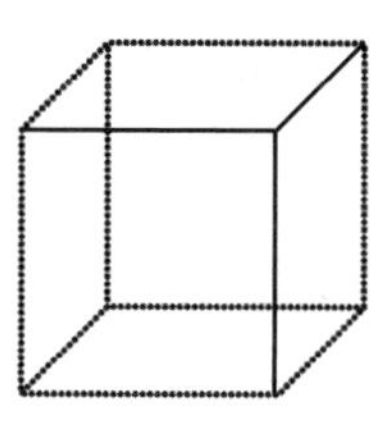
(b)正六面體

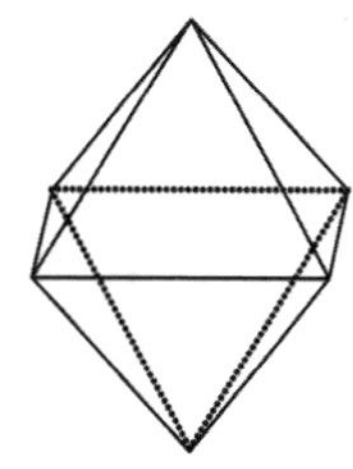
(c)正八面體

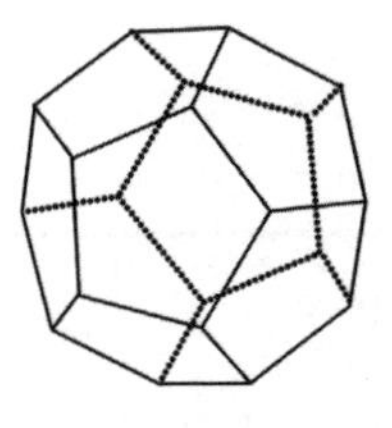

(d)正十二面體

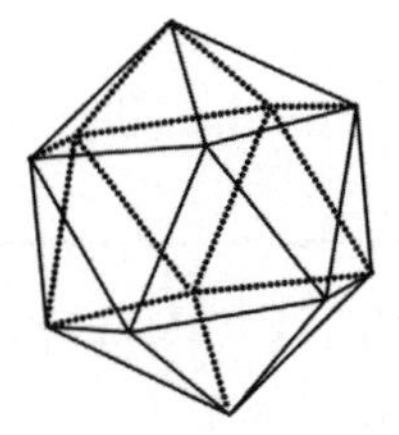

(e)正二十面體

這些正多面體的展開圖如下圖所示。

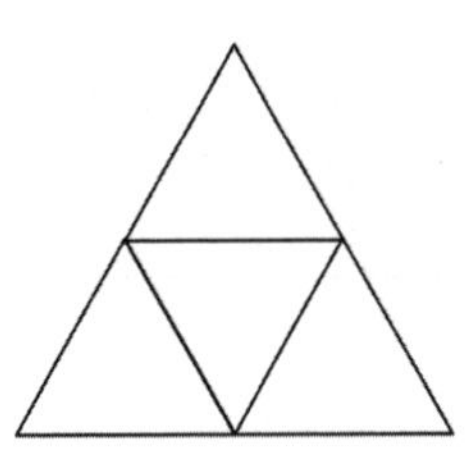

(a)正四面體展開圖

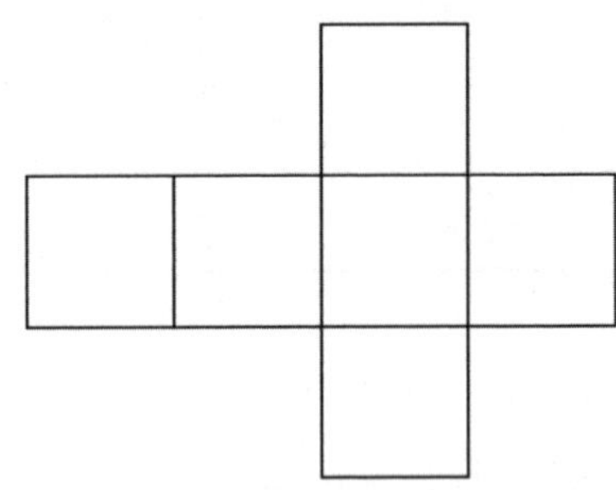

(b)正六面體展開圖

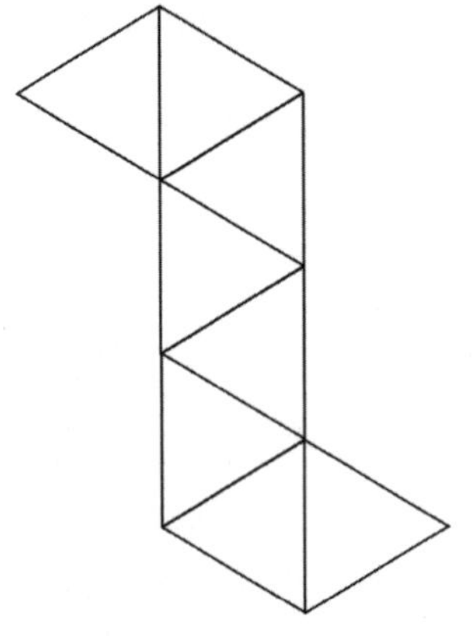

(c)正八面體展開圖

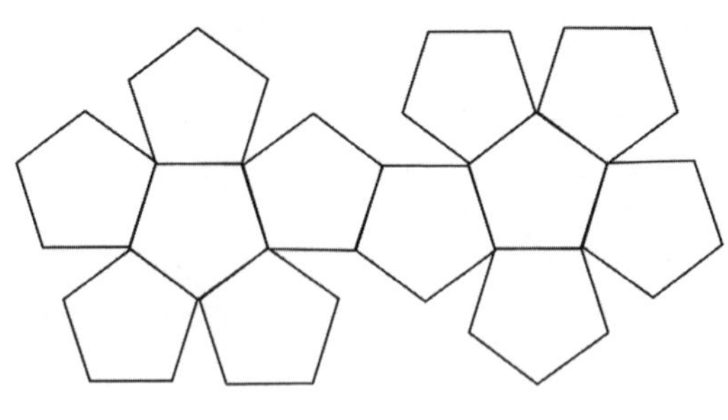

(d)正十二面體展開圖

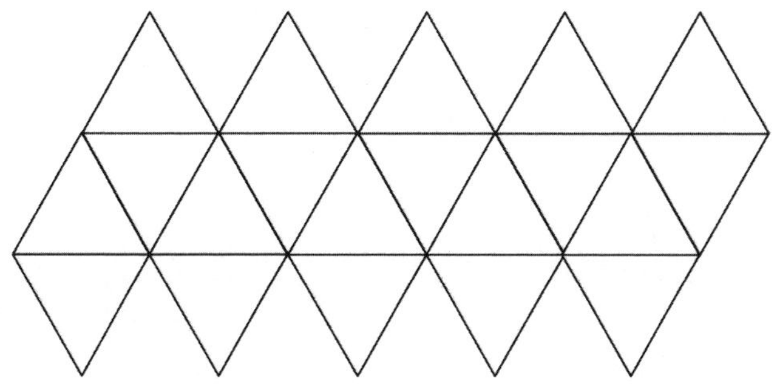

(e)正二十面體展開圖

11.6.2 角柱與角錐

1. 角柱

有一組平行且全等的多邊形區域的面，且側面為平行四邊形，這樣的多面體稱為角柱。兩個全等的多邊形稱為角柱的底，周圍的平行四邊形稱為角柱的側面。角柱一般隨著它的底之形狀加以命名，下圖表示四種不同的角柱。若角柱的側面是長方形，這種角柱稱為直角柱，圖中(a)、(b)和(c)為直角柱，(d)為斜角柱。

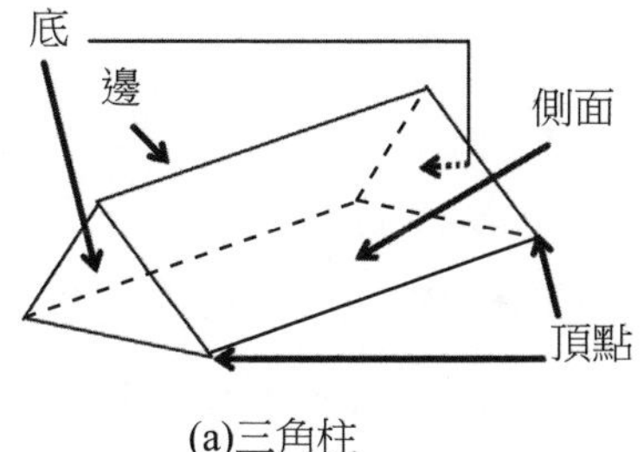

(a)三角柱

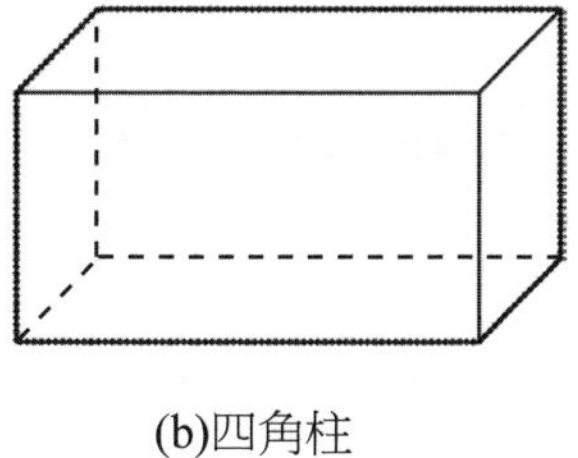

(b)四角柱

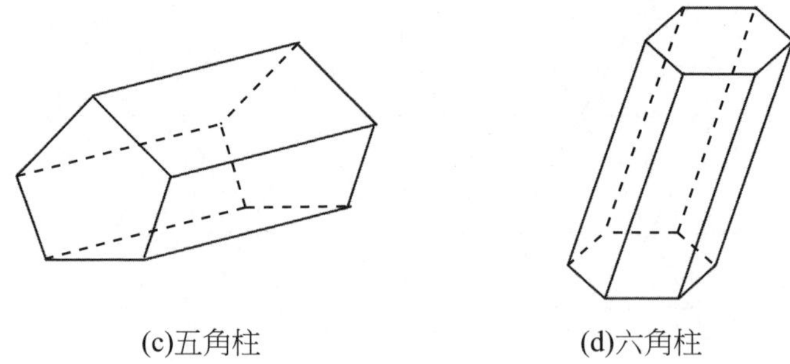

(c)五角柱　　(d)六角柱

2. 角錐

底部是多邊形，而且側面都是三角形，這樣的多面體稱為角錐。底面為三角形，就稱為三角錐；底面為四角形，就稱為四角錐，依此類推。

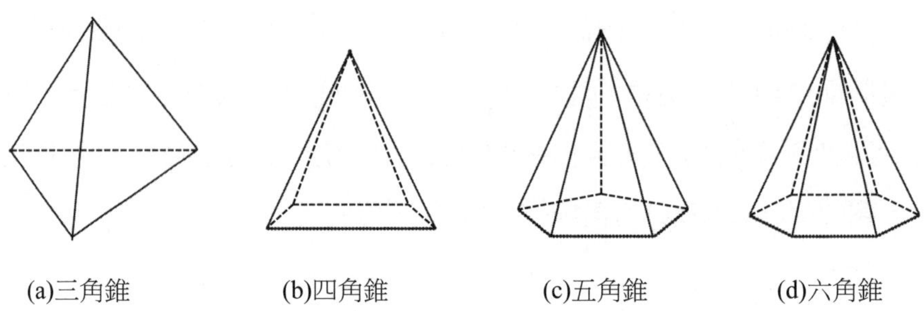

(a)三角錐　　(b)四角錐　　(c)五角錐　　(d)六角錐

11.6.3 圓柱、圓錐和球

上底面和下底面平行，而且是全等的圓，從上到下粗細也都一樣，這樣的形體稱為圓柱。如果將一個平面，靠在側邊，所相貼的直線都垂直於上底面和下底面，則稱為直圓柱。非直圓柱之柱體稱為斜圓柱。

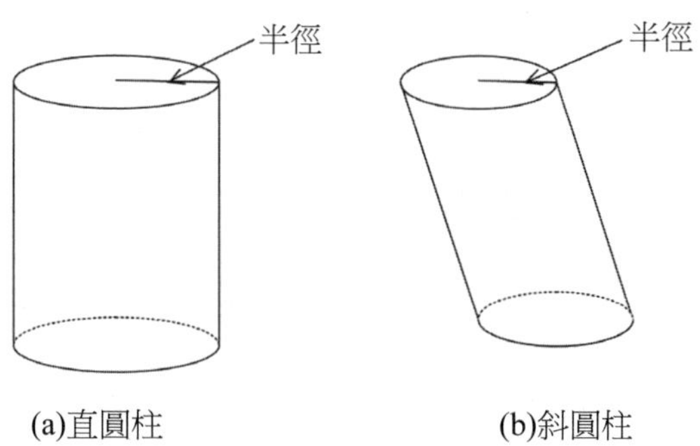

(a)直圓柱 (b)斜圓柱

圓柱的底面半徑叫作圓柱的半徑，圓柱兩底面的距離稱為圓柱的高，圓柱的側面展開則為一長方形，如下圖。

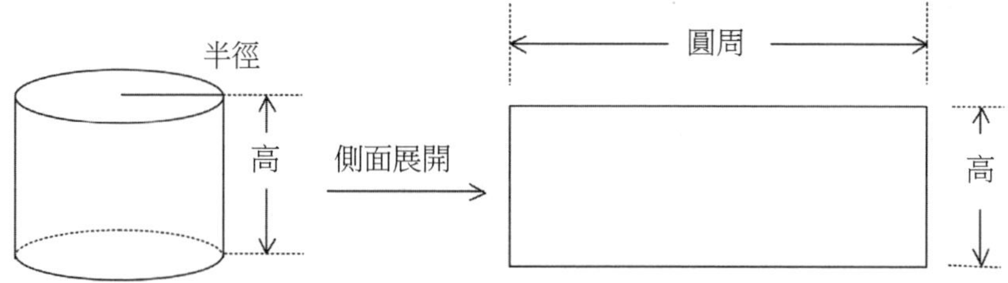

底面是一個圓，從上方頂點沿著側面，都可以用直線連接到底面圓周，這樣的形體稱為圓錐。若頂點與底面圓心的連線垂直於底面，則稱為直圓錐。非直圓錐之錐體稱為斜圓錐。圓錐的底之半徑稱為圓錐之半徑，直圓錐的側面展開則形成一個扇形。

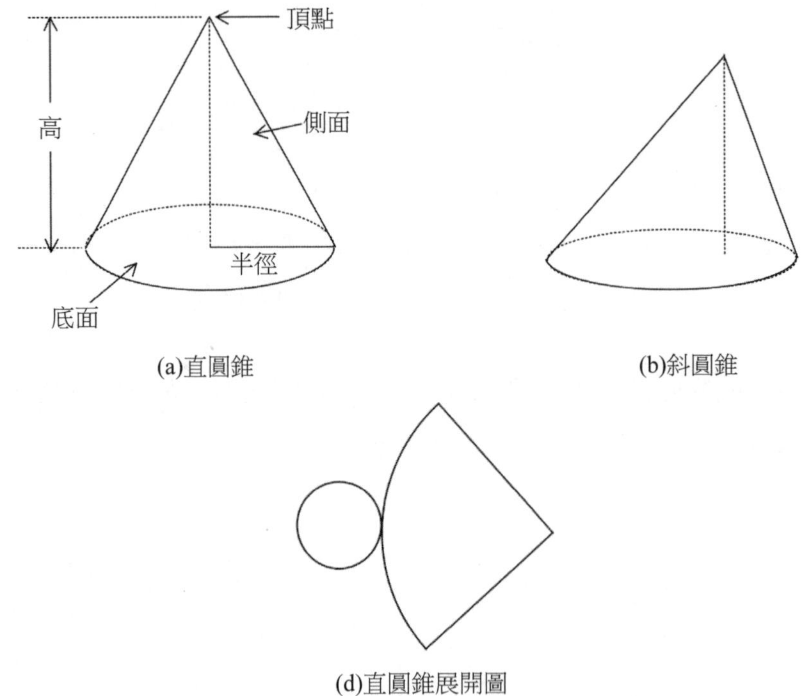

(a)直圓錐

(b)斜圓錐

(d)直圓錐展開圖

在空間中和一個定點等距離的所有點所形成的集合稱為球，此定點稱為球心，球心到球面任一點的連接線段稱為半徑，此線段的長度也稱半徑。過球心連接球面兩點的線段，稱為球的直徑，此線段的長度也稱為直徑。到球心的距離小於此球之半徑的所有點之集合，稱為球之內部；到球心的距離大於此球之半徑的所有點之集合，稱為球之外部。球面與其內部之聯集稱為球體。

在空間中，一個平面與球的關係可能為不相交、交於一點或交於一個圓。當球和平面交於一點時，稱此平面和球相切。下圖為球及其截面圖。

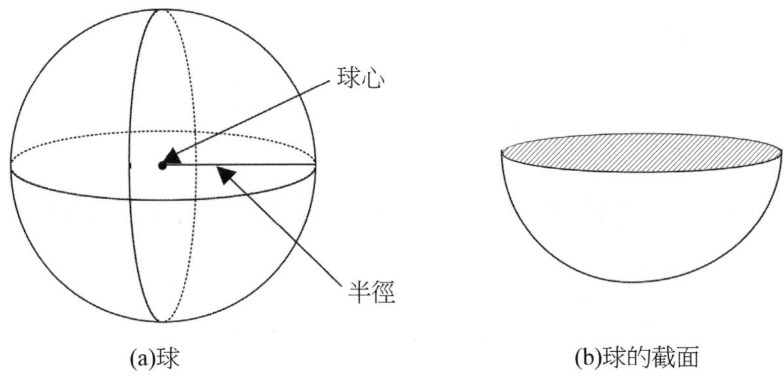

(a)球 (b)球的截面

11.7 面積與體積

平面圖形在二維空間所占的區域大小稱為面積。一般而言，我們會採取下列圖示的方法，來求取特殊四邊形的區域面積。

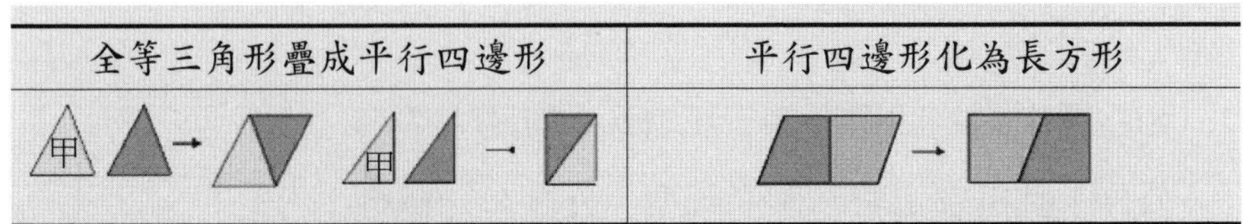

相關公式整理如下：

1.正方形的面積＝邊長×邊長。

2.長方形的面積＝長×寬。

3.平行四邊形的面積＝底×高。

4.三角形的面積＝底×高÷2。

5.梯形的面積＝（上底＋下底）×高÷2。

6.菱形的面積＝兩對角線乘積÷2。

7.圓面積＝半徑×半徑×圓周率。

8.扇形面積＝圓面積×$\frac{圓心角}{360°}$。

註：平行四邊形或梯形之平行的對邊之間的垂直線段長稱為平行四邊形或梯形的高。

物件在三維空間所占的區域大小稱為體積。我們將各形體的體積公式整理如下：

1.柱體體積＝底面積×高。其中，長方體體積＝長×寬×高；正方體體積＝邊長×邊長×邊長。

2.錐體體積＝$\frac{1}{3}$×底面積×高。

3.球體體積＝$\frac{4}{3}$×半徑^3×圓周率。

習題

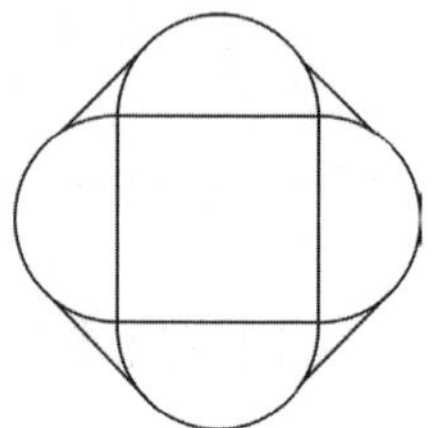

1. 如右圖中間的四邊形為一正方形，其邊長為 4 公分，且每邊上有一個半圓型，外圍有一條橡皮筋緊緊圍著，試求此橡皮筋的長。
2. 正方形 $ABCD$ 中，點 P、Q、R、S 分別在邊 $\overline{AB}$、$\overline{BC}$、$\overline{CD}$ 及 $\overline{DA}$ 上，且 $\overline{PR}\perp\overline{QS}$，試證明 $\overline{PR}=\overline{QS}$。
3. 內角為 135°及 144°之正多邊形之邊數及其對角線數各為何？
4. P 為矩形 $ABCD$ 內部一點 P，若 $\overline{PA}=2$、$\overline{PB}=3$、$\overline{PC}=10$，試求 $\overline{PD}$。

5. 已知$ABCD$為平行四邊形，由頂點A及C分別作$\overline{AP}$及$\overline{CQ}$，垂直其對角線$\overline{BD}$於P及Q，試證明$APCQ$為一平行四邊形。
6. 已知$\triangle ABC$的$\overline{BC}$邊上有一點D，且知$\overline{AD}=\overline{DC}$，試證明$\angle ADB=2\angle ACB$。
7. $\overline{AB}$為圓O的直徑，T為圓周上任意一點，由O作直線$\overleftrightarrow{OS}$垂直於直徑$\overline{AB}$且交弦$\overline{BT}$於點S，若$\angle ASO=60°$，試求$\angle TAB$。
8. (1)28 個邊的角柱是否存在？試說明你的理由。

   (2)35 個邊的角錐是否存在？試說明你的理由。
9. 試用n角柱和n角錐的面數、頂點數、邊數驗證尤拉公式。
10. 正四面體的邊長是 24 公分，試求此正四面體的高。
11. 已知正六面體的邊長為 12 公分，試求它的外接球體積為多少立方公分。

第 12 章

解析幾何

【教學目標】

- 能了解弧度制的意義並能熟悉六十分制與弧度制之間的轉換
- 能利用弧度度量計算扇形的面積、弧長與周長
- 能理解並使用圓的方程式其中包含圓的一般式與標準式
- 能判斷圓和已知直線的三種關係並加以應用
- 能了解圓的切線與切點之意義並能從實際條件中計算圓的切線與切點

12.1 扇形的弧長與面積

本節將介紹角的度量單位，並利用弧度的度量單位，計算扇形的弧長與面積。

12.1.1 角的度量

為了說明角度的大小，必須使用度量單位，常見的度量單位有兩種：

1. 六十分制（度度量）

   我們將圓周分為 360 等分，每一等分所對的圓心角稱為一度，以 $1°$ 表示之。若再將 $1°$分為 60 等分，則每一等分所對的圓心角稱為一分，以 $1'$表示之，亦即 $1°=60'$。我們若將 $1'$再分為 60 等分，則每一等分所對的圓心角稱為一秒，以 $1''$表示之，亦即 $1'=60''$。

2. 弧度制（弳度量）

   在圓周上取一弧長等於此圓的半徑長，則此弧所對的圓心角稱為一

弧度或一弳（radian）。如下圖，當 PQ 弧長等於半徑長時，$\angle POQ = 1$ 弳，其中單位弳可省略，亦即 $\angle POQ = 1$。

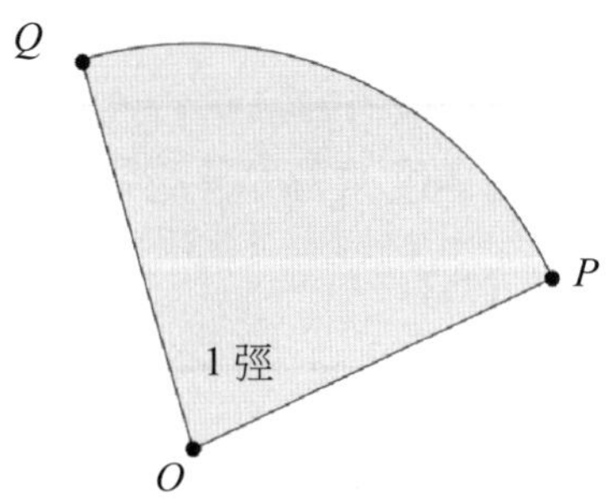

接著我們介紹六十分制與弧度制之間的換算。假設一圓的半徑為 r，根據弧度度量的定義可得

$$1\text{ 周角} = \frac{\text{圓周長}}{\text{半徑}} = \frac{2\pi r}{r} = 2\pi$$

亦即 1 周角 $= 2\pi$（弧度）；若「1 周角」以六十分制度量表示時為 $360°$，由弧度制度量時為 2π，因此我們可以得到下列的關係式：

$$2\pi = 360°\text{、}\pi = 180°\text{。}$$

換句話說

$$1° = \frac{\pi}{180}\text{（弧度）、}1\text{（弧度）} = \left(\frac{180}{\pi}\right)^{\circ}\text{。}$$

例 1　試將下列六十分制的角度改為弧度制：

(1)$120°$　(2)$270°$　(3)$\pi°$

解： 因為 $1° = \frac{\pi}{180}$，所以 $120° = 120 \times 1° = 120 \times \frac{\pi}{180} = \frac{2}{3}\pi$。

同理 $270° = 270 \times 1° = 270 \times \frac{\pi}{180} = \frac{3}{2}\pi$。

又 $\pi° = \pi \times 1° = \pi \times \frac{\pi}{180} = \frac{\pi^2}{180}$。

例 2　試將下列弧度制的角度改為六十分制：

(1)$\frac{7}{4}\pi$　(2)$\frac{5}{3}\pi$　(3)3

解： 因為 $\pi = 180°$，所以 $\frac{7}{4}\pi = \frac{7}{4} \times 180° = 315°$。

同理 $\frac{5}{3}\pi = \frac{5}{3} \times 180° = 300°$。

又 $3 = 3 \times 1$（弧度）$= 3 \times \left(\frac{180}{\pi}\right)^{\circ} = \left(\frac{540}{\pi}\right)^{\circ}$。

12.2.2　扇形的弧長與面積

接著我們將以弳度量來計算扇形的弧長與面積，這將有別於利用度度量來求取扇形的弧長與面積。

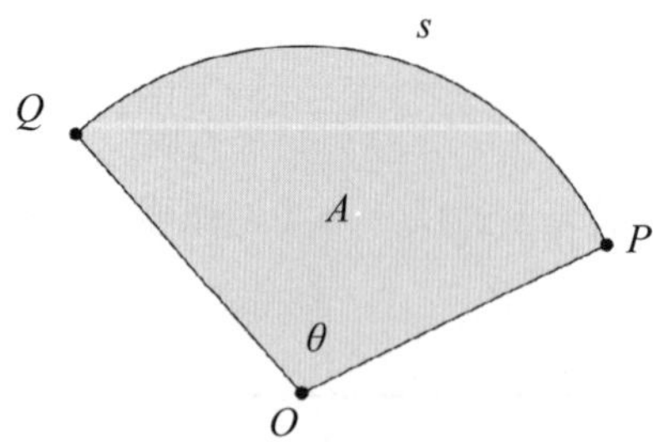

如上圖，在半徑為 r 的圓中，若弧長 s 所對的圓心角為 θ 弧度，利用比例概念可得 $\frac{r}{1} = \frac{s}{\theta}$，亦即 $s = r\theta$。此外，若扇形區域面積為 A，圓心角為 θ，則 $\frac{\pi r^2}{2\pi} = \frac{A}{\theta}$，亦即 $A = \frac{1}{2}r^2\theta$。綜合上述，可得下列關係：

(1) 扇形的弧長為 $s=r\theta$

(2) 扇形的面積為 $A=\frac{1}{2}r^2\theta=\frac{1}{2}rs$

(3) 扇形的周長為 $s+2r=r(\theta+2)$

例 3 設一圓的半徑為 5 公分，圓心角 120°，試求扇形的弧長、面積與周長。

解： 若要使用上述關係式，必須先把 120°改為弧度制。根據例 1 可知 $120°=\frac{2}{3}\pi$，所以扇形的弧長為 $s=r\theta=5\times\frac{2}{3}\pi=\frac{10}{3}\pi$（公分）；

扇形的面積為 $A=\frac{1}{2}r^2\theta=\frac{1}{2}\times 5^2\times\frac{2}{3}\pi=\frac{25}{3}\pi$（平方公分）；

扇形的周長為 $s+2r=\frac{10}{3}\pi+10$（公分）。

例 4 設一圓的半徑為 5 公分，圓心角 2，試求扇形的弧長、面積與周長。

解： 因為圓心角 2 弧度，所以可以直接使用上述關係式。

因此扇形的弧長為 $s=r\theta=5\times 2=10$（公分）；

扇形的面積為 $A=\frac{1}{2}r^2\theta=\frac{1}{2}\times 5^2\times 2=25$（平方公分）；

扇形的周長為 $s+2r=10+10=20$（公分）。

例 5 設一扇形周長為 8 公分，則此扇形面積的最大值為何？

解　假設扇形所對圓心角為 θ 且半徑為 r，則 $r\theta+2r=8$，亦即 $r\theta=8-2r$。

又扇形面積

$A=\frac{1}{2}r^2\theta=\frac{1}{2}r(8-2r)=-r^2+4r=-(r-2)^2+4\le 4$。

故扇形面積之最大值為 4 平方公分。

12.2　圓

在日常生活中隨處可見圓的形象，本節將給出圓在直角坐標系上的方程式。

12.2.1　圓方程式

直線方程式，我們通常以 L 來命名，例如直線 L_1 或直線 L_2。對於圓，我們習慣以 C 來命名。在直角坐標平面上，如圖，假設圓 C 以點 $A(2,-1)$為圓心，半徑為 4。此時，若點 $P(x,y)$在圓 C 上，則 $\overline{PA}=4$；亦即 $\sqrt{(x-2)^2+(y+1)^2}=4$。

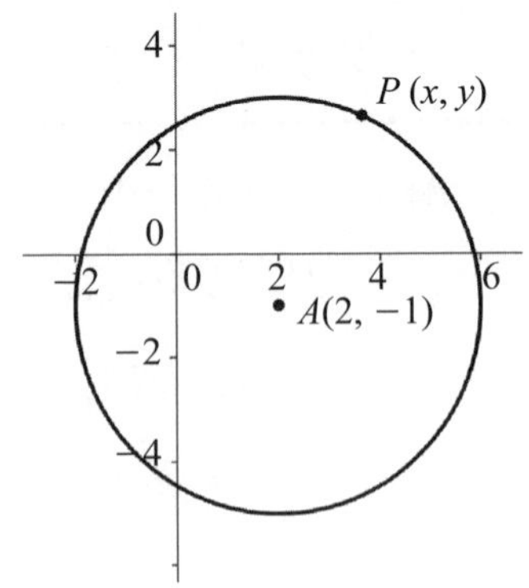

因此，圓 C 的方程式可寫成：

$$C:(x-2)^2+(y+1)^2=16$$

在直角坐標平面上，以點(h, k)為圓心且半徑為 r $(r>0)$的圓，其方程式為：

$$(x-h)^2+(y-k)^2=r^2$$

我們將上式稱為圓的標準式。

例 6 (1)在直角坐標平面上，以點$(-3, 4)$為圓心，半徑為 6 的圓方程式為何？

(2)在直角坐標平面上，圓 C：$(x-2)^2+(y-3)^2=25$，試求圓 C 的圓心及半徑。

解： (1)方程式為$[x-(-3)]^2+(y-4)^2=6^2$，即

$(x+3)^2+(y-4)^2=36$。

(2)方程式$(x-2)^2+(y-3)^2=25$，故圓心為$(2, 3)$，半徑為 $\sqrt{25}=5$。

如果我們將例 6 的圓方程式 C：$(x-2)^2+(y-3)^2=25$ 乘開，可整理成 $x^2+y^2-4x-6y-12=0$，稱為圓的一般式。

因此，我們可將圓的標準式 C：$(x-h)^2+(y-k)^2=r^2$ 改成圓的一般式，亦即 C：$x^2+y^2+dx+ey+f=0$ 的形式。

例 7 試判斷下列方程式在直角坐標平面上的圖形各為何：

(1)$x^2+y^2-2x-4y+1=0$

(2)$x^2+y^2-2x-4y+5=0$

(3)$x^2+y^2-2x-4y+8=0$

解： (1)利用配方法將原式化為$(x-1)^2+(y-2)^2=4$，故此圖形為圓。（以$(1, 2)$為圓心、半徑為 2 的圓。）

(2)原方程式配方後成為$(x-1)^2+(y-2)^2=0$，此方程式有唯一實數解$(x, y)=(1, 2)$，故此圖形為一點，即點$(1, 2)$。

(3)經配方後，原方程式為$(x-1)^2+(y+2)^2=-3$，此方程式沒有實數解，故此圖形不存在。

由例 7 可知，形如$x^2+y^2+dx+ey+f=0$的方程式，我們可透過配方法將方程式化為$(x+\frac{d}{2})^2+(y+\frac{e}{2})^2=\frac{d^2+e^2-4f}{4}$的形式。假設$\Delta=d^2+e^2-4f$，則我們可由$\Delta$判定圖形：

(1) 當$\Delta>0$時，圖形為圓，圓心在$(-\frac{d}{2},-\frac{e}{2})$且半徑為$\frac{\sqrt{\Delta}}{2}$。

(2) 當$\Delta=0$時，圖形為一點，即點$(-\frac{d}{2},-\frac{e}{2})$。

(3) 當$\Delta<0$時，圖形不存在。

上述的Δ被稱為圓的判別式。

例 8　試求下列圓方程式的圓心與半徑：

(1)$x^2+y^2+4x+6y-3=0$

(2)$2x^2+2y^2+4x-12y+2=0$

解： (1)由一般式可得圓心為$(-\frac{d}{2},-\frac{e}{2})=(-2,-3)$，且其半徑為$\frac{\sqrt{\Delta}}{2}=\frac{\sqrt{4^2+6^2-4\cdot(-3)}}{2}=4$。

(2)將方程式各項除以 2 可得$x^2+y^2+2x-6y+1=0$。

透過配方法可得$(x+1)^2+(y-3)^2=3^2$，故圓心為$(-1,3)$且其半徑為 3。

例 9 設k為實數，若$x^2+y^2+2kx-4y+(3k+8)=0$ 在直角坐標平面上的圖形是一圓，試求k的範圍。

解： 因為該方程式的$\Delta=4\ (k^2-3k-4)>0$，所以可得$k<-1$ 或 $k>4$。

例 10 在直角坐標平面上，設$A(0, 0)$、$B(4, 0)$，則所有滿足 $\overline{PA}=3\overline{PB}$ 的動點P所形成的圖形為何？

解： 設動點$P\ (x, y)$，則$\overline{PA}=3\overline{PB}$，

亦即$\sqrt{x^2+y^2}=3\sqrt{(x-4)^2+y^2}$；兩邊平方可得$x^2+y^2=9\ (x^2+y^2-8x+16)$，經移項整理可得$(x-\frac{9}{2})^2+y^2=\frac{9}{4}$。故動點$P$形成一圓，其圓心為$(\frac{9}{2}, 0)$，半徑為$\frac{3}{2}$。

例 11 試求在直角坐標平面上過點$A(2, -3)$、$B(5, -4)$、$C(1, -6)$三點的圓方程式。

解： 設圓方程式為$x^2+y^2+dx+ey+f=0$，將$A(2, -3)$、$B(5, -4)$、$C(1, -6)$分別代入，整理可得

$$\begin{cases} 2d-3e+f=-13 \\ 5d-4e+f=-41 \\ d-6e+f=-37 \end{cases}$$

其解為$(d, e, f)=(-6, 10, 29)$。

故圓方程式為$x^2+y^2-6x+10y+29=0$。

12.2.2 圓與直線的關係

在平面上，一條直線與一個圓的位置關係有三種：

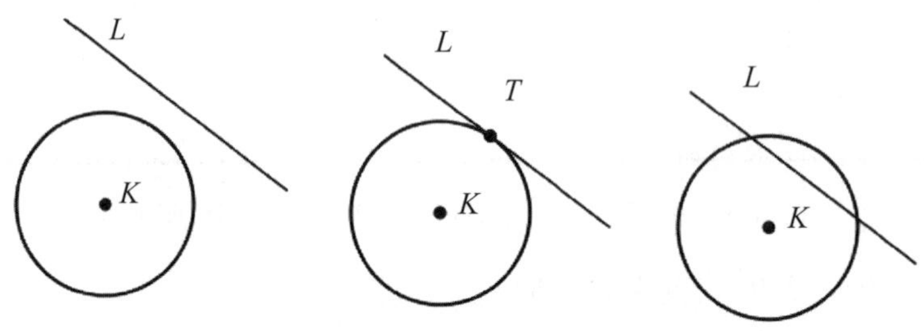

如上圖，假設圓C的圓心為K、半徑為r且$d(K,L)$表示K到L的距離，則$d(K,L)$與r的大小關係有下列三種：

(1) 當$d(K,L)>\mathrm{r}$，則直線L與圓C不相交。

(2) 當$d(K,L)=r$，則直線L與圓C相切，此時直線L稱為圓C的切線，交點T 稱為切點。

(3) 當$d(K,L)<r$，則直線L與圓C相割。

因此，圓與直線的關係有三種可能，即相離（0 交點）、相切（1 交點）、相割（2 交點）。當圓和直線交於一點時，此直線稱為圓的切線，交點稱為切點。若已知圓上一點P，我們可以利用切線與過切點P的半徑互相垂直，來求出過此點P的切線方程式（詳見例 15）。此外，我們亦可利用解聯立方程式來求出切線方程式（詳見例 16）。一般而言，討論圓的切線時，可留意下列事項：

(1) 經圓內一點，沒有切線。

(2) 經圓上一點，恰有一條切線。

(3) 切線與過切點的半徑互相垂直。

例 12 試討論在直角坐標平面上，圓 C：$x^2+y^2-10x+12y+57=0$ 與下列直線的關係：

(1)L_1：$4x+3y+6=0$

(2)L_2：$12x+5y-4=0$

(3)L_3：$5x-12y-25=0$

解： 將圓 C 的方程式改為圓的標準式：$(x-5)^2+(y+6)^2=4$，其圓心為 $K(5,-6)$，半徑為 $r=2$。

(1)$d(K,L_1)=\dfrac{|4\times5+3\times(-6)+6|}{\sqrt{4^2+3^2}}=\dfrac{8}{5}<2$，因此直線 L_1 和圓 C 交兩點，亦即 L_1 為割線。

(2)$d(K,L_2)=\dfrac{|12\times5+5\times(-6)-4|}{\sqrt{12^2+5^2}}=\dfrac{26}{13}=2$，因此直線 L_2 和圓 C 交一點，L_2 為切線。

(3)$d(K,L_3)=\dfrac{|5\times5-12\times(-6)-25|}{\sqrt{5^2+(-12)^2}}=\dfrac{72}{13}>2$，因此直線 L_3 和圓 C 沒有交點。

例 13 在直角坐標平面上，設直線 L：$x-y+k=0$ 與圓 C：$x^2+y^2=2$ 兩者相切，試求 k 值及切點。

解： 圓 C 的圓心為 $K(0, 0)$，半徑為 $r=\sqrt{2}$。因為相切，所以

$d(K, L)=\dfrac{|1\times 0-1\times 0+k|}{\sqrt{1^2+1^2}}=\sqrt{2}$。因此 $k=\pm 2$。

(1)當 $k=2$，將 $y=x+2$ 代入圓 C：$x^2+y^2=2$，可得切點 $(x, y)=(-1, 1)$。

(2)當 $k=-2$，將 $y=x-2$ 代入圓 C：$x^2+y^2=2$，可得切點 $(x, y)=(1, -1)$。

例 14 在直角坐標平面上，設圓 C：$(x-1)^2+(y-1)^2=1$ 與直線 L：$3x-4y+k=0$ 相割，試求實數 k 的範圍。

解： 圓 C 的圓心為 $K(1, 1)$，半徑為 $r=1$。因為圓與直線相割，

所以 $d(K, L)=\dfrac{|3\times 0-4\times 0+k|}{\sqrt{3^2+(-4)^2}}<1$。可得 $|k|<5$，

亦即 $-5<k<5$。

例 15 試求在直角坐標平面上通過圓上一點 $P(-5, -4)$ 且與圓 C：$x^2+y^2=41$ 相切的直線方程式。

解： 因為 P 在圓上，所以半徑 $\overline{KP}$ 的斜率為 $\dfrac{0-(-4)}{0-(-5)}=\dfrac{4}{5}$，故直線 L 的斜率為 $-\dfrac{5}{4}$。因此直線 L 的方程式為 $y+4=-\dfrac{5}{4}(x+5)$，亦即 $5x+4y+41=0$。

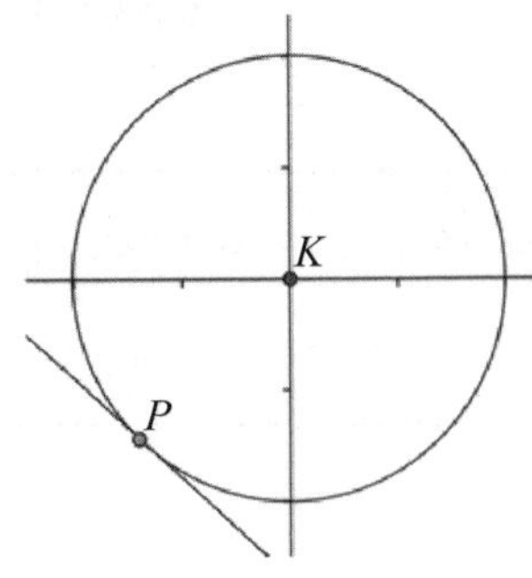

例 16 在直角坐標平面上，設圓 C：$x^2+y^2-2x-4y-5=0$，試求過圓外一點 $P(-1,-2)$且與圓 C 相切的直線方程式。

解： 設過點 P 的切線為 $y+2=m(x+1)$，亦即 $y=mx+(m-2)$，代入圓 C 方程式中，可得

$x^2+[mx+(m-2)]^2-2x-4[mx+(m-2)]-5=0$，

亦即$(m^2+1)x^2+(2m^2-8m-2)x+(m^2-8m+7)=0$。

因為相切，所以圓與直線只有一交點，故上述方程式有重根，所以判別式 D 為 0。因此

$(2m^2-8m-2)^2-4(m^2+1)(m^2-8m+7)=0$，

化簡可得$(3m-1)(m+3)=0$；

亦即 $m=\frac{1}{3}$ 或 $m=-3$。

當 $m=\frac{1}{3}$ 時，切線為 $y+2=\frac{1}{3}(x+1)$，即 $x-3y-5=0$。

當 $m=-3$ 時，切線為 $y+2=-3(x+1)$，即 $3x+y+5=0$。

由上述例 15 與例 16 可知，點 P 在圓上與否，將影響切線的數目。下面的例題將提供一個判斷點 P 在圓外的判斷方法。

例 17 設點 $P(x_0, y_0)$是圓 C：$x^2+y^2+dx+ey+f=0$ 外一點，且定義 $C(P)=x_0{}^2+y_0{}^2+dx_0+ey_0+f$，試證明 $C(P)>0$；反之亦成立。

證明： 圓 C 方程式配方可得 $(x+\frac{d}{2})^2+(y+\frac{e}{2})^2=\frac{d^2}{4}+\frac{e^2}{4}-f$。因此可知圓心 $K(-\frac{d}{2},-\frac{e}{2})$，半徑 $r=\sqrt{\frac{d^2}{4}+\frac{e^2}{4}-f}$。由於點 P 在圓外，故 $\overline{PK}>r$，亦即

$$0<\overline{PK}^2-r^2=(x_0+\frac{d}{2})^2+(y_0+\frac{e}{2})^2-(\frac{d^2}{4}+\frac{e^2}{4}-f)$$
$$=x_0{}^2+y_0{}^2+dx_0+ey_0+f。$$

反之，我們不難看出：若 $x_0{}^2+y_0{}^2+dx_0+ey_0+f>0$，則點 P 是圓 C 外一點。

已知一點 $P(x_0,y_0)$ 與一圓 C：$x^2+y^2+dx+ey+f=0$，設 $C(P)=x_0{}^2+y_0{}^2+dx_0+ey_0+f$，仿例 17，我們可以整理出下列的結論：

(1) 若 $C(P)<0$，則點 P 在圓 C 內。

(2) 若 $C(P)=0$，則點 P 在圓 C 上。

(3) 若 $C(P)>0$，則點 P 在圓 C 外。

習題

1. 試將下列各角化成弧度制：540°、1000°。
2. 試將下列各角化成六十分制：$-\frac{13}{6}\pi$、$\frac{3}{4}\pi$。
3. 一扇形的半徑為 16 公分，弧長為 20 公分。求扇形的圓心角與面積。
4. 在直角坐標平面上，試求以 $K(3,\ -2)$ 為圓心，半徑為 6 的圓方程式。
5. 在直角坐標平面上，已知圓方程式為 C：$x^2+y^2-8x-6y-11=0$，

試求其圓心與半徑。

6. 在直角坐標平面上，試求圓 C：$x^2+y^2+2y-8=0$ 與直線 L：$x-y-2=0$ 的交點坐標。
7. 在直角坐標平面上，已知點 $P(3, 1)$ 在圓 C：$x^2+y^2+2y-k=0$ 的內部，試求 k 的範圍。
8. 在直角坐標平面上，若直線 L：$x-y-k=0$ 與圓 C：$x^2+y^2-4x+1=0$ 相切，試求 k 之值。
9. 在直角坐標平面上，試求點 $P(1, 1)$ 到圓 C：$x^2+y^2+2x+4y+8=0$ 的切線段長。（註：切線段長為點 P 到切點的距離。）
10. 在直角坐標平面上，試求過點 $P(3, 1)$ 且與圓 C：$x^2+y^2=10$ 相切的直線方程式。

第 13 章 級數

【教學目標】

- 能依序列出數列
- 能寫出數列一般項的公式
- 了解等差與等比數列的性質
- 了解無窮數列的性質
- 了解級數的定義
- 了解等差與等比級數的性質
- 了解無窮級數的特性

13.1 數列

數列是用來表現有序表列的離散結構，通常分為有限數列與無窮數列，例如：1, 3, 5, 7, 9 是一個有限數列，而 1, 2, 3, 4, 5, 6, 7, …則是無窮數列。我們可用函數的概念來定義數列。

定義 1

數列是一個由全數集合之子集合對應到某集合 S 的函數。我們用符號 $a_n \in S$ 來表示全數 n 的映像（image），我們使用符號 $\{a_n\}$ 來代表數列，而 a_n 代表的是數列 $\{a_n\}$ 中的第 n 項，又稱一般項，第一項 a_1（或 a_0）稱為首項，若該數列為有限數列，最後一項稱為末項。在描述數列時，我們將每項的下標以遞增的方式排列，例如：

考慮數列 $\{a_n\}$，若 $a_n = n$，$n \in \mathbb{N}$，

則數列由 a_1 開始，可記為 $a_1, a_2, a_3, a_4, \cdots$，

而其對應的值分別為 1, 2, 3, 4, ⋯。

定義 2

數列中任前後兩項之差都相等，則稱為等差數列（算術數列），具有下列的形式：

$$a, a+d, a+2d, \cdots, a+nd, \cdots$$

其中 a 稱為首項，而實數 d 稱為公差，此數列的第 n 項即為 $a+(n-1)d$。

若三數 a, b, c 成等差數列，則 b 稱為等差中項，且其值 $b=\frac{a+c}{2}$。

例 1 數列$\{a_n\}$，$a_n=-2+3n$ 與$\{b_n\}$，$b_n=10-2n$ 都是等差數列。若 n 由 0 開始，此兩數列的首項與公差分別為 −2 和 3、10 和 −2。試求$\{a_n\}$與$\{b_n\}$的前五項。

解： 數列$\{a_n\}$的前五項為 −2, 1, 4, 7, 10，數列$\{b_n\}$的前五項為 10, 8, 6, 4, 2。

定義 3

數列中任前後兩項之比值都相等，則稱為等比數列（幾何數列），具有下列的形式：

$$a, ar, ar^2, \cdots, ar^n, \cdots$$

其中 a 稱為首項，而實數 r（$r\neq 0$）稱為公比，此數列的第 n 項即為 ar^{n-1}。

若三數 a, b, c 成等比數列，則 b 稱為等比中項且其值 $b=\pm\sqrt{ac}$。

例 2： 數列 $\{a_n\}$，$a_n=(-1)^n$ 與 $\{b_n\}$，$b_n=2\cdot 3^n$ 都是等比數列。若 n 由 0 開始，此兩數列的首項與公比分別為 1 和 -1 及 2 和 3。試求 $\{a_n\}$ 與 $\{b_n\}$ 的前四項。

解： 數列 $\{a_n\}$ 的前四項為 $1, -1, 1, -1$；數列 $\{b_n\}$ 的前四項為 2, 6, 18, 54。

在一般常見的數列問題中，多在於找出數列的一般項或列出數列的各項。知道首項並無法判斷出其他項，但是由前面幾項的規律卻能幫助我們建構數列的假說。一旦建構出假說，便能利用證明來驗證其正確性。

以下這些規則，對於試圖以數列的前幾項演繹出可能的法則或公式是非常有幫助的：

1. 是否有相同的項？若有，則出現的規律如何？
2. 是否能利用前面幾項加上某個固定的值，或是加上與位置有關的值來求出？
3. 是否能利用前面幾項乘上某個固定的值來求出？
4. 數列中是否出現循環的規律？
5. 將欲求解的數列與一些有名數列的項（如等差數列、等比數列、完全平方數列、完全立方數列）來比較。

例 3 給定數列的前幾項，求出數列的公式：

(1)2, 4, 6, 8, 10 (2)1, 2, 2, 3, 3, 3, 4, 4, 4,4, (3)1, 3, 7, 15, 31。

解： (1)每一項都是前一項加上 2，所以 $a=2$，$d=2$，而

$a_n=a+(n-1)d=2+(n-1)2=2n$。（利用規則 2）

(2)此數列 1 出現一次，2 出現二次，3 出現三次，所以合理的推測 n 應出現 n 次。（利用規則 1 和 4）

(3)先檢查相鄰兩項之差，雖然未發現相等，但卻有一定的規律，即相鄰兩項之差剛好隨著 2 的指數次方遞增。因此，我們可將此數列與 $2, 2^2, 2^3, 2^4, \cdots$比較，結果發現每一項剛好都少 1，所以，我們合理的推測 $a_n=2^n-1$。（利用規則 5）

定義 4

設 $a_1, a_2, a_3, \cdots, a_n, \cdots$為一數列，若 $\frac{1}{a_1}, \frac{1}{a_2}, \frac{1}{a_3}, \cdots, \frac{1}{a_n}, \cdots$為等差數列，則稱$\{a_n\}$為調和數列。

若三數 a, b, c 成調和數列（$\frac{1}{a}, \frac{1}{b}, \frac{1}{c}$ 為等差數列），則 b 稱為調和中項，且其值 $b=\frac{2ac}{a+c}$。例如：$1, \frac{1}{2}, \frac{1}{3}, \frac{1}{4}, \cdots, \frac{1}{n}$ 就是一個簡單的調和數列。

定義 5

透過以下兩個步驟來定義一個數列稱為遞迴數列。

1.先指定某些起始項。

2.該數列的一般項由其前幾項組成。

例 4　寫出數列 $1, 2!, 3!, \cdots, n!, \cdots$ 的遞迴定義。

解： 1.先定義初始項：$a_1 = 1$

2.定出該數列的一般項：$a_n = na_{n-1}, n \geq 2, n \in N$

費伯納西（Fibonacci）數列

西元 1202 年，義大利數學家費伯納西出版了他的《算盤全書》。他在書中提出了一個關於兔子繁殖的問題：如果一對兔子每月能生一對小兔（一雄一雌），而每對小兔在牠出生後的第三個月裡，又能開始生一對小兔，假定在不發生死亡的情況下，由一對出生的小兔開始，50 個月後會有多少對兔子？

在第一個月時，只有一對小兔子，過了一個月，那對兔子成熟了，在第三個月時便生下一對小兔子，這時有兩對兔子。再過多一個月，成熟的兔子再生一對小兔子，而另一對小兔子長大，有三對小兔子。如此推算下去，我們便發現一個規律：

時間（月）	初生兔子（對）	成熟兔子（對）	兔子總數（對）
1	1	0	1
2	0	1	1
3	1	1	2
4	1	2	3
5	2	3	5
6	3	5	8
7	5	8	13
8	8	13	21
9	13	21	34
10	21	34	55

由此可知，從第一個月開始以後每個月的兔子總數是：

1, 1, 2, 3, 5, 8, 13, 21, 34, 55, 89, 144, 233…

若把上述數列繼續寫下去，得到的數列便稱為費伯納西數列。數列中每個數便是前兩個數之和，而數列的最初兩個數都是 1。若以遞迴的方式來定義則為：先定義初始項：$a_0 = 1, a_1 = 1$，定出該數列的一般項：$a_n = a_{n-1} + a_{n-2}, n \geq 2$，即後項為前兩項之和。

費伯納西數列有很多奇妙的特性，比如它的一般項經過推導後可表示為

$$a_n = \frac{1}{\sqrt{5}}\left[(\frac{1+\sqrt{5}}{2})^{n+1} - (\frac{1-\sqrt{5}}{2})^{n+1}\right]$$

此時 a_n 看似是無理數，但當 $n \geq 0$ 時，a_n 經計算後都是正整數。

可利用費伯納西數列來做出一個新的數列，方法是把數列中相鄰的兩項，以前項除後項，組成新的數列如下：

$$\frac{1}{1}, \frac{1}{2}, \frac{2}{3}, \frac{3}{5}, \frac{5}{8}, \frac{8}{13}, \frac{13}{21}, \frac{21}{34}, \cdots, \frac{a_n}{a_{n+1}}, \cdots$$

當n趨近於無限大時，此數列的極限為$\frac{\sqrt{5}-1}{2}$，此數值稱為黃金分割比，它正好是方程式$x^2+x-1=0$的一個根。

例 5　設n為自然數，$n \geq 3$，且$a_n=a_{n-1}+2a_{n-2}$，已知$a_1=1$, $a_2=2$，求$a_n=$？

解： 由於$a_1=1, a_2=2$，則

$a_3=a_2+2a_1=2+2\times 1=4=2^{3-1}$

$a_4=a_3+2a_2=4+2\times 2=8=2^{4-1}$

$a_5=a_4+2a_3=8+2\times 4=16=2^{5-1}$

$a_6=a_5+2a_4=16+2\times 8=32=2^{6-1}$

由以上，我們可以推論$a_n=2^{n-1}$。

13.2　級數

我們先介紹加總符號Σ。若有一數列$\{a_n\}$的第m項到第n項為a_m, a_{m+1}, a_{m+2}, $\cdots$, a_n，則我們可以將$a_m+a_{m+1}+a_{m+2}+\cdots+a_n$用下列三種Σ的方式來表示：

$$\sum_{j=m}^{n} a_j = \Sigma_{j=m}^{n} a_j = \Sigma_{m \leq j \leq n} a_j$$

其中變數j稱為加總索引，且我們也可以使用其它符號，如i或k來當加總索引。

若 $S_n = a_1 + a_2 + \cdots + a_n = \sum_{k=1}^{n} a_k$，則 $a_1 = S_1$，當 $n \geq 2, a_n = S_n - S_{n-1}$。

透過加總符號的運用可幫助我們來求數列的和，以下介紹一些加總符號的性質與常用的公式：

1. $\sum_{k=1}^{n} (a_k \pm b_k) = \sum_{k=1}^{n} a_k \pm \sum_{k=1}^{n} b_k$
2. $\sum_{k=1}^{n} ca_k = c\sum_{k=1}^{n} a_k$
3. $\sum_{k=1}^{n} c = n \cdot c$
4. $\sum_{k=1}^{n} k = \frac{n(1+n)}{2}$
5. $\sum_{k=1}^{n} k^2 = \frac{n(n+1)(2n+1)}{6}$
6. $\sum_{k=1}^{n} k^3 = \left[\frac{n(1+n)}{2}\right]^2$

例 6 求 $1 \times 3 + 2 \times 4 + 3 \times 5 + \cdots + 31 \times 33 = ?$

解： 由於 $1 \times 3 + 2 \times 4 + 3 \times 5 + \cdots + 31 \times 33 = \sum_{k=1}^{31} k\,(k+2)$，我們可化簡如下：

$$\begin{aligned}\sum_{k=1}^{31} k\,(k+2) &= \sum_{k=1}^{31} (k^2 + 2k) \\ &= \sum_{k=1}^{31} k^2 + 2\sum_{k=1}^{31} k \\ &= \frac{31 \cdot 32 \cdot 63}{6} + 2 \cdot \frac{31 \cdot 32}{2} = 11408\end{aligned}$$

例 7　求出 $\sum_{k=50}^{100} k^2 = ?$

解： 由於 $\sum_{k=1}^{100} k^2 = \sum_{k=1}^{49} k^2 + \sum_{k=50}^{100} k^2$，所以 $\sum_{k=50}^{100} k^2 = \sum_{k=1}^{100} k^2 - \sum_{k=1}^{49} k^2$。

利用公式 $\sum_{k=1}^{n} k^2 = \frac{n(n+1)(2n+1)}{6}$，則

$$\sum_{k=50}^{100} k^2 = \frac{100 \times 101 \times 201}{6} - \frac{49 \times 50 \times 99}{6} = 338350 - 40425$$

$$= 297925$$

例 8　求解二重總和 $\sum_{i=1}^{4} \sum_{j=1}^{3} ij = ?$

解： 先找出內部總和之展開式，再求外部總和的值

$$\sum_{i=1}^{4} \sum_{j=1}^{3} ij = \sum_{i=1}^{4} (i + 2i + 3i) = \sum_{i=1}^{4} 6i = 6 + 12 + 18 + 24 = 60$$

如果 $\{a_n\}$ 是一個無窮數列，則 $\sum_{n=1}^{\infty} a_n = a_1 + a_2 + a_3 + \cdots\cdots + a_n + \cdots$ 稱為無窮級數（infinite series），其中 $a_1, a_2, a_3, \cdots$ 稱為級數的項。一般我們會用 a_1 表示首項，以 $S_n = a_1 + a_2 + a_3 + \cdots\cdots + a_n$ 表示無窮級數 $\sum_{n=1}^{\infty} a_n$ 的部分和。如果 $\lim_{n \to \infty} S_n = S$，則我們可將 S 視為此無窮級數的和，並表示成 $\sum_{n=1}^{\infty} a_n = S$。

定義 6

若數列$a_1, a_2, a_3, \cdots, a_n$成等差，則$S_n = a_1 + a_2 + a_3 + \cdots\cdots + a_n$稱為等差級數，等差級數$S_n$的和為$S_n = \dfrac{n(a_1 + a_n)}{2} = \dfrac{n[2a_1 + (n-1)d]}{2}$，其中$d$為公差。

若S_n、S_{2n}、S_{3n}各為等差級數，則S_n、$S_{2n} - S_n$、$S_{3n} - S_{2n}$會成為等差數列。

定義 7

若數列$a_1, a_2, a_3, \cdots, a_n$成等比，則$S_n = a_1 + a_2 + a_3 + \cdots\cdots + a_n$稱為等比級數或幾何級數。

定理 1

若a與r分別為等比級數的首項與公比，且$a, r \in \mathbb{R}$，則等比級數的和S_n為

$$S_n = \sum_{j=1}^{n} ar^{j-1} = \begin{cases} \dfrac{ar^n - a}{r-1}, & r \neq 1 \\ na, & r = 1 \end{cases} \text{。}$$

證明：　令

$$S_n = \sum_{j=1}^{n} ar^{j-1}$$

為計算S_n，將等式兩端同時乘上r

$$\begin{aligned} rS_n &= r\sum_{j=1}^{n} ar^{j-1} \\ &= \sum_{j=1}^{n} ar^{j} \end{aligned}$$

$$= \sum_{j=1}^{n} ar^{j-1} + (ar^n - a)$$

$$= S_n + (ar^n - a)$$

根據等式之結果，則

$rS_n = S_n + (ar^n - a)$。

求解 S_n，若 $r \neq 1$，則

$S_n = \dfrac{ar^n - a}{r - 1}$，

若 $r = 1$，因為共有 n 項，而每一項都是 a，

則 $S_n = na$。

定理 2

若無窮等比級數的公比為 r，且 $|r| < 1$，則此無窮等比級數的和為 $S = \sum_{n=1}^{\infty} ar^{n-1} = \dfrac{a}{1-r}$。

此定理證明需用到極限的概念，在此不證明，請讀者將此定理視為一個公式來應用。

例 9　求無窮級數 $\sum_{n=1}^{\infty} \dfrac{5}{3^{n-1}} = ?$

解： $\sum_{n=1}^{\infty} \dfrac{5}{3^{n-1}} = \sum_{n=1}^{\infty} 5(\dfrac{1}{3})^{n-1} = 5(1) + 5(\dfrac{1}{3}) + 5(\dfrac{1}{3})^2 + \cdots$

首項 $a = 5$，公比 $r = \dfrac{1}{3}$。由於 $|r| < 1$，其和為

$S = \dfrac{a}{1-r} = \dfrac{5}{1-(1/3)} = \dfrac{15}{2}$。

例 10 求無窮級數 $\sum_{n=1}^{\infty}\frac{3^{n-1}-2^{n-1}}{4^{n-1}}=?$

解： $\sum_{n=1}^{\infty}\frac{3^{n-1}-2^{n-1}}{4^{n-1}}=\sum_{n=1}^{\infty}(\frac{3}{4})^{n-1}-\sum_{n=1}^{\infty}(\frac{2}{4})^{n-1}$

$=\frac{1}{1-\frac{3}{4}}-\frac{1}{1-\frac{1}{2}}=4-2=2$

例 11 求 $1\frac{1}{2}+2\frac{1}{4}+3\frac{1}{8}+4\frac{1}{16}+\cdots+10\frac{1}{1024}=?$

解： 將此級數分為兩個級數即 S_1, S_2，其中

$S_1=1+2+3+\cdots+10=\frac{10(1+10)}{2}=55$

$S_2=\frac{1}{2}+\frac{1}{4}+\frac{1}{8}+\cdots+\frac{1}{1024}=\frac{\frac{1}{2}\left(1-\left(\frac{1}{2}\right)^{10}\right)}{1-\frac{1}{2}}=\frac{1023}{1024}$

則 $S_1+S_2=55+\frac{1023}{1024}=55\frac{1023}{1024}$ 為所求。

習題

1. 已知數列的前五項為 $\frac{2}{1},\frac{4}{3},\frac{8}{5},\frac{16}{7},\frac{32}{9},\cdots$，試求此數列的一般項 a_n。
2. 求此數列中 a 值為多少：3, 6, 11, 20, 37, a, 135？
3. 有一等差數列 $a_3=8, a_7=20$，請問 $a_{10}=$？
4. 若有 x, y 兩數，其等差中項為 4，且 $2x-y$ 與 $x+2y$ 的等差中項為

9，求 $x^3+y^3=$？

5. 若 $2+x, 4+x, 7+x$ 三數成等比數列，則 $x=$？

6. 找出兩個一般項公式來表示數列其前三項為 1, 2, 4？

7. 為下列的數列找出一般項公式：

(1)3, 6, 11, 18, 27, 38, 51, 66, 83, 102, ⋯

(2)1, 10, 11, 100, 101, 110, 111, 1000, 1001, 1010, 1011, ⋯

(3)2, 4, 16, 256, 65536, 4294967296, ⋯

8. 已知費伯納西（Fibonacci）數列，$a_0=1,\ a_1=1$，$a_n=a_{n-2}+a_{n-1}$, $n\geq 2$，若：$b_n=\dfrac{a_{n+1}}{a_n}$

(1)請求出 b_n 的前 10 項？

(2)求證 $b_n=1+\dfrac{1}{b_{n-1}}$。

9. 求級數 $\sum\limits_{n=1}^{100}\dfrac{2}{4n^2-1}$ 為何？

10. 求 $\sum\limits_{k=99}^{200}k^3$ 為何？

11. 若 $S_n=a_1+a_2+\cdots+a_n=n^2-n+3$，試求 a_{20}。

12. 請將 $0.\overline{08}$ 寫成無窮等比級數並求此級數和。

13. 一皮球從 6 公尺的高度落下，每次反彈的高度都是上一次的 3/4，試求皮球經歷的總垂直距離？

14. 求 $1-\dfrac{1}{2}+\dfrac{1}{4}-\dfrac{1}{8}+\cdots$ 之和。

15. 設 $f(x)=\sqrt{x}+\sqrt{x+1}$，$S=\sum\limits_{x=1}^{100}\dfrac{1}{f(x)}$，求 $S=$？

第 14 章

指數函數與對數函數

14.1 指數

14.2 指數函數

14.3 對數

14.4 對數函數

【教學目標】

- 了解指對數及其運算方式
- 了解何謂指對數函數
- 了解指對數函數的圖形及性質
- 由指對數函數的圖形判斷指數大小
- 求指對數方程式及指對數不等式的解

14.1 指數

14.1.1 指數基本概念

一、指數概念與指數律

在整數的四則運算乘法性質中，已提到整數的乘冪概念與性質，在本節中，我們將擴充至實數領域。

1. 指數概念

在我們生活的具體情境中，常常需要將某一個數自乘若干次，例如：邊長 6 公分的正方形面積的求法為 6×6（平方公分）或是銀行存款月利率為 0.5%，以複利計算，如果存入本金為 1000 元，三個月後領出之本利和共有 $1000 \times 1.005 \times 1.005 \times 1.005$ 元。如果某數自乘的次數很多，要完全列出就很繁雜，為了方便起見，我們規定一種記號來代表自乘的次數，例如 $6 \times 6 = 6^2$，$1.005 \times 1.005 \times 1.005 = (1.005)^3$。

一般而言，對於每一個實數 a，我們以記號 a^n 代表 a 自乘 n 次的乘積，也就是 $\overbrace{a \times a \times a \times \cdots \times a}^{n\text{個}} = a^n$，讀做「$a$ 的 n 次方」，其中 a 叫

做底數，n 叫做指數。我們通常把 a^2 和 a^3 分別讀做「a 的平方」和「a 的立方」。如上面的「6^2」讀做「6 的平方」，6 叫做底數，2 叫做指數，「$(1.005)^3$」讀做「1.005 的立方」等等。

2. 指數律

指數的運算具有下列性質：若 m，n 都是自然數（正整數），則

$$a^m \times a^n = \overbrace{a \times a \times a \times \cdots \times a}^{m\text{個}} \times \overbrace{a \times a \times a \times \cdots \times a}^{n\text{個}}$$

$$= \overbrace{a \times a \times a \times \cdots \times a}^{m+n\text{個}} = a^{m+n}$$

即 $a^m \times a^n = a^{m+n} \cdots$①

$$(a^m)^n = \overbrace{a^m \times a^m \times a^m \times \cdots \times a^m}^{n\text{個}}$$

$$= \overbrace{\overbrace{a \times a \times a \times \cdots \times a}^{m\text{個}} \times \overbrace{a \times a \times a \times \cdots \times a}^{m\text{個}} \times \cdots \times \overbrace{a \times a \times a \times \cdots \times a}^{m\text{個}}}^{n\text{組}}$$

$$= \overbrace{a \times a \times a \times \cdots \times a}^{m \times n\text{個}} = a^{m \times n}$$

即 $(a^m)^n = a^{m \times n} \cdots$②

$$a^n \times b^n = \overbrace{a \times a \times a \times \cdots \times a}^{n\text{個}} \times \overbrace{b \times b \times b \times \cdots \times b}^{n\text{個}}$$

$$= \overbrace{(a \times b) \times (a \times b) \times (a \times b) \times \cdots \times (a \times b)}^{n\text{個}} = (a \times b)^n$$

即 $a^n \times b^n = (a \times b)^n \cdots$③

以上的①、②、③三個關係式一般稱為指數律。

二、整數指數

在上面「指數概念與指數律」中所討論的指數，都是自然數，下面我們將把指數的範圍從自然數系逐步推廣至整數系。例如：a^0、a^{-2}，推廣的原則是，我們要求新規定的指數記號的概念依然滿足指數律。為了使新的指數記號有意義，在推廣的過程中，對於底數 a 也將作適當的限制。

1. 零指數

設 a 是不為 0 的實數，定義 $a^0=1$。

我們將利用第①式確認，令 $m=0$，可得 $a^0 \times a^n=a^{0+n}=a^n$，由於 $a \neq 0$ 故 $a^n \neq 0$，所以將上式兩邊同除以 a^n，得 $a^0=1$，即要使第①式成立，必須定義符號 a^0 為 1。

接著來看，當規定 $a^0=1$ 時能否使②與③成立，分三種情況來說明②式的情形：

$$(a^0)^n=1^n=1=a^0=a^{0\times n}$$

$$(a^m)^0=1=a^0=a^{m\times 0}$$

$$(a^0)^0=1^0=1=a^{0\times 0}$$

由此三種情形可知，當 m 或 n 有一為 0 時，$(a^m)^n=a^{m\times n}$ 成立。又 $a^0 \times b^0=1\times 1=1=(a\times b)^0$，所以當 $n=0$ 時，$a^n\times b^n=(a\times b)^n$ 也成立。

2. 負整數指數

定義 $a^{-n}=\dfrac{1}{a^n}$。

同上在指數律①中，令 $m=-n$，得到

$$a^{-n} \times a^{n} = a^{-n+n} = a^{0} = 1，$$

所以$a^{-n} = \frac{1}{a^{n}}$，因此，必須定義a^{-n}如下：

$$a^{-n} = \frac{1}{a^{n}}。$$

有了這個定義之後，當$a \neq 0$，且n為一整數時，a^{n}的值都能確定，指數的運算仍然滿足指數律。

例 1　化簡$(2^{2} \times 2^{-1})^{2} + (3^{2} + 5^{3})^{0}$。

解： $(2^{2} \times 2^{-1})^{2} + (3^{2} + 5^{3})^{0} = (2^{2-1})^{2} + 1 = 4 + 1 = 5$

例 2　$2^{5x-2} = \frac{1}{128}$，試求x的值。

解： $2^{5x-2} = \frac{1}{128} = \frac{1}{2^{7}} = 2^{-7}$

$5x - 2 = -7$

$5x = -7 + 2 = -5$

$x = -1$

14.1.2　平方根（二次方根）與立方根（三次方根）

一、平方根（二次方根）的意義與十分逼近法

1. 平方根的意義

首先我們從具體例子來思考：

一個邊長 6 公分的正方形，它的面積是多少平方公分？

因為正方形面積求法是邊長乘以邊長，也就是邊長的平方，即 $6 \times 6 = 6^2 = 36$，此正方形面積為 36 平方公分。這個問題其實相當於說明「6 公分的平方是多少平方公分？」如果我們把上面這個問題反過來看，它就變成「面積是 36 平方公分的正方形，它的邊長是多少公分？」。換句話說，這個問題也就是「多少公分的平方是 36 平方公分？」。

如果我們不考慮單位而只就 36 這個數來看，這個問題就變成「什麼數的平方等於 36？」我們的答案是 6 的平方等於 36，即 $6^2 = 36$；像這樣，當 6 的平方等於 36 時，我們就說 6 是 36 的平方根或稱 6 是 36 的二次方根。另外，我們知道 -6 的平方也等於 36，即 $(-6)^2 = 36$，所以 -6 也是 36 的平方根。因此 6 和 -6 都是 36 的平方根。同樣地，我們由 $2^2 = 4$，$(-2)^2 = 4$ 可知 2 和 -2 都是 4 的平方根。

例 3　試求 $\frac{1}{49}$ 的平方根。

解： 我們知道 $(\frac{1}{7})^2 = \frac{1}{7^2} = \frac{1}{49}$

$(-\frac{1}{7})^2 = \frac{1}{49}$

所以 $\frac{1}{7}$ 和 $-\frac{1}{7}$ 都是 $\frac{1}{49}$ 的平方根。

例 4　試求 1.44 的平方根。

解： 我們由 $(1.2)^2 = 1.2 \times 1.2 = 1.44$

$(-1.2)^2=(-1.2)\times(-1.2)=1.44$

所以 1.2 和 -1.2 都是 1.44 的平方根。

我們從上面的討論，可以看出每一個正數都有兩個平方根，且這兩個平方根互為相反數，我們用 $\sqrt{36}$（讀做根號 36）來表示 36 的正平方根，即 $\sqrt{36}=6$，$-\sqrt{36}$（讀做負根號 36）來表示 36 的負平方根，即 $-\sqrt{36}=-6$，同樣的，$\sqrt{4}=2$，$-\sqrt{4}=-2$；$\sqrt{\frac{1}{49}}=\frac{1}{7}$，$-\sqrt{\frac{1}{49}}=-\frac{1}{7}$；$\sqrt{1.44}=1.2$，$-\sqrt{1.44}=-1.2$。

因為 $0^2=0$，所以 0 是 0 的平方根。因為所有的實數的平方都不可能是負數，所以負數沒有平方根。

2. 平方根的求法

如果知道一個正整數可以寫成某正整數的平方時，那麼就可以立刻寫出它的平方根。例如：$64=8^2$，64 的平方根是 8 與 -8；$49=7^2$，49 的平方根是 7 與 -7。

如果一個正整數無法表示成某正整數的平方時，我們可以利用十分逼近法求出它的平方根。舉例如下：

要求出 2 的平方根，因為 2 無法表示成某一正整數的平方，所以其正平方根 $\sqrt{2}$ 不是整數，但我們可以用十分逼近法求出其近似值，方法如下：

因為：$1^2=1<2$，$2^2=4>2$，可看出 $\sqrt{2}$ 必定是介於 1 和 2 之間的數，即 $1<\sqrt{2}<2$，在數線上，1 和 2 之間的一位小數有 1.1、1.2、1.3、1.4、1.5、1.6、1.7、1.8、1.9，如圖 14.1。

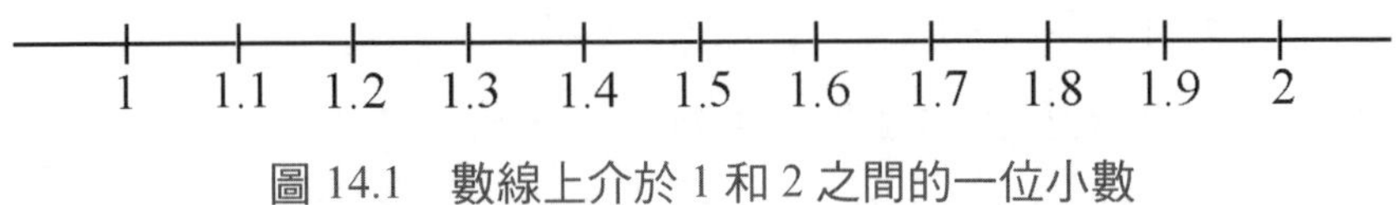

圖 14.1　數線上介於 1 和 2 之間的一位小數

那麼，$\sqrt{2}$是介於哪兩個一位小數之間呢？我們可以計算部分一位小數的平方值來觀察：

$(1.1)^2=1.21<2$；$(1.2)^2=1.44<2$；$(1.3)^2=1.69<2$；$(1.4)^2=1.96<2$；$(1.5)^2=2.25>2$；由這些式子可以看出$\sqrt{2}$是介於 1.4 和 1.5 之間，即 $1.4<\sqrt{2}<1.5$，在數線上，介於 1.4 和 1.5 之間的二位小數有 1.41、1.42、1.43、…、1.49 等 9 個二位小數，那麼$\sqrt{2}$又是介於哪兩個二位小數之間呢？我們再觀察：

$(1.41)^2=1.9881<2$；$(1.42)^2=2.0164>2$；可以看出$\sqrt{2}$是介於 1.41 和 1.42 之間，即 $1.41<\sqrt{2}<1.42$，仿照上面的方法繼續做下去，我們可以觀察出：

$1.414<\sqrt{2}<1.415$；$1.4142<\sqrt{2}<1.4143$；

⋮

因此我們可以得到$\sqrt{2}=1.4142\cdots$，而且我們想要算出多少位小數，就可以算出多少位。如果我們要求到小數第三位，那麼我們就可以用上面的方法算到小數第四位，再用四捨五入法取近似值，就得到$\sqrt{2}\fallingdotseq 1.414$（符號≒表示近似的意思）。

上面的方法，我們是利用「十等分」法在數線上慢慢逼近$\sqrt{2}$，所以把這種方法叫做「十分逼近法」。

上面求$\sqrt{2}$的十分逼近法雖然牽涉到很多的計算，但它是一種很有系統的方法。現今，由於可以用計算器械來幫助計算的緣故，我們並不怕計算的麻煩。利用十分逼近法，我們可以求得：

$\sqrt{2}=1.414213\cdots$；$\sqrt{3}=1.732050\cdots$；$\sqrt{5}=2.236067\cdots$；

$\sqrt{6}=2.449489\cdots$；$\sqrt{7}=2.645751\cdots$；

$\vdots$

這些數我們可以一直逼近下去，而這些小數都不會終止，是無限小數。

二、立方根（三次方根）的意義與求法

1. 立方根的意義

此處我們以正立方體體積的求法的情境為例來說明立方根或三次方根的概念。例如：

正方體邊長為 7 公分，它的體積是多少立方公分？

因為正方體的體積是邊長的立方（三次方），即 $7\times7\times7=7^3=343$，所以它的體積是 343 立方公分。這是一個求某數的立方問題，如果我們把這個問題反過來看，它就變成「正方體的體積是 343 立方公分，它的邊長是多少公分？」，換句話說，這個問題是「多少公分的立方是 343 立方公分？」。如果我們不考慮單位，而只就 343 這個數來看，那麼這個問題就變成「什麼數的立方等於 343？」，它的答案是：7 的立方等於 343，即 $7^3=343$。像這樣，當 7 的立方等於 343 時，我們就說 7 是 343 的立方根；同樣地，$4^3=64$，所以 4 是 64 的立方根；又因 $(-6)^3=-216$，故 -6 是 -216 的立方根；又如 $(0.2)^3=0.008$，可知 0.2 是 0.008 的立方根。

前面討論平方根時，已知每一個正數都有正負兩個平方根且它們的絕對值相等。而現在所討論的立方根是否有類似情形呢？由上面的

例子，我們發現立方根並沒有這種情形。如 -5 是 -125 的立方根，但 5 不是 -125 的立方根。同理，5 是 125 的立方根，而 -5 並不是 125 的立方根。我們用 $\sqrt[3]{-125}$ 表示 -125 的立方根，$\sqrt[3]{125}$ 表示 125 的立方根。

因為負數的立方仍是負數，又正數的立方仍然是正數，所以每一個數 a 都只有一個立方根 $\sqrt[3]{a}$。若 a 是負數，則 $\sqrt[3]{a}$ 也是負數；若 a 等於 0，則 $\sqrt[3]{a}$ 等於 0；若 a 是正數，則 $\sqrt[3]{a}$ 也是正數。例如：我們可寫成 $\sqrt[3]{8}=2$、$\sqrt[3]{27}=3$、$\sqrt[3]{-27}=-3$、$\sqrt[3]{-125}=-5$，$\sqrt[3]{8}=2$ 讀做「8 的立方根等於 2」；同理，「$\sqrt[3]{-27}=-3$ 讀做 -27 的立方根等於 -3」。

例 5　(1)求 $\sqrt[3]{-\frac{1}{64}}$ 的值　(2)求 $\sqrt[3]{0.027}$ 的值。

解： (1)因為 $(-\frac{1}{4})^3=(-\frac{1}{4})\times(-\frac{1}{4})\times(-\frac{1}{4})=-\frac{1}{64}$，

所以 $\sqrt[3]{-\frac{1}{64}}=-\frac{1}{4}$。

(2)因為 $(0.3)^3=0.3\times0.3\times0.3=0.027$，

所以 $\sqrt[3]{0.027}=0.3$。

2. 立方根的求法及查表法

如果知道某數可以寫成某數的立方時，那麼就可以直接觀察出其立方根。例如：$27=3^3$，所以 3 是 27 的立方根；$-0.008=(-0.2)^3$，所以 -0.2 是 -0.008 的立方根。

當一個數難以直接表示成某數的立方時，我們也可以用十分逼近法求其立方根，例如：要求出 2 的立方根，十分逼近法的步驟如下：

$\because 1^3=1$、$2^3=8$

$\therefore 1 < \sqrt[3]{2} < 2$

$\because (1.1)^3 = 1.331$、$(1.2)^3 = 1.728$、$(1.3)^3 = 2.197$

$\therefore 1.2 < \sqrt[3]{2} < 1.3$

$\because (1.21)^3 = 1.771561$、$(1.22)^3 = 1.815848$、…、$(1.25)^3 = 1.953125$、$(1.26)^3 = 2.00376$

$\therefore 1.25 < \sqrt[3]{2} < 1.26$

⋮

仿此繼續下去可求得 $\sqrt[3]{2}$ 之近似值為 1.25992⋯。為了方便與實際需要，我們常用開方表（或乘方開方表）來查平方根與立方根。在本章後面附有乘方開方表，下面我們將介紹它的查法。

從這個表自左向右看：

第一行的上標是 N，表示在這一行所列出的是從 1 到 100 的正整數（自然數）。

第二行的上標是 N^2，表示在這一行所列出的是從 1 到 100 各正整數的平方。

第三行的上標是 $\sqrt{N}$，表示在這一行所列出的是從 1 到 100 各正整數的正平方根。

第四行的上標是 $\sqrt{10N}$，表示在這一行所列出的是從 1 到 100 各正整數的 10 倍的正平方根。

第五行、第六行、第七行和第八行的上標分別為 N^3、$\sqrt[3]{N}$、$\sqrt[3]{10N}$ 和 $\sqrt[3]{100N}$，表示該行所列的是 1 到 100 各正整數的立方（三次方）、立方根（三次方根）、10 倍的立方根和 100 倍的立方根。例如：用查表法求 $\sqrt[3]{24}$，首先從附表的 N 行中查出 24，再查出 $\sqrt[3]{N}$ 行中且和 24 同列的數是 2.884499，即得 $\sqrt[3]{24} = 2.884499$。

當我們要查小數的方根時，可先把小數化成分數或其它型式後，再以查表法處理。

例 6　用查表法求 $\sqrt[3]{7.6}$ 的值。

解： $\sqrt[3]{7.6}=\sqrt[3]{\dfrac{76}{10}}=\sqrt[3]{\dfrac{76\times 10^2}{10\times 10^2}}=\dfrac{\sqrt[3]{7600}}{10}$，

由查表得 $\sqrt[3]{7600}=19.66095$，

故 $\sqrt[3]{7.6}=\dfrac{\sqrt[3]{7600}}{10}=\dfrac{19.66095}{10}=1.966095$。

14.1.3　分數指數

在討論分數指數之前，我們先思考方根的運算。

一、方根的運算

1. 乘法

例 7　設一個長方形長 $\sqrt{6}$ 公分，寬 $\sqrt{3}$ 公分，試求此長方形之面積。

解： 設長方形面積為 A 平方公分，則 $A=\sqrt{6}\times\sqrt{3}$，若將上式兩邊平方，可得

$$A^2=(\sqrt{6}\times\sqrt{3})^2=(\sqrt{6}\times\sqrt{3})\times(\sqrt{6}\times\sqrt{3})$$
$$=(\sqrt{6})^2\times(\sqrt{3})^2=6\times 3=18$$

因為 $A^2=18$，而且 A 為正數，所以 $A=\sqrt{18}$。換句話說，這個長方形的面積是 $\sqrt{18}$ 平方公分。

由此例子的計算，我們得到$\sqrt{6}\times\sqrt{3}=\sqrt{18}$。仿照這個作法，我們也可以得到下列結果：

$$\sqrt{\frac{1}{3}}\times\sqrt{\frac{1}{5}}=\sqrt{\frac{1}{3}\times\frac{1}{5}}=\sqrt{\frac{1}{15}},$$
$$\sqrt{5}\times\sqrt{\frac{1}{7}}=\sqrt{5\times\frac{1}{7}}=\sqrt{\frac{5}{7}},$$

綜合以上結果，我們可以得到下列的乘法運算法則：

若a，b為正數或零，則$\sqrt{a}\times\sqrt{b}=\sqrt{a\times b}$。

例 8　試求出$\sqrt[3]{2}\times\sqrt[3]{3}$的值。

解： 設$x=\sqrt[3]{2}\times\sqrt[3]{3}$，則

$$x^3=(\sqrt[3]{2}\times\sqrt[3]{3})^3=(\sqrt[3]{2})^3\times(\sqrt[3]{3})^3=2\times3=6,$$

因此$x=\sqrt[3]{6}$，

即$\sqrt[3]{2}\times\sqrt[3]{3}=\sqrt[3]{2\times3}=\sqrt[3]{6}$。

仿照這個作法，我們可以得到下面幾個算式的運算結果：

$$\sqrt[3]{4}\times\sqrt[3]{-\frac{1}{5}}=\sqrt[3]{4\times(-\frac{1}{5})}=\sqrt[3]{-\frac{4}{5}},$$
$$\sqrt[3]{-6}\times\sqrt[3]{-2}=\sqrt[3]{(-6)\times(-2)}=\sqrt[3]{12},$$

綜合以上說明，我們可得到有關立方根的乘法運算法則：

若a, b為任意實數，則$\sqrt[3]{a}\times\sqrt[3]{b}=\sqrt[3]{a\times b}$。

2. 除法

例 9 如果一個長方形面積是$\sqrt{8}$平方公分，它的寬$\sqrt{3}$公分，試求出此長方形的長。

解： 設長方形的的長是x公分，則其面積為$\sqrt{8}=\sqrt{3}\times x$平方公分，即$x=\sqrt{8}\div\sqrt{3}=\dfrac{\sqrt{8}}{\sqrt{3}}$，將上式兩邊平方，則得$x^2=(\dfrac{\sqrt{8}}{\sqrt{3}})^2=\dfrac{(\sqrt{8})^2}{(\sqrt{3})^2}=\dfrac{8}{3}$，因為$x$是正數，所以$x=\sqrt{\dfrac{8}{3}}$。

即此長方形的長是$\sqrt{\dfrac{8}{3}}$公分。

由此例可知$\dfrac{\sqrt{8}}{\sqrt{3}}=\sqrt{\dfrac{8}{3}}$，仿上計算原則，我們可以得到：

$\dfrac{\sqrt[3]{-5}}{\sqrt[3]{9}}=\sqrt[3]{-\dfrac{5}{9}}$，$\dfrac{\sqrt[3]{\dfrac{1}{3}}}{\sqrt[3]{-4}}=\sqrt[3]{\dfrac{\dfrac{1}{3}}{-4}}=\sqrt[3]{-\dfrac{1}{12}}$，

綜合以上說明，我們可以得到方根的除法運算法則：

若$a>0, b>0$，則$\dfrac{\sqrt{a}}{\sqrt{b}}=\sqrt{\dfrac{a}{b}}$；

若$b\neq 0$，則$\dfrac{\sqrt[3]{a}}{\sqrt[3]{b}}=\sqrt[3]{\dfrac{a}{b}}$。

3. 根式的化簡

根號裡的數如果含有某個數的平方或立方的因數，我們可利用乘法運算法則加以化簡。以$\sqrt{32}$為例，$32=4^2\times 2$，$\sqrt{32}=\sqrt{4^2\times 2}=4\sqrt{2}$。

當我們將$\sqrt{32}$化成$4\sqrt{2}$的形式時，2 沒有比 1 大的完全平方數的因數，因此$\sqrt{2}$已無法作進一步的化簡，此時稱$4\sqrt{2}$為最簡根式，而

$\sqrt{32}$不是最簡根式。若$a\sqrt[n]{b}$為最簡根式，其中$a\in\mathbb{Q}$，則b具有以下性質：

(1) $b\in\mathbb{N}$

(2) 無法找到比 1 大的正整數之n次方為b的因數。

(3) 若$b=s^t$，$(t, n)=1$。

$\sqrt{27}$、$\sqrt{\frac{2}{5}}$、$\sqrt[3]{40}$、$\sqrt[3]{-18}$、$\sqrt[3]{\frac{1}{4}}$、$\sqrt[4]{9}$都不是最簡根式，因為

$\sqrt{27}=\sqrt{9\times3}=3\sqrt{3}$，所以$\sqrt{27}$的最簡根式為$3\sqrt{3}$；

$\sqrt{\frac{2}{5}}=\sqrt{\frac{2\times5}{5^2}}=\frac{1}{5}\sqrt{10}$，所以$\sqrt{\frac{2}{5}}$的最簡根式為$\frac{1}{5}\sqrt{10}$；

$\sqrt[3]{40}=\sqrt[3]{8\times5}=2\sqrt[3]{5}$，所以$\sqrt[3]{40}$的最簡根式為$2\sqrt[3]{5}$；

$\sqrt[3]{-18}=-\sqrt[3]{18}$，所以$\sqrt[3]{-18}$的最簡根式為$-\sqrt[3]{18}$；

$\sqrt[3]{\frac{1}{4}}=\sqrt[3]{\frac{1\times2}{2^3}}=\frac{1}{2}\sqrt[3]{2}$，所以$\sqrt[3]{\frac{1}{4}}$的最簡根式為$\frac{1}{2}\sqrt[3]{2}$；

設$x=\sqrt[4]{9}$，則$x^4=9\Rightarrow x^2=3$（-3不合），$x=\sqrt{3}$，所以$\sqrt[4]{9}$的最簡根式為$\sqrt{3}$。

例 10 化簡下列各式為最簡根式：

(1)$\sqrt{\frac{2}{3}}-\sqrt{\frac{3}{2}}$ (2)$5\sqrt{48}+2\sqrt{3}-\sqrt{12}$

解： (1)$\sqrt{\frac{2}{3}}-\sqrt{\frac{3}{2}}=\frac{\sqrt{6}}{3}-\frac{\sqrt{6}}{2}=-\frac{\sqrt{6}}{6}$。

(2)
$$\begin{aligned}5\sqrt{48}+2\sqrt{3}-\sqrt{12}&=5\sqrt{4^2\times3}+2\sqrt{3}-\sqrt{2^2\times3}\\&=(5\times4)\sqrt{3}+2\sqrt{3}-2\sqrt{3}\\&=(20+2-2)\sqrt{3}\\&=20\sqrt{3}\text{。}\end{aligned}$$

二、分數指數的意義

前面討論過整數指數與方根的概念，此處我們要把指數的範圍擴充到分數領域中，也就是要對任意實數 a，定出分數指數 $a^{\frac{1}{n}}$ 與 $a^{\frac{m}{n}}$ 的意義，其中 m 與 n 為整數，$n>0$。

由於任意不等於 0 的實數，自乘後必定為正，也就是說，負數沒有實數的平方根，因此，為避免不必要的麻煩，在下面的討論中，均假設 $a>0$（正數）。

根據推廣指數的原則，新定義的符號必須滿足指數律，如指數律 $(a^m)^n=a^{m\times n}$，m, n 為整數。將指數改為分數，如 $(a^{\frac{1}{n}})^m=a^{\frac{m}{n}}$，其中 n 為正整數，m 為整數。我們觀察以下兩等式：

$$(a^{\frac{1}{n}})^n=a^{\frac{1}{n}\times n}=a^1=a\cdots(1)$$

$$(a^{\frac{m}{n}})^n=a^{\frac{m}{n}\times n}=a^m\quad\cdots(2)$$

此兩式可解釋為：

第(1)式，$a^{\frac{1}{n}}$ 是方程式 $x^n=a$ 的根。

第(2)式，$a^{\frac{m}{n}}$ 是方程式 $x^n=a^m$ 的根。

也就是：

$a^{\frac{1}{n}}$ 必然是 a 的正 n 次方根，記為 $\sqrt[n]{a}$；

$a^{\frac{m}{n}}$ 必然是 a^m 的正 n 次方根，記為 $\sqrt[n]{a^m}$。

因此，我們做下列的規定：

當 $a>0$，整數 m 與 n，$n>0$，則 $a^{\frac{1}{n}}=\sqrt[n]{a}$，$a^{\frac{m}{n}}=\sqrt[n]{a^m}$。

定義了分數指數後，指數律適用的範圍就可擴及於分數，例如：

$$a^{\frac{m}{n}} \times a^{\frac{s}{r}} = a^{\frac{mr}{nr}} \times a^{\frac{ns}{nr}} = \sqrt[nr]{a^{mr}} \times \sqrt[nr]{a^{ns}} = \sqrt[nr]{a^{mr+ns}} = a^{\frac{mr+ns}{nr}}$$

$$= a^{\frac{m}{n}+\frac{s}{r}}。$$

因此，若 p, q 為有理數，則

$a^p \times a^q = a^{p+q}$

$(a^p)^q = a^{p \times q}$

$a^p \times b^p = (a \times b)^p$

我們以下面例子來驗證它們的必然性：

例 11　利用整數指數律，證明 $a^{\frac{1}{2}} \times a^{\frac{1}{3}} = a^{\frac{1}{2}+\frac{1}{3}}$。

解： 因 $(a^{\frac{1}{2}} \times a^{\frac{1}{3}})^6 = (a^{\frac{1}{2}})^6 \times (a^{\frac{1}{3}})^6 = [(a^{\frac{1}{2}})^2]^3 \times [(a^{\frac{1}{3}})^3]^2 = a^3 \times a^2 = a^5$

所以 $a^{\frac{1}{2}} \times a^{\frac{1}{3}}$ 是方程式 $x^6 - a^5 = 0$ 的正實根。

另一方面由定義得知 $a^{\frac{5}{6}}$ 是 a^5 的正六次方根，也就是 $x^6 - a^5 = 0$ 的正實根，而此方程式僅有一個正實根，故知 $a^{\frac{5}{6}}$ 必等於 $a^{\frac{1}{2}} \times a^{\frac{1}{3}}$。

因為 $\frac{5}{6} = \frac{1}{2} + \frac{1}{3}$，所以 $a^{\frac{1}{2}} \times a^{\frac{1}{3}} = a^{\frac{1}{2}+\frac{1}{3}}$。

例 12 設於某項實驗中，病毒數 1 天後增加 1 倍。問

(1)5 天後的病毒數是今天的病毒數的幾倍？

(2)一星期後的病毒數是 3 天前的病毒數的幾倍？

(3)如果今天起一年後會有 N 個病毒，試求何時有 $\frac{N}{32}$ 個病毒。

解： (1)一天後增加 1 倍，即一天後的病毒數為原來的 2 倍。所以，5 天後的病毒數為原來的 $2 \times 2 \times 2 \times 2 \times 2 = 2^5 = 32$ 倍

(2)

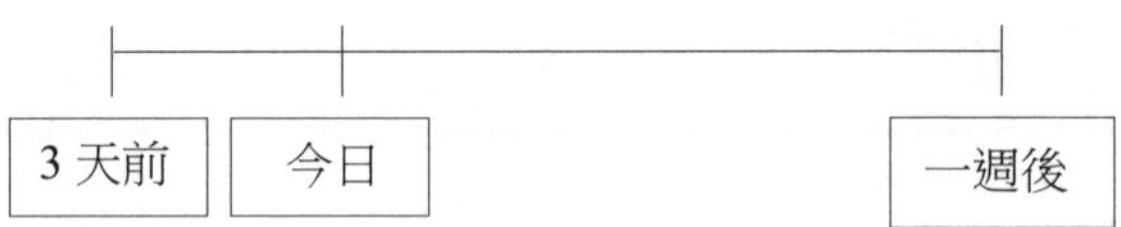

共相隔 10 天，故為 $2^{10} = 1024$ 倍

(3)設今日有 X 個病毒，則一年後有 $2^{365}X = N$ 個病毒

所以，$\frac{N}{32} = \frac{N}{2^5} = 2^{-5}N = 2^{-5} \times 2^{365} \times X = 2^{360}X$

故 360 天後有 $\frac{N}{32}$ 個病毒。

三、分數指數的大小關係與化簡

由前面討論知，當 m 是自然數時，對於任意兩個正實數 a 與 b，有以下性質：

1. $a > b$ 是 $a^m > b^m$ 的充分必要條件。

2. $a>b$是$a^{\frac{1}{m}}>b^{\frac{1}{m}}$的充分必要條件。

當指數是正分數時，第1式也成立。

又若a為正實數，$a>1$，r與s均為分數，則

$$r>s \Rightarrow a^r>a^s$$

欲證明其成立，先證明它對於整數成立，再證它在分數領域中也成立。先假設r與s皆為整數，由於$a^r-a^s=a^s\ (a^{r-s}-1)$，而$a^s>0$，且$a^{r-s}>1$（$\because r>s$），故知$a^r-a^s>0$，即$a^r>a^s$。若r與s均為分數並設$r=\dfrac{m}{n}$，$s=\dfrac{h}{k}$，其中m、n、h、k均為整數，$n>0$、$k>0$。由於$\dfrac{m}{n}>\dfrac{h}{k}$且$nk>0$，故有$mk>nh$。由已證得的整數指數間的次序關係知$a^{mk}>a^{nh}$，再由前述次序關係第1項和第2項知$a^{\frac{mk}{nk}}>a^{\frac{nh}{nk}}$，即$a^{\frac{m}{n}}>a^{\frac{h}{k}}$，故$a^r>a^s$。

例 13 試依大小次序排列下列各式。

$5^{\frac{1}{3}}$、$125^{\frac{1}{4}}$、$5^{\frac{1}{2}}\times(5^{\frac{1}{3}})^{\frac{1}{2}}$、$25^{\frac{1}{6}}$

解： 先將各式改寫為同底數的指數形式，

$$125^{\frac{1}{4}}=(5^3)^{\frac{1}{4}}=5^{3\times\frac{1}{4}}=5^{\frac{3}{4}}$$

$$5^{\frac{1}{2}}\times(5^{\frac{1}{3}})^{\frac{1}{2}}=5^{\frac{1}{2}}\times5^{\frac{1}{3}\times\frac{1}{2}}=5^{\frac{1}{2}}\times5^{\frac{1}{6}}=5^{\frac{1}{2}+\frac{1}{6}}=5^{\frac{4}{6}}=5^{\frac{2}{3}}$$

$$25^{\frac{1}{6}}=(5^2)^{\frac{1}{6}}=5^{2\times\frac{1}{6}}=5^{\frac{2}{6}}=5^{\frac{1}{3}}$$

$$\because 5^{\frac{3}{4}}>5^{\frac{2}{3}}>5^{\frac{1}{3}}$$

$\therefore$各式的大小排列次序為 $125^{\frac{1}{4}} > 5^{\frac{1}{2}} \times (5^{\frac{1}{3}})^{\frac{1}{2}} > 5^{\frac{1}{3}} = 25^{\frac{1}{6}}$。

例 14 將 $\sqrt[5]{a^{20}} \times \sqrt{\sqrt{a^{12}}}$ 化簡成指數型式。

解： $\sqrt[5]{a^{20}} \times \sqrt{\sqrt{a^{12}}} = (a^{20})^{\frac{1}{5}} \times \left[(a^{12})^{\frac{1}{2}}\right]^{\frac{1}{2}} = a^4 \times a^3 = a^7$。

指數的部分可能為自然數、零、負整數、有理數及無理數，我們將其運算性質表示如下：

(1) 自然數指數：$\forall a \in \mathbb{R}$，$n \in \mathbb{N}$，定義$\overbrace{a \cdot a \cdot a \cdots a}^{n\text{ 個}} = a^n$。

(2) 零指數：$a \in \mathbb{R}\backslash\{0\}$，定義$a^0 = 1$。

(3) 負整數指數：$a \in \mathbb{R}\backslash\{0\}$，$n \in \mathbb{N}$，定義$a^{-n} = \dfrac{1}{a^n}$。

(4) 分數指數：$a \in \mathbb{R}^+$，$n \in \mathbb{N}$，$m \in \mathbb{Z}$，定義$a^{\frac{m}{n}} = \sqrt[n]{a^m}$（$\sqrt[n]{a}$表示$x^n = a$的唯一正根，分數指數必須限制$a$為正數，$\sqrt[3]{-27} = -3$ 不能表達成$(-27)^{\frac{1}{3}} = -3$。）。

(5) 無理數指數：$a \in \mathbb{R}^+$，若r為無理數，假設$\{q_n\} = \{q_1, q_2, q_3, \cdots, q_n, \cdots\}$是一個以$r$為極限值的無理數數列，則$a^r$定義為數列$\{a^{q_n}\} = \{a^{q_1}, a^{q_2}, a^{q_3}, \cdots, a^{q_n}, \cdots\}$的極限。

(6) 指數律：

設$a, b \in \mathbb{R}^+$，m、n為任意實數，則以下性質成立

①$a^m \times a^n = a^{m+n}$

②$(a^m)^n = a^{mn}$

③$(ab)^m = a^m \times b^m$

④$(\frac{a}{b})^m=\frac{a^m}{b^m}$

⑤$\frac{a^m}{a^n}=a^{m-n}$

14.2 指數函數

14.2.1 指數函數的定義

設 $a>0$，則 $f(x)=a^x$ 稱為以 a 為底的指數函數。根據指數的特性，我們可以知道其定義域為 $\mathbb{R}$，值域為正實數 $\mathbb{R}^+$。

由指數律 $a^{x_1+x_2}=a^{x_1}\times a^{x_2}$ 可導出 $f(x_1+x_2)=f(x_1)\times f(x_2)$。此外，我們可以證明如果有一個函數 f 滿足 $f(x_1+x_2)=f(x_1)\times f(x_2)$，則函數 f 必為 $f(x)=a^x$ 的形式。

指數函數 $f(x)=a^x$，$a>0$，$a\neq 1$，具有以下的特性：

(a) $f(0)=1$；

(b) 函數值恆為正數（即 $a^x>0$）；

(c) 對任意實數 x_1, x_2，必滿足 $f(x_1+x_2)=f(x_1)\times f(x_2)$，$f(x_1-x_2)=\frac{f(x_1)}{f(x_2)}$；

(d) $f(x)=a^x$ 為一對一函數；

(e) 當 $a>1$ 時，$f(x)=a^x$ 為遞增函數，即 $x_1>x_2\Rightarrow f(x_1)>f(x_2)$；
當 $0<a<1$ 時，$f(x)=a^x$ 為遞減函數，即 $x_1>x_2\Rightarrow f(x_1)<f(x_2)$。

14.2.2 指數函數的圖形

在指數函數 $y=f(x)=a^x$ 中，把 (x, a^x) 的所有點在坐標平面上描劃出來，就可以得到 $f(x)=a^x$ 的圖形，由底數的不同可大略分為下面三種

情形

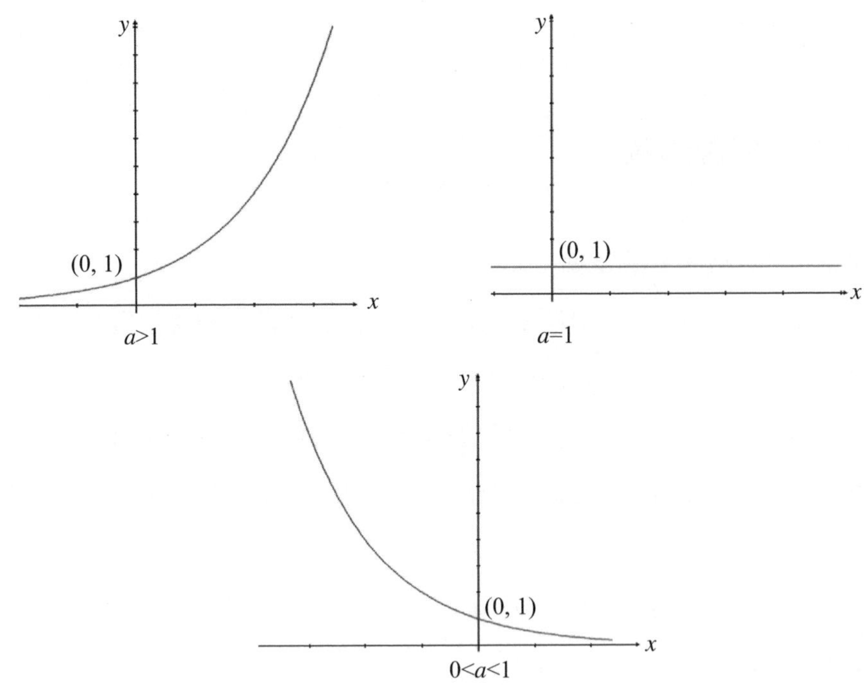

透過這三種函數圖形的觀察，我們可以得到下列幾個特性：

(1) 恆在x軸上方。因為$a>0$，所以函數圖形恆在x軸的上方，若$a \neq 1$則$f(x)=a^x$的函數值為所有正實數。

(2) 恆過(0, 1)。因為$f(0)=1$，故函數圖形恆過點(0, 1)。

(3) 當$a \neq 1$時，$f(x)=a^x$為一對一函數。（任意一條$y=k$且$k>0$的直線與$y=a^x$的圖形恰交於一點。）

(4) 遞增遞減的變化：

當$a>1$時，$f(x)=a^x$為遞增函數，其圖形由左向右逐漸升高，愈向右邊升高得愈快，愈向左邊圖形愈接近x軸。

當 $0<a<1$ 時，$f(x)=a^x$ 為遞減函數，其圖形由左向右逐漸降低，愈向右邊降得愈慢，愈向右邊圖形愈接近 x 軸。

(5) x 軸為 $f(x)=a^x$，$a\neq 1$ 圖形的漸近線。

(6) $f(x)=a^x$ 與 $f(x)=(\frac{1}{a})^x=a^{-x}$ 的圖形對稱於 y 軸。

(7) 函數圖形跟隨底數而變化。

$a>b>1$

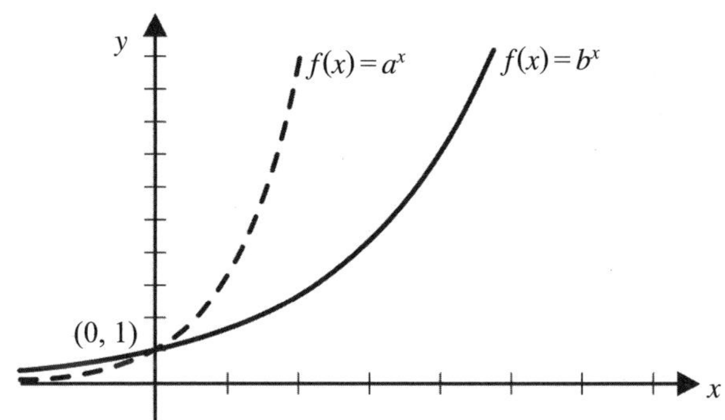

$0<b<a<1$

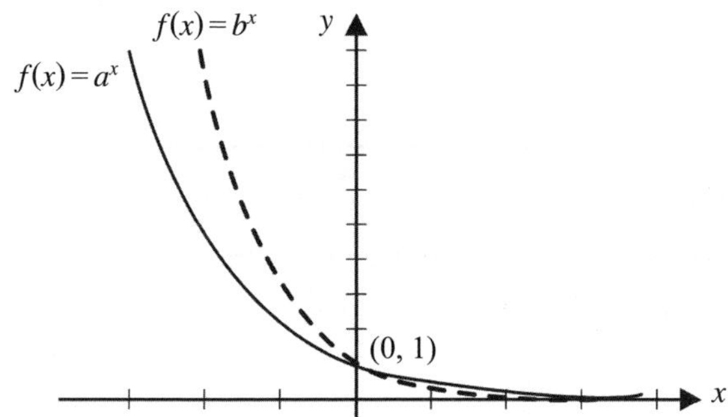

例 15 試畫出$f(x)=2^x$及$f(x)=\left(\frac{1}{2}\right)^x$兩個函數的函數圖形

解：

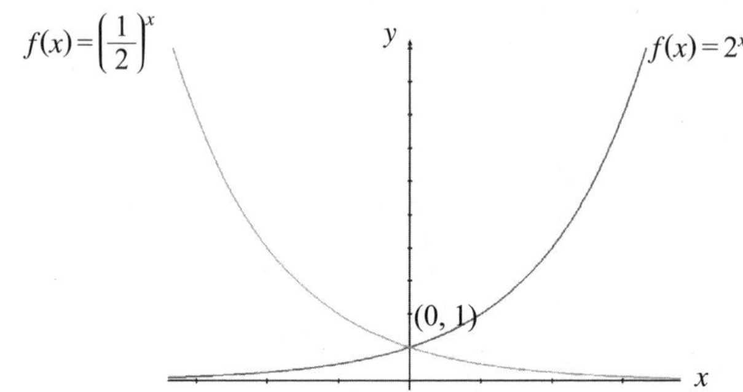

14.2.3 指數方程式

解指數方程式通常利用下列兩個方法：

(1) 利用變數代換

(2) 若$a>0$，$a^x=a^y$，則$\begin{cases}當\ a=1\ 時，x、y\ 為任意數\\ 當\ a\neq 1\ 時，x=y\end{cases}$

例 16 試解 $3^{x+1}+9^x-18=0$

解： 原式可改寫為 $3\times 3^x+3^{2x}-18=0\cdots$①

利用方法(1)，令 $3^x=A$，

則①可改寫為 $3A+A^2-18=0$

$(A-3)(A+6)=0$

$A=3$ 或 -6

$A=3^x=3$，可得 $x=1$

$A=3^x=-6$（不合，因為 $3^x>0$）

例 17 試求下列方程式的解。

(1)$25^x=125^{x-7}$ (2)$(0.125)^x=64$

解： (1)$25^x=125^{x-7}$

$(5^2)^x=(5^3)^{x-7}$

$5^{2x}=5^{3(x-7)}$

利用方法(2)，$2x=3x-21$

$x=21$

(2)$(0.125)^x=64$

$(\frac{1}{8})^x=64$

$(8^{-1})^x=8^2$

$8^{-x}=8^2$

利用方法(2)得 $x=-2$

例 18 設 $x^{\frac{1}{2}}+x^{-\frac{1}{2}}=3$，試求：

(1)$x+x^{-1}$ (2)$x^{\frac{3}{2}}+x^{-\frac{3}{2}}$

解： (1)$(x^{\frac{1}{2}}+x^{-\frac{1}{2}})^2=3^2=9$

所以$(x^{\frac{1}{2}})^2+(x^{-\frac{1}{2}})^2+2(x^{\frac{1}{2}})(x^{-\frac{1}{2}})=9$

$x^1+x^{-1}+2=9$

$x^1+x^{-1}=7$

(2)$(x^{\frac{1}{2}}+x^{-\frac{1}{2}})^3=3^3=27$

所以$(x^{\frac{1}{2}})^3+(x^{-\frac{1}{2}})^3+3(x^{\frac{1}{2}})^2(x^{-\frac{1}{2}})+3(x^{\frac{1}{2}})(x^{-\frac{1}{2}})^2=27$

$x^{\frac{3}{2}}+x^{-\frac{3}{2}}+3x^{\frac{1}{2}}+3x^{-\frac{1}{2}}=27$

$x^{\frac{3}{2}}+x^{-\frac{3}{2}}=27-3(x^{\frac{1}{2}}+x^{-\frac{1}{2}})=27-3\times 3=18$

我們也可以利用幾個性質來討論指數函數圖形的相關問題：

設$a>0$，$a\neq 1$，則

(1)$y=a^x$與$y=a^{-x}$的圖形對稱於y軸。

(2)$y=a^x$與$y=-a^x$的圖形對稱於x軸。

(3)$y=a^x$與$y=-a^{-x}$的圖形對稱於原點。

(4)$y=a^{x-h}$的圖形是由$y=a^x$右移h個單位之後的圖形。

(5)$y-k=a^x$的圖形是由$y=a^x$上移k個單位之後的圖形。

(6)$f(x)=g(x)$的實數解個數為$y=f(x)$與$y=g(x)$圖形的交點個數。

例 19　試繪出$y=2^x$與$y=x^2$之圖形並觀察。

解：

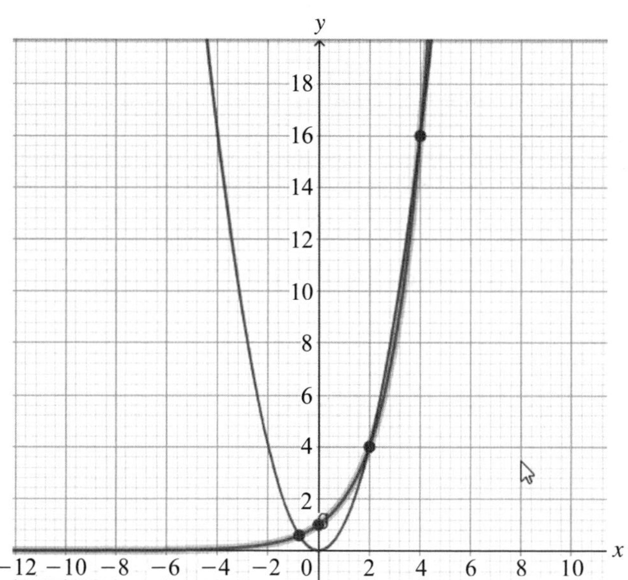

將 $y=2^x$ 及 $y=x^2$ 的圖形畫在同一個直角坐標上，

則觀察兩圖形的交點個數，即為 $2^x=x^2$ 的實數解個數。

根據圖形，得知 $y=2^x$ 與 $y=x^2$ 之圖形有 3 個交點，故 $2^x=x^2$ 的實數解有 3 個。

14.2.4 指數不等式

關於指數不等式的問題，我們將根據指數的性質來解決：

(1)若 $a>1$，則 $y=f(x)=a^x$ 為嚴格遞增函數，所以若 $x>y$，則 $a^x>a^y$。

(2)若 $0<a<1$，則 $y=f(x)=a^x$ 為嚴格遞減函數，所以若 $x>y$，則 $a^x<a^y$。

(3)若 $a>b>1$ 且 $a^x=b^y$，其中 $x, y\in\mathbb{R}^+$，則 $x<y$。

(4)若 $0>b>a$ 且 $a^x=b^y$，其中 $x, y\in\mathbb{R}^+$，則 $x>y$。

例 20　解 $27^x-4\times 3^{2x-1}+3^{x-1}<0$

解： $27^x-4\times 3^{2x-1}+3^{x-1}<0$

$3^{3x}-4\times 3^{-1}\times 3^{2x}+3^{-1}\times 3^x<0$

$(3^x)^3-\frac{4}{3}\times(3^x)^2+\frac{1}{3}\times 3^x<0$

因為 $3^x>0$，所以同乘 $\frac{3}{3^x}$

得 $3(3^x)^2-4\times 3^x+1<0$

令 $3^x=A$

則不等式可以改寫為 $3A^2-4A+1<0$

$(3A-1)(A-1)<0$

$\frac{1}{3}<A<1$

即 $3^{-1}<3^x<3^0$

因為 $3>1$，所以 $-1<x<0$

例 21　若 $a, b, c, d\in\mathbb{R}^+$ 使得 $2^a=3^b=(\sqrt{2})^c=(\sqrt{3})^d$，則 a、b、c、d 的大小關係為何？

解： 因為 $3>2>\sqrt{3}>\sqrt{2}>1$，根據性質(3)，所以 $b<a<d<c$。

例 22 $f(x)=a^x$ 為一指數函數，其中 $0<a<1$，$x\in\mathbb{R}$，下列何者成立？ (A)$f(r)f(s)=f(r+s)$

(B)$f(r)\div f(s)=f(r-s)$

(C)$f(r\times s)=[f(r)]^s$

(D)若 $r<s$，則$f(r)<f(s)$

解： (A)$f(r)f(s)=a^r a^s=a^{r+s}=f(r+s)$

(B)$f(r)\div f(s)=\dfrac{a^r}{a^s}=a^{r-s}=f(r-s)$

(C)$f(r\times s)=a^{rs}=(a^r)^s=[f(r)]^s$

(D)若 $r<s$，因為 $0<a<1$，所以 $a^r>a^s$，因此$f(r)>f(s)$

所以答案為(A)(B)(C)。

14.3 對數

對數是相對於指數的一種記數法，歷史上由於簡化數量龐大的計算工作，因而發明對數，例如計算 3.1415×2.7182 與 $3.1415+2.7182$，像這種冗長數字的運算，加法比乘法容易得多，但如果以計算器來運算，則沒有什麼差別。若要求$(1.36)^{100}$，這又是一個煩人的計算題，要逐次求其乘積，甚至有計算器也不容易。因為要處理如$(1.36)^{100}$之類的繁雜計算，人們便定義了一種和指數有密切關係的符號——對數。

14.3.1 對數基本概念

在先前的指數概念，我們知道 $3^4=81$，反過來說，如果已知 81，我們想知道 81 是 3 的幾次方，這就等於是求方程式 $3^x=81$ 的解，以符號 $\log_3 81$ 表示。因為 $3^4=81$，所以 4 是 $3^x=81$ 的解。因此，$\log_3 81=4$，即

$$3^4=81 \Leftrightarrow \log_3 81=4,$$

同樣地，

$$10^3=1000 \Leftrightarrow \log_{10} 1000=3,$$

$$2^{-5}=\frac{1}{32} \Leftrightarrow \log_2 \frac{1}{32}=-5,$$

$$5^0=1 \Leftrightarrow \log_5 1=0,$$

$$6^1=6 \Leftrightarrow \log_6 6=1,$$

$$7^{\frac{1}{2}}=\sqrt{7} \Leftrightarrow \log_7 \sqrt{7}=\frac{1}{2}。$$

一般而言，如果 $a>0$ 且 $a\neq 1$，當 $a^x=b$ 時，我們用符號 $\log_a b$ 來表示 x，即 $\log_a b=x$，稱 $\log_a b$ 為以 a 為底數時 b 的對數，b 稱為真數。反過來說，如果 $\log_a b=x$，那麼 $a^x=b$，即 $a^x=b \Leftrightarrow x=\log_a b$。

由於在討論指數 a^x 時，我們設定 a 必須大於零，所以在定義對數時，我們也設定 $a>0$，所以 a^x 恆為正，因此只有真數為正的對數才有意義，真數 0 或負數的對數都沒有意義，例如：$\log_3(-5)$ 和 $\log_3 0$ 都沒有意義。又如假設以 1 為底數，因為 $1^1=1$，$1^2=1$，$1^3=1$，…，那麼 $\log_1 1$ 到底等於 1 還是 2、3、…呢？這是沒辦法確定的，所以我們不以 1 為底數，今後我們所討論的對數，它的底數都大於零且不等於 1，而真數則恆大於零。

常用對數及自然對數為兩種常使用的對數，定義如下：

(1) 常用對數：以 10 為底數的對數稱之為常用對數，通常我們把常用對數的底數 10 省略而不寫，即 $\log_{10} b = \log b$。

(2) 自然對數：以超越數 e（$\doteqdot 2.71828$）為底數的對數稱之為自然對數，通常將 $\log_e b$ 記為 $\ln b$。

例 23 試求：(1)$\log_{49} 7$ (2)$\log_4 \sqrt{2}$ (3)$\log_{27} 81$ (4)$\log_{\frac{1}{25}} \frac{1}{5}$

解： (1)因為 $49^{\frac{1}{2}} = 7$，所以 $\log_{49} 7 = \frac{1}{2}$。

(2)因為 $4^{\frac{1}{4}} = \sqrt{2}$，所以 $\log_4 \sqrt{2} = \frac{1}{4}$。

(3)因為 $27^{\frac{4}{3}} = 81$，所以 $\log_{27} 81 = \frac{4}{3}$。

(4)因為$(\frac{1}{25})^{\frac{1}{2}} = \frac{1}{5}$，所以 $\log_{\frac{1}{25}} \frac{1}{5} = \frac{1}{2}$。

例 24 試求 $\log_2 2 + \log_2 4 + \log_2 8 + \cdots + \log_2 2^n + \cdots$ 至第 100 項的和。

解： 因為 $2^1 = 2$，$2^2 = 4$，$2^3 = 8$，…，

所以 $\log_2 2 = 1$，$\log_2 4 = 2$，$\log_2 8 = 3$，…，

故原式 $= 1 + 2 + 3 + \cdots + 100 = 5050$。

14.3.2 對數的大小比較與運算性質

一、對數的大小比較

下面我們先從具體例子來討論對數值的大小。

例 25 說明 $\log_3 100$ 介於哪兩個整數之間。

解： 令 $x=\log_3 100$，則 $3^x=100$。

令 $x=1, 2, 3, 4, 5$ 分別代入 3^x，

則 $3^1=3$、$3^2=9$、$3^3=27$，$3^4=81$、$3^5=243$，

由上列 3 之乘冪的值可知 $3^4=81<100=3^x<243=3^5$，

所以我們可知 $4<\log_3 100<5$。

例 26 若 $b=2, 3, \cdots, 10$，分別求 $\log_2 b$ 的範圍。

解： $2=2^1$、$4=2^2$、$8=2^3$、$16=2^4$，

即 $\log_2 2=1$，$1<\log_2 3<2$，

$\log_2 4=2$，$2<\log_2 5<3$，$2<\log_2 6<3$，$2<\log_2 7<3$，

$\log_2 8=3$，$3<\log_2 9<4$，$3<\log_2 10<4$，

將各對數的範圍串連起來，可得以下大小關係：

$1=\log_2 2<\log_2 3<\log_2 4=2<\log_2 5<\log_2 6<\log_2 7<\log_2 8=3$

$<\log_2 9<\log_2 10<4$。

對數的大小有如下的次序關係：

(1)若 $a>1$ 且 $b_1<b_2$，則 $\log_a b_1<\log_a b_2$。

(2)若 $a<1$ 且 $b_1<b_2$，則 $\log_a b_1>\log_a b_2$。

例 27 試求真數一位數、二位數與三位數之常用對數的範圍。

解： 若 a 為一位數時，則 $1 \le a < 10$，故 $\log 1 \le \log a < \log 10$，$0 \le \log a < 1$。

同理可得，若 a 為二位數時，$1 \le \log a < 2$；

若 a 為三位數時，$2 \le \log a < 3$。

由例 27 可知，以 10 為底時，n 位數的對數在 $(n-1)$ 與 n 之間，而 10^n 分位數的對數在 $-n$ 與 $-(n-1)$ 之間。

二、對數的運算性質

利用指數律就可以導出如下的對數運算性質：

a、$b>0$，$a \ne 1$，$b \ne 1$，m、$n \in \mathbb{R}^+$

(1) $\log_a 1 = 0$，$\log_a a = 1$

(2) $\log_a m + \log_a n = \log_a mn$

(3) $\log_a m - \log_a n = \log_a \dfrac{m}{n}$

(4) $\log_a m^n = n\log_a m$

(5) $\log_{a^m} b^n = \dfrac{n}{m}\log_a b$

(6) $\log_a m = \dfrac{\log_b m}{\log_b a}$

(7) $\log_a b = \dfrac{1}{\log_b a}$（即 $(\log_a b) \times (\log_b a) = 1$）

(8) $\log_a a^x = x$，$a^{\log_a x} = x$

(9) $a^{\log_b x} = x^{\log_b a}$

證明上述對數性質之過程，可利用對數定義、變數變換、對數與指數的調換等方法。逐一證明如下：

證明：

(1)$\log_a 1=0$ ，$\log_a a=1$

因為$a^1=a$，$a^0=1$，所以 $\log_a a=1$，$\log_a 1=0$。

(2)$\log_a m+\log_a n=\log_a mn$

設$x=\log_a m$，$y=\log_a n$，

則由定義可得　$a^x=m$，$a^y=n$，

利用指數定律得　$mn=a^x\times a^y=a^{x+y}$，所以

$\log_a m+\log_a n=x+y=\log_a mn$。

(3)$\log_a m-\log_a n=\log_a \dfrac{m}{n}$，

設$x=\log_a m$，$y=\log_a n$，

則$a^x=m$，$a^y=n$，

因$\dfrac{m}{n}=\dfrac{a^x}{a^y}=a^{x-y}$，所以 $\log_a m-\log_a n=x-y=\log_a \dfrac{m}{n}$。

(4)$\log_a m^n=n\log_a m$

設$x=\log_a m$，則$a^x=m$，所以$(a^x)^n=m^n$，

即 $\log_a m^n=\log_a a^{xn}=xn=n\log_a m$。

(5)$\log_{a^m} b^n=\dfrac{n}{m}\log_a b$

設$x=\log_a b$，則$a^x=b$，所以$(a^x)^n=b^n$，所以$((a^m)^{\frac{1}{m}})^{xn}=b^n$，

得到 $\log_{a^m} b^n=\log_{a^m}((a^m)^{\frac{1}{m}})^{xn}=\dfrac{1}{m}xn$，

即 $\log_{a^m} b^n=\dfrac{n}{m}\log_a b$。

(6)$\log_a m=\dfrac{\log_b m}{\log_b a}$

設$x=\log_b m$，$y=\log_b a$，則$b^x=m$，$b^y=a$，

所以 $\log_a m = \log_{b^y} b^x = \dfrac{x}{y}\log_b b = \dfrac{x}{y} = \dfrac{\log_b m}{\log_b a}$。

(7)$\log_a b = \dfrac{1}{\log_b a}$（即$(\log_a b) \times (\log_b a) = 1$）

可以根據(6)的結果，令 $m = b$，即可得到 $\log_a b = \dfrac{1}{\log_b a}$。

(8)$a^{\log_a x} = x$，$\log_a a^x = x$

令 $\log_a x = y$，

則 $a^y = x$，

因此 $a^{\log_a x} = x$。

利用對數的定義，即可得 $\log_a a^x = x$。

(9)$a^{\log_b x} = x^{\log_b a}$

$$\begin{aligned}\log_b\ (a^{\log_b x}) &= (\log_b x)(\log_b a)\\ &= (\log_b a)(\log_b x)\\ &= \log_b\ (x^{\log_b a})\end{aligned}$$

因此 $a^{\log_b x} = x^{\log_b a}$。

例 28 設 $\log 2 \fallingdotseq 0.3010$，試求：

(1)$\log 5$ (2)$\log 20$ (3)$\log 40$ (4)$\log \sqrt{5}$ (5)$\log_2 5$ (6)$\log_2 \sqrt{5}$

解： (1)$\log_{10} 5 = \log_{10} \dfrac{10}{2} = \log_{10} 10 - \log_{10} 2 \fallingdotseq 1 - 0.3010 = 0.699$

(2)$\log_{10} 20 = \log_{10}(2 \times 10) = \log_{10} 2 + \log_{10} 10 \fallingdotseq 0.3010 + 1$

$= 1.301$

(3)$\log_{10} 40 = \log_{10}(4 \times 10) = \log_{10} 2^2 + \log_{10} 10$

$$= 2\log_{10}2 + 1 \fallingdotseq 2 \times 0.3010 + 1 = 1.602$$

$$(4)\log_{10}\sqrt{5} = \log_{10}5^{\frac{1}{2}} = \frac{1}{2}\log_{10}5 \fallingdotseq \frac{1}{2} \times 0.699 = 0.3495$$

$$(5)\log_2 5 = \log_2\frac{10}{2} = \log_2 10 - \log_2 2 = \frac{1}{\log_{10}2} - 1$$

$$\fallingdotseq \frac{1}{0.3010} - 1 \fallingdotseq 2.3223$$

$$(6)\log_2\sqrt{5} = \log_2 5^{\frac{1}{2}} = \frac{1}{2}\log_2 5 = \frac{1}{2} \times \frac{\log_{10}5}{\log_{10}2} \fallingdotseq \frac{1}{2} \times \frac{0.699}{0.3010}$$

$$\fallingdotseq 1.611$$

例 29 求：(1)$4^{\log_4\sqrt{2}}$ (2)$9^{\log_3\frac{1}{8}}$

解： (1)$4^{\log_4\sqrt{2}} = \sqrt{2}$

$$(2)9^{\log_3\frac{1}{8}} = (3^2)^{\log_3\frac{1}{8}} = 3^{2\log_3\frac{1}{8}} = 3^{\log_3(\frac{1}{8})^2} = (\frac{1}{8})^2 = \frac{1}{64}$$

三、對數表與內插法

每個正實數都可以分解為一個 10 的乘方與一個介於 1 與 10 之間的數的乘積，例如：

$4970 = 4.97 \times 10^3$

$0.00497 = 4.97 \times 10^{-3}$

$0.0000497 = 4.97 \times 10^{-5}$

也就是對於任意正實數 a，都可以寫成 10 的乘冪乘以只含個位數的小數的乘積，也就是 $a = b \times 10^n$，n 為一個整數，而 $1 \le b < 10$，這個寫法稱為「科學記號」，或叫做標準寫法，在下面的查表求對數值中經常必須將實數以科學記號表示。

對數表列法之原理乃是利用對數性質中的$\log_a rs = \log_a r + \log_a s$特性，把數的乘、除法運算改為加、減法運算。利用此性質可把大於10的數a之對數寫成（即將a用科學記法表示）

$$\log_{10} a = \log_{10} \frac{a}{10^k} + \log_{10} 10^k = k + \log_{10} \frac{a}{10^k}$$

故只要在表中找出$\frac{a}{10^k}$的對數，即可算出a的對數。k是對數$\log_{10} a$的整數部分（可以是正數，0，或是負數），叫做首數。$\log_{10} \frac{a}{10^k}$是小數部分，叫做$\log_{10} a$的尾數。例如：$\log_{10} 4.92 = 0.6920$，首數是0，尾數是 0.6092；$\log_{10} 4970 = 3.6964$，首數是 3，尾數是 0.6964；$\log_{10} 0.0000497 = -5 + 0.6964$，首數是$-5$，尾數是0.6964。

顯然，若兩數的數碼相同，只是數碼所在的位值不同，亦即最高位的數字順次相同，則它們的對數的尾數相同，必須注意的是，顯然$\log_{10} 0.0000497 = -5 + 0.6964 = -4.3036$，但$-4$ 不是首數，首數是-5，0.3036也不是尾數，尾數是0.6964。

在對數表中，我們可以反過來查出：0.3032約是2.01的對數，事實上$\log_{10} 2.01 = 0.3032$，2.01叫做0.3032的真數。

由於利用對數表讀出的所謂的真數，在計算中若得到$-5 + 0.3032$，就可以逕由表中尋找 0.3032 的真數，再推算出原數是0.0000201。因此，不需要求出$-5 + 0.3032 = -4.6968$ 這個和數。通常，為了便於記述及推算，常用以下寫法：

$\log_{10} 0.00497 = -3 + 0.6964 = \overline{3}.6964$，

$\log_{10} 0.0000201 = -5 + 0.3032 = \overline{5}.3032$，

即當首數是負數時，常在首數上面畫一橫槓，逕直寫在小數點的前面。如此，當首數是正時，即寫法可照舊而不須任何調整。

1. 對數表

對數表所列的數為小數點後四位的近似值。在利用對數表來表示一個數的對數時，例如：試求 log 5.136，我們

log	0	1	2	3	4	5	6	7	8	9	表尾差								
											1	2	3	4	5	6	7	8	9
48	6812	6821	6830	6839	6848	6857	6866	6875	6884	6893	1	2	3	4	4	5	6	7	8
49	6902	6911	6920	6928	6937	6946	6955	6964	6972	6981	1	2	3	4	4	5	6	7	8
50	6990	6998	7007	7016	7024	7033	7042	7050	7059	7067	1	2	3	3	4	5	6	7	8
51	7076	7084	7093	7101	7110	7118	7126	7135	7143	7152	1	2	3	3	4	5	6	7	8
52	7160	7168	7177	7185	7193	7202	7210	7218	7226	7235	1	2	2	3	4	5	6	7	7
53	7243	7251	7259	7267	7275	7284	7292	7300	7308	7316	1	2	2	3	4	5	6	6	7

(1)先於表的左方找到 51 這一列。

(2)再於表的上方找到 3 這一行。

(3)對應的數字為 7101，$\log 5.13 = 0.7101$。

(4)再由表尾差找 6 這一行與 51 的相交之處找到數字 5，所以

$$
\begin{aligned}
\log 5.136 &= \log 5.13 + 0.0005 \\
&= 0.7101 + 0.0005 \\
&= 0.7106
\end{aligned}
$$

例 30　試求下列各數的近似值：(1)$\log_{10}\dfrac{5070000}{2}$　(2)$\log_{10}\sqrt{0.00123}$

解： (1)$\log_{10}\dfrac{5070000}{2} = \log_{10}5070000 - \log_{10}2$

$= \log_{10}(5.07 \times 10^{6}) - \log_{10}2$

$$=\log_{10}5.07+\log_{10}10^6-\log_{10}2$$

$$\approx 0.7050+6-0.3010$$

$$=6.4040$$

$$(2)\log_{10}\sqrt{0.00123}=\log_{10}(1.23\times 10^{-3})^{\frac{1}{2}}$$

$$=\frac{1}{2}\log_{10}(1.23\times 10^{-3})$$

$$=\frac{1}{2}(\log_{10}1.23+\log_{10}10^{-3})$$

$$=\frac{1}{2}(\log_{10}1.23-3)$$

$$\approx\frac{1}{2}(0.0899-3)$$

例 31 試求各對數的原數：

(1)2.2833 (2)$\overline{4}.7024$ (3)-4.7024

解： (1)0.2833 的真數是 1.92，故原數為 1.92×10^2，即 $\log_{10}192=2.2833$。

(2)0.7024 的真數是 5.04，故原數為 5.04×10^{-4}，即 $\log_{10}0.000504=\overline{4}.7024$。

(3)-4.7024 中的小數部分不是尾數，故須先改寫為首數與尾數兩部分，才能查表，即 $-4.7024=-5+0.2976=\overline{5}.2976$，但是這個尾數 0.2976 不在對數表上，由表上查得比它稍小的 0.2967 的真數是 1.98，比它稍大的 0.2989 的真數是 1.99，即它的真數是在 1.98 與 1.99 之間，在對數表中最右的三欄稱為表尾差，或稱為校正欄，欄中數字的單位是 0.0001，0.2976 與表中的 0.2967 多出 9 個 0.0001 單位，由表尾差中位在 1.9 橫列上的偏差數 9，正位在欄內的數字 4 之下，這個數字 4 就表示 0.2976 的真數比 0.2967 的真數大 4 個 0.001，故得 $0.2976=\log_{10}1.984$。

例 32 2^{50} 是幾位數？

解： 因為 $\log_{10}2^{50}\fallingdotseq 50\times 0.3010=15.05=15+0.05$，所以 $\log_{10}2^{50}$ 的首數是 15，因此 2^{50} 應該是 16 位數。

綜合以上的說明與舉例，我們歸納出下面的一般化性質：

(1) 對數＝首數＋尾數，$0\leq$ 尾數 <1。

(2) 若真數 a 大於 1，且整數部分是 n 位時，則對數 $\log_{10}a$ 的首數是 $n-1$。

(3) 若真數 a 小於 1，而其小數部分在小數點後第 n 位以前均為 0，且第 n 位不 是 0，則對數 $\log_{10}a$ 的首數為 $-n$。

2. 內插法

從實用的立場來說，對數表列出四位小數就已經夠用了，利用本書後面附錄中的對數表，第四位可由表中右三欄的校正表上查知。但像 $\log_{10}7.4142$ 無法直接利用查表得到近似值，可透過內插法估計近似值。內插法所根據的基本原則是「當原數與對數變動的範圍都很小時，原數的差與對數的差約成正比」。下面即利用此項原則，求 $\log_{10}7.4142$ 之值。因為 $7.41<7.4142<7.42$，先在對數表中查出 7.41 與 7.42 之對數列成下表：

x	$y=\log_{10}x$
7.42	0.8704
7.41	0.8698
$\Delta x=0.01$	$\Delta y=0.0006$

設 $y=\log_{10}7.4142$，則 $\dfrac{y-0.8698}{7.4142-7.41}=\dfrac{0.8704-0.8698}{7.42-7.41}=\dfrac{0.0006}{0.01}$，

所以 $y=0.8698+0.0042\times\dfrac{0.0006}{0.01}\fallingdotseq 0.8701$，即得 $\log_{10}7.4142\fallingdotseq 0.8701$。

14.4 對數函數

1. 對數函數的定義

(1) 設 $a>0$，$a\neq 1$，$x>0$，則函數 $f(x)=\log_a x$ 稱為以 a 為底數的對數函數，其定義域為 $\mathbb{R}^+=\{x|x>0\}$，值域為 $\mathbb{R}=\{y|y\in\mathbb{R}\}$。

(2) 對數函數具有以下特性：

(a) $f(1)=0$

(b) 對任意正實數 x_1、x_2，必滿足 $f(x_1\cdot x_2)=f(x_1)+f(x_2)$

(c) $f(x)$ 為一對一函數

(d) 當 $a>1$ 時，$f(x)=\log_a x$ 為遞增函數，即 $x_1>x_2\Rightarrow f(x_1)>f(x_2)$；

當 $0<a<1$ 時，$f(x)=\log_a x$ 為遞減函數，即 $x_1>x_2\Rightarrow f(x_1)<f(x_2)$。

2. 對數函數的圖形具有以下特性：

(1) 恆在 y 軸的右方

(2) 恆過點 $(1, 0)$

(3) 當 $a>1$ 時，$f(x)=\log_a x$ 為遞增函數，其圖形由左向右逐漸升高，愈向左邊圖形愈接近 y 軸

$f(x)=\log_a x,\ a>1$

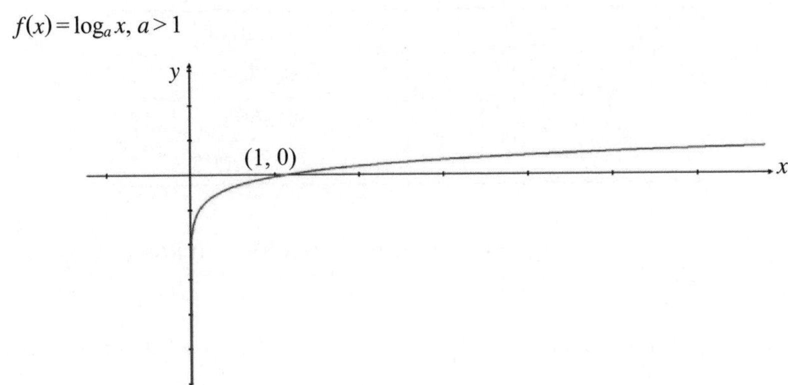

(4) 當 $0<a<1$ 時，$f(x)=\log_a x$ 為遞減函數，其圖形由左向右逐漸降低，愈向左邊圖形愈接近 y 軸。

$f(x)=\log_a x,\ 0<a<1$

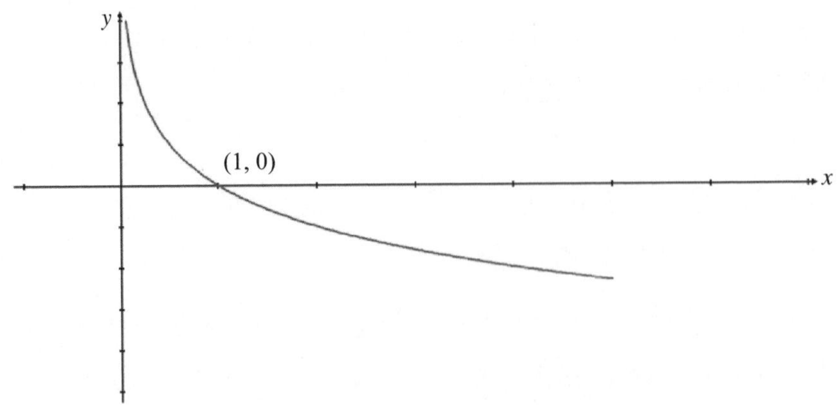

(5) 因為 $y=\log_a x \Leftrightarrow x=a^y$，所以對數函數與指數函數互為反函數。因此，$y=\log_a x$ 的圖形與 $y=a^x$ 的圖形對稱於直線 $y=x$，如下圖所示。

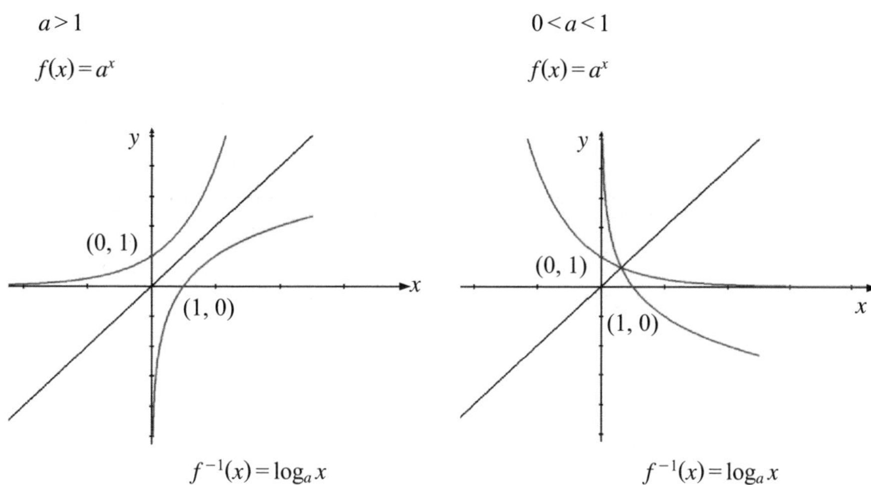

(6) 設 $a>1$，則 $y=\log_a x$ 的圖形和 $y=\log_{\frac{1}{a}} x$ 的圖形，對稱於 x 軸。

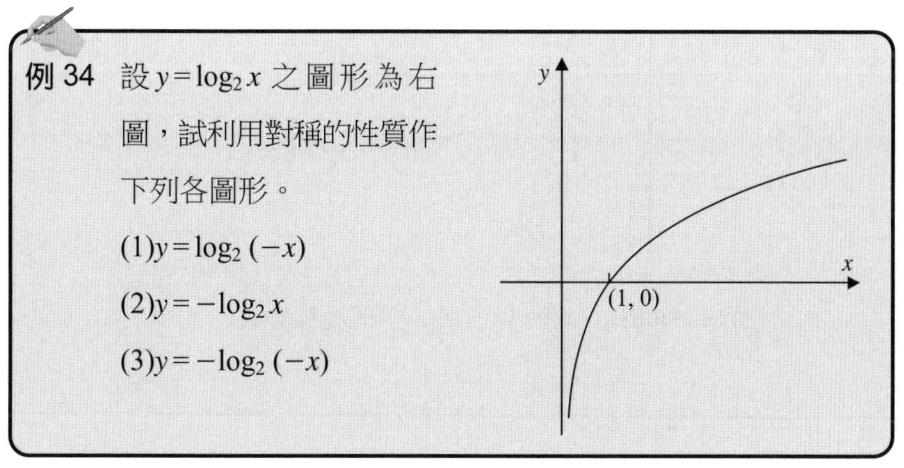

例 34　設 $y=\log_2 x$ 之圖形為右圖，試利用對稱的性質作下列各圖形。

(1) $y=\log_2(-x)$

(2) $y=-\log_2 x$

(3) $y=-\log_2(-x)$

解　(1) $y=\log_2(-x)$ 與 $y=\log_2 x$ 對稱於 y 軸

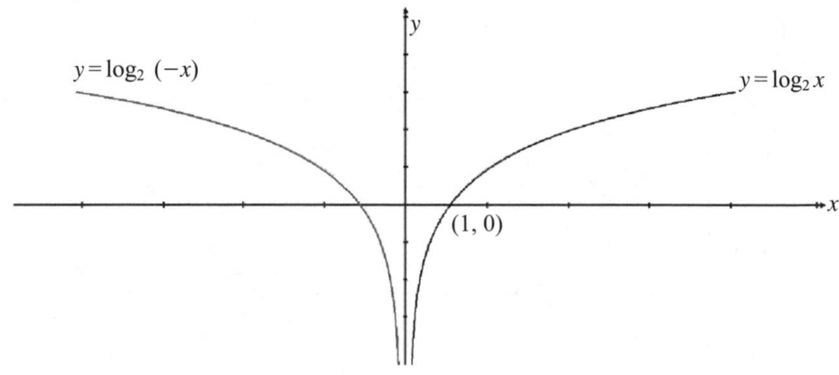

(2) $y=-\log_2 x$ 與 $y=\log_2 x$ 對稱於 x 軸

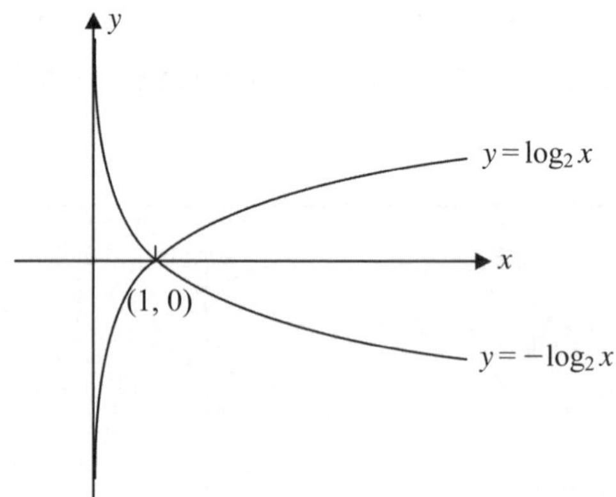

(3) $y=-\log_2(-x)$ 與 $y=\log_2 x$ 對稱於原點

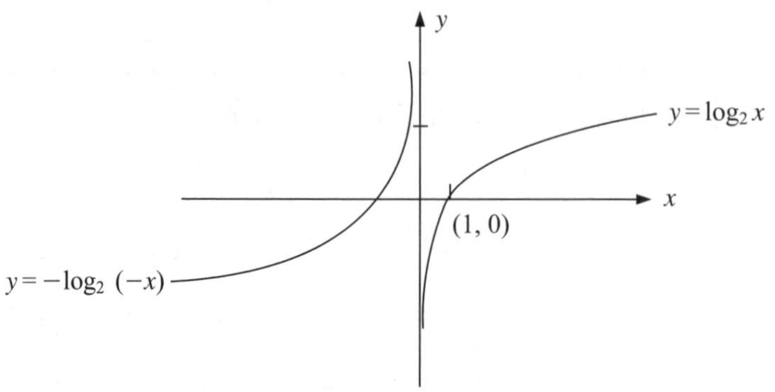

例 35 下圖中，$y=\log_a x$ 與 $y=\log_d x$ 兩圖形對稱於 x 軸，$y=\log_b x$ 與 $y=\log_c x$ 兩圖形對稱於 x 軸，試判斷 a、b、c、d 的大小關係。

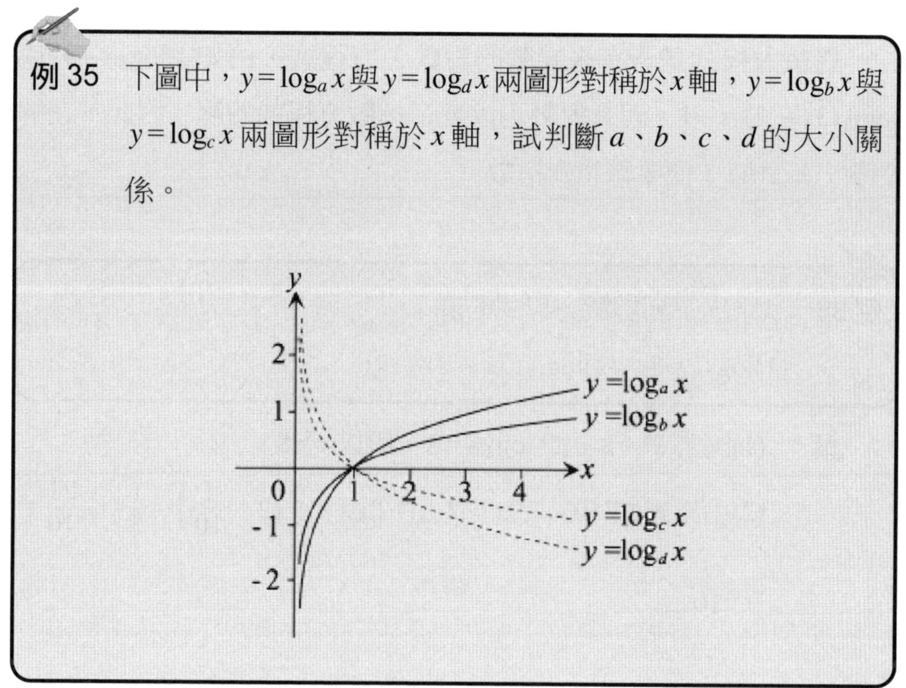

解： 取一定值下去觀察（例如：取 $x=3$），所以 $\log_a 3>\log_b 3$，得到 $a<b$，且 $\log_a x$ 與 $\log_d x$ 對稱於 x 軸，所以 $a^{-1}=d$ 且 $a>d$；同理 $b^{-1}=c$，所以得到 $b>a>d>c$。

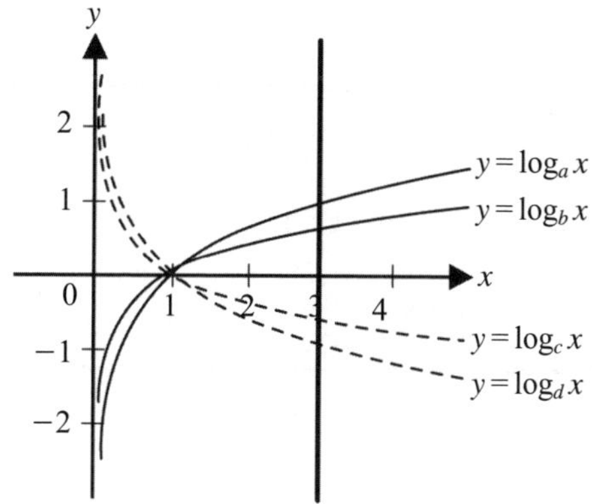

3. 對數方程式

對數方程式是含有未知數的對數之方程式，例如：$\log_2 x=3$ 或 $\log_{10}(3x-2)=-1$，因為對數可以表示指數方程式的解，因此，在解對數方程式時，便要聯想到指數。

例 36 試求出下列對數方程式的解：

(1)$\log_2 x=3$ (2)$\log_{10}(3x-2)=-1$

解： (1)因為 $2^3=8$，即 $\log_2 8=3$，所以 $x=8$。

(2)由定義知 $10^{-1}=3x-2$，所以 $x=\frac{1}{3}\left(2+\frac{1}{10}\right)=\frac{1}{3}\times\frac{21}{10}=\frac{7}{10}$。

例 37 試求出 $3^x=2^{x+1}$ 的解。

解： 這是指數方程式，但須用對數求解，兩邊分別取以 2 為底數的對數後，可得 $x\log_2 3=(x+1)\log_2 2=(x+1)$，所以 $x=\frac{1}{\log_2 3-1}$。

例 38 試求出下列對數方程式的解：

(1)$\log_{10}(x-3)+\log_{10}x=\log_{10}28$

(2)$(\log_{10}x)^2-\log_{10}x=\frac{3}{4}$

解： (1)由對數性質得

$\log_{10}[(x-3)\cdot x]=\log_{10}28$，得$(x-3)\cdot x=28$，解得$x=7$或$x=-4$，因對數只對正實數有意義，故得$x=7$。

(2)設$y=\log_{10}x$，則$y^2-y=\frac{3}{4}$，解得$y=-\frac{1}{2}$或$y=\frac{3}{2}$，故$\log_{10}x=-\frac{1}{2}$或$\log_{10}x=\frac{3}{2}$，即得$x=\frac{1}{\sqrt{10}}$或$x=10\sqrt{10}$。

習題

1. 若對數$\log(\log_2|x|)$有意義，則x的範圍為何？
2. 設對數函數$f(x)=\log_a x$，$a>0$，$a\neq 1$，對於任意正數r、s，下列何者恆成立？ (1) $f(r)+f(s)=f(r+s)$ (2) $f(r)+f(s)=f(r\times s)$ (3) $f(r)-f(s)=f(r-s)$ (4) $f(r)-f(s)=f(\frac{r}{s})$ (5) $\frac{f(r)}{f(s)}=f(\frac{r}{s})$
3. 陳老師證明了$x^2=2^x$有兩個正實數解及一個負實數解後，進一步說，此方程式兩邊各取$\log_2$，得$2\log_2 x=x$；陳老師要同學討論此新的方程式有多少實數解？

   小英說：恰有三個實數解；

   小明說：恰有兩個正實數解；

   小華說：最多只有兩個實數解；

   小毛說：仍然有兩個正實數解及一個負實數解；

   小芬說：沒有實數解。

   請問哪些人說的話，可以成立？

   (1)小英 (2)小明 (3)小華 (4)小毛 (5)小芬
4. 設α、β為方程式$(\log x)^2-\log x^2-6=0$之兩相異實根，試求$\log_\alpha\beta+\log_\beta\alpha$的值。

5. 試求 $2^{\log x}\cdot x^{\log 2}-3\cdot x^{\log 2}-2^{1+\log x}+4=0$ 的解。

6. 若 $\log_{10}2=0.3010...$，試問 2^{100} 是幾位數？

7. 試求 $\log_{\frac{1}{2}}(x-1)>\log_{\frac{1}{4}}(2x+1)$的解。

8. 若函數f滿足：對於任意實數x、y，$f(x+y)=f(x)f(y)$ 恆成立，且 $f(1)=2$，則$f(10)$之值為何？

9. 已知函數f滿足下列性質：$f(1)=1$，且對任意的正整數n，$f(2n)=n\cdot f(n)$。試求$f(2^{100})$的值。

10. 設 $\log_2 3=a$，$\log_3 5=b$，求 $\log_{72}90$（以a、b表示）。

11. 已知 $\log_7(\log_5(\log_3 x))=0$，則$x^2$之值為何？

12. 試解不等式 $(\frac{1}{5})^{x^2-2x}>0.008$。

13. 試解聯立式

$$\begin{cases}2^{x+2}-5^y=39\\ 2^x+5^{y+1}=141\end{cases}$$

14. 設方程式 $5^{2x}-k\cdot 5^{x+2}+625=0$ 的兩根乘積為 3，則k的值為何？

附表　常用對數表　$y=\log_{10}x$

x	0	1	2	3	4	5	6	7	8	9	表尾差 1	2	3	4	5	6	7	8	9
1.0	.0000	.0043	.0086	.0128	.0170	.0212	.0253	.0294	.0334	.0374	4	8	12	17	21	25	29	33	37
1.1	.0414	.0453	.0492	.0531	.0569	.0607	.0645	.0682	.0719	.0755	4	8	11	15	19	23	26	30	34
1.2	.0792	.0828	.0864	.0899	.0934	.0969	.1004	.1038	.1072	.1106	3	7	10	14	17	21	24	28	31
1.3	.1139	.1173	.1206	.1239	.1271	.1303	.1335	.1367	.1399	.1430	3	6	10	13	16	19	23	26	29
1.4	.1461	.1492	.1523	.1553	.1584	.1614	.1644	.1673	.1703	.1732	3	6	9	12	15	18	21	24	27
1.5	.1761	.1790	.1818	.1847	.1875	.1903	.1931	.1959	.1987	.2014	3	6	8	11	14	17	20	22	25
1.6	.2041	.2068	.2095	.2122	.2148	.2175	.2201	.2227	.2253	.2279	3	5	8	11	13	16	18	21	24
1.7	.2304	.2330	.2355	.2380	.2405	.2430	.2455	.2480	.2504	.2529	2	5	7	10	12	15	17	20	22
1.8	.2553	.2577	.2601	.2625	.2648	.2672	.2695	.2718	.2742	.2765	2	5	7	9	12	14	16	19	21
1.9	.2788	.2810	.2833	.2856	.2878	.2900	.2932	.2945	.2967	.2989	2	4	7	9	11	13	16	18	20
2.0	.3010	.3032	.3054	.3075	.3096	.3118	.3139	.3160	.3181	.3201	2	4	6	8	11	12	15	17	19
2.1	.3223	.3243	.3263	.3284	.3304	.3324	.3345	.3365	.3385	.3404	2	4	6	8	10	12	14	16	18
2.2	.3424	.3444	.3464	.3483	.3502	.3522	.3541	.3560	.3579	.3598	2	4	6	8	10	12	14	15	17
2.3	.3617	.3636	.3655	.3674	.3692	.3711	.3729	.3747	.3766	.3784	2	4	6	7	9	11	13	15	17
2.4	.3802	.3820	.3838	.3856	.3874	.3892	.3909	.3927	.3945	.3962	2	4	5	7	9	11	12	14	16
2.5	.3979	.3997	.4014	.4031	.4048	.4065	.4082	.4099	.4116	.4133	2	3	5	7	9	10	12	14	15
2.6	.4150	.4166	.4183	.4200	.4216	.4232	.4249	.4265	.4281	.4298	2	3	5	7	8	10	11	13	15
2.7	.4314	.4330	.4346	.4362	.4378	.4393	.4409	.4425	.4440	.4456	2	3	5	6	8	9	11	13	14
2.8	.4472	.4487	.4502	.4518	.4533	.4548	.4564	.4579	.4594	.4609	2	3	5	6	8	9	11	12	14
2.9	.4624	.4639	.4654	.4669	.4683	.4698	.4713	.4728	.4742	.4757	1	3	4	6	7	9	10	12	13
3.0	.4771	.4786	.4800	.4814	.4829	.4843	.4857	.4871	.4886	.4900	1	3	4	6	7	9	10	11	13
3.1	.4914	.4928	.4942	.4955	.4969	.4983	.4997	.5011	.5024	.5038	1	3	4	6	7	8	10	11	12
3.2	.5051	.5065	.5079	.5092	.5105	.5119	.5132	.5145	.5159	.5172	1	3	4	5	7	8	9	11	12
3.3	.5185	.5198	.5211	.5224	.5237	.5250	.5263	.5276	.5289	.5302	1	3	4	5	6	8	9	10	12
3.4	.5315	.5328	.5340	.5353	.5366	.5378	.5391	.5403	.5416	.5428	1	3	4	5	6	8	9	10	11
3.5	.5441	.5453	.5465	.5478	.5490	.5502	.5514	.5527	.5539	.5551	1	2	4	5	6	7	9	10	11
3.6	.5563	.5575	.5587	.5599	.5611	.5623	.5635	.5647	.5658	.5670	1	2	4	5	6	7	8	10	11
3.7	.5682	.5694	.5705	.5717	.5729	.5740	.5752	.5763	.5775	.5786	1	2	3	5	6	7	8	9	10
3.8	.5798	.5809	.5821	.5832	.5843	.5855	.5866	.5877	.5888	.5899	1	2	3	5	6	7	8	9	10
3.9	.5911	.5922	.5933	.5944	.5955	.5966	.5977	.5988	.5999	.6010	1	2	3	4	5	7	8	9	10
4.0	.6021	.6031	.6042	.6053	.6064	.6075	.6085	.6096	.6107	.6117	1	2	3	4	5	7	8	9	10
4.1	.6128	.6138	.6149	.6160	.6170	.6180	.6191	.6201	.6212	.6222	1	2	3	4	5	6	7	8	9
4.2	.6232	.6243	.6253	.6263	.6274	.6284	.6294	.6304	.6314	.6325	1	2	3	4	5	6	7	8	9
4.3	.6335	.6345	.6355	.6365	.6375	.6385	.6395	.6405	.6415	.6425	1	2	3	4	5	6	7	8	9
4.4	.6435	.6444	.6454	.6464	.6474	.6484	.6493	.6503	.6513	.6522	1	2	3	4	5	6	7	8	9
4.5	.6532	.6542	.6551	.6561	.6571	.6580	.6590	.6599	.6609	.6618	1	2	3	4	5	6	7	8	9
4.6	.6628	.6637	.6646	.6656	.6665	.6675	.6684	.6693	.6702	.6712	1	2	3	4	5	6	7	7	8
4.7	.6721	.6730	.6739	.6749	.6758	.6767	.6776	.6785	.6794	.6803	1	2	3	4	5	5	6	7	8
4.8	.6812	.6821	.6830	.6839	.6848	.6857	.6866	.6875	.6884	.6893	1	2	3	4	4	5	6	7	8
4.9	.6902	.6911	.6920	.6928	.6937	.6946	.6955	.6964	.6972	.6981	1	2	3	4	4	5	6	7	8
5.0	.6990	.6998	.7007	.7016	.7024	.7033	.7042	.7050	.7059	.7067	1	2	3	3	4	5	6	7	8
5.1	.7076	.7084	.7093	.7101	.7110	.7118	.7126	.7135	.7143	.7152	1	2	3	3	4	5	6	7	8
5.2	.7160	.7168	.7177	.7185	.7193	.7202	.7210	.7218	.7226	.7235	1	2	2	3	4	5	6	7	7
5.3	.7243	.7251	.7259	.7267	.7275	.7284	.7292	.7300	.7308	.7316	1	2	2	3	4	5	6	6	7
5.4	.7324	.7332	.7340	.7348	.7356	.7364	.7372	.7380	.7388	.7396	1	2	2	3	4	5	6	6	7
x	0	1	2	3	4	5	6	7	8	9	1	2	3	4	5	6	7	8	9

附表　常用對數表（續）　$y=\log_{10}x$

x	0	1	2	3	4	5	6	7	8	9	表	尾	差						
											1	2	3	4	5	6	7	8	9
5.5	.7404	.7412	.7419	.7427	.7435	.7443	.7451	.7459	.7466	.7474	1	2	2	3	4	5	5	6	7
5.6	.7482	.7490	.7497	.7505	.7513	.7520	.7528	.7536	.7543	.7551	1	2	2	3	4	5	5	6	7
5.7	.7559	.7566	.7574	.7582	.7589	.7597	.7604	.7612	.7619	.7627	1	2	2	3	4	5	5	6	7
5.8	.7634	.7642	.7649	.7657	.7664	.7672	.7679	.7686	.7694	.7701	1	1	2	3	4	4	5	6	7
5.9	.7709	.7716	.7723	.7731	.7738	.7745	.7752	.7760	.7767	.7774	1	1	2	3	4	4	5	6	7
6.0	.7782	.7789	.7796	.7803	.7810	.7818	.7825	.7832	.7839	.7846	1	1	2	3	4	4	5	6	6
6.1	.7853	.7860	.7868	.7875	.7882	.7889	.7896	.7903	.7910	.7917	1	1	2	3	4	4	5	6	6
6.2	.7924	.7931	.7938	.7945	.7952	.7959	.7966	.7973	.7980	.7987	1	1	2	3	3	4	5	6	6
6.3	.7993	.8000	.8007	.8014	.8021	.8028	.8035	.8041	.8048	.8055	1	1	2	3	3	4	5	5	6
6.4	.8062	.8069	.8069	.8082	.8089	.8096	.8102	.8109	.8116	.8122	1	1	2	3	3	4	5	5	6
6.5	.8129	.8136	.8142	.8149	.8156	.8162	.8169	.8176	.8182	.8189	1	1	2	3	3	4	5	5	6
6.6	.8195	.8202	.8209	.8215	.8222	.8228	.8235	.8241	.8248	.8254	1	1	2	3	3	4	5	5	6
6.7	.8261	.8267	.8274	.8280	.8287	.8293	.8299	.8306	.8312	.8319	1	1	2	3	3	4	5	5	6
6.8	.8325	.8331	.8338	.8344	.8351	.8357	.8363	.8370	.8376	.8382	1	1	2	3	3	4	4	5	6
6.9	.8388	.8395	.8401	.8407	.8414	.8420	.8426	.8432	.8439	.8445	1	1	2	2	3	4	4	5	6
7.0	.8451	.8457	.8470	.8470	.8476	.8482	.8488	.8494	.8500	.8506	1	1	2	2	3	4	4	5	6
7.1	.8513	.8519	.8525	.8531	.8537	.8543	.8549	.8555	.8561	.8567	1	1	2	2	3	4	4	5	5
7.2	.8573	.8579	.8585	.8591	.8597	.8603	.8609	.8615	.8621	.8627	1	1	2	2	3	4	4	5	5
7.3	.8633	.8639	.8645	.8651	.8657	.8663	.8669	.8675	.8681	.8686	1	1	2	2	3	4	4	5	5
7.4	.8692	.8698	.8704	.8710	.8716	.8722	.8727	.8733	.8739	.8745	1	1	2	2	3	4	4	5	5
7.5	.8751	.8756	.8762	.8768	.8774	.8779	.8785	.8791	.8797	.8802	1	1	2	2	3	3	4	5	5
7.6	.8808	.8814	.8820	.8825	.8831	.8837	.8842	.8848	.8854	.8859	1	1	2	2	3	3	4	5	5
7.7	.8865	.8871	.8876	.8882	.8887	.8893	.8899	.8904	.8910	.8915	1	1	2	2	3	3	4	4	5
7.8	.8921	.8927	.8932	.8938	.8943	.8949	.8954	.8960	.8965	.8971	1	1	2	2	3	3	4	4	5
7.9	.8976	.8982	.8987	.8993	.8998	.9004	.9009	.9015	.9020	.9025	1	1	2	2	3	3	4	4	5
8.0	.9031	.9036	.9047	.9047	.9053	.9058	.9063	.9069	.9074	.9079	1	1	2	2	3	3	4	4	5
8.1	.9085	.9090	.9096	.9101	.9106	.9112	.9117	.9122	.9128	.9133	1	1	2	2	3	3	4	4	5
8.2	.9138	.9143	.9149	.9154	.9159	.9165	.9170	.9175	.9180	.9186	1	1	2	2	3	3	4	4	5
8.3	.9191	.9196	.9201	.9206	.9212	.9217	.9222	.9227	.9232	.9238	1	1	2	2	3	3	4	4	5
8.4	.9243	.9248	.9253	.9258	.9263	.9269	.9274	.9279	.9284	.9289	1	1	2	2	3	3	4	4	5
8.5	.9294	.9299	.9304	.9309	.9315	.9320	.9325	.9330	.9335	.9340	1	1	2	2	3	3	4	4	5
8.6	.9345	.9350	.9355	.9360	.9365	.9370	.9375	.9380	.9385	.9390	1	1	2	2	3	3	4	4	5
8.7	.9395	.9400	.9405	.9410	.9415	.9420	.9425	.9430	.9435	.9440	0	1	1	2	2	3	3	4	4
8.8	.9445	.9450	.9455	.9460	.9465	.9469	.9474	.9479	.9484	.9489	0	1	1	2	2	3	3	4	4
8.9	.9494	.9499	.9504	.9509	.9513	.9548	.9523	.9528	.9533	.9538	0	1	1	2	2	3	3	4	4
9.0	.9542	.9547	.9552	.9557	.9562	.9566	.9571	.9576	.9581	.9586	0	1	1	2	2	3	3	4	4
9.1	.9590	.9595	.9600	.9605	.9609	.9614	.9619	.9624	.9628	.9633	0	1	1	2	2	3	3	4	4
9.2	.9638	.9643	.9647	.9652	.9657	.9661	.9666	.9671	.9675	.9680	0	1	1	2	2	3	3	4	4
9.3	.9685	.9689	.9694	.9699	.9703	.9708	.9713	.9717	.9722	.9727	0	1	1	2	2	3	3	4	4
9.4	.9731	.9736	.9741	.9745	.9750	.9754	.9759	.9763	.9768	.9773	0	1	1	2	2	3	3	4	4
9.5	.9777	.9782	.9786	.9791	.9795	.9800	.9805	.9809	.9814	.9818	0	1	1	2	2	3	3	4	4
9.6	.9823	.9827	.9832	.9836	.9841	.9845	.9850	.9854	.9859	.9863	0	1	1	2	2	3	3	4	4
9.7	.9868	.9872	.9877	.9881	.9886	.9890	.9894	.9899	.9903	.9908	0	1	1	2	2	3	3	4	4
9.8	.9912	.9917	.9921	.9926	.9930	.9934	.9939	.9943	.9948	.9952	0	1	1	2	2	3	3	4	4
9.9	.9956	.9961	.9965	.9969	.9974	.9978	.9983	.9987	.9991	.9996	0	1	1	2	2	3	3	3	4
x	0	1	2	3	4	5	6	7	8	9	1	2	3	4	5	6	7	8	9

乘方開方表

N	N^2	$\sqrt{N}$	$\sqrt{10N}$	N^3	$\sqrt[2]{N}$	$\sqrt[2]{10N}$	$\sqrt[2]{100N}$
1	1	1	3.16227766	1	1	2.15443469	4.641588834
2	4	1.414213562	4.472135955	8	1.25992105	2.714417617	5.848035476
3	9	1.732050808	5.477225575	27	1.44224957	3.107232506	6.694329501
4	16	2	6.32455532	64	1.587401052	3.419951893	7.368062997
5	25	2.236067977	7.071067812	125	1.709975947	3.684031499	7.93700526
6	36	2.449489743	7.745966692	216	1.817120593	3.914867641	8.434326653
7	49	2.645751311	8.366600265	343	1.912931183	4.1212853	8.879040017
8	64	2.828427125	8.94427191	512	2	4.30886938	9.283177667
9	81	3	9.486832981	729	2.080083823	4.481404747	9.654893846
10	100	3.16227766	10	1000	2.15443469	4.641588834	10
11	121	3.31662479	10.48808848	1331	2.223980091	4.791419857	10.32280115
12	144	3.464101615	10.95445115	1728	2.289428485	4.932424149	10.62658569
13	169	3.605551275	11.40175425	2197	2.351334688	5.065797019	10.91392883
14	196	3.741657387	11.83215957	2744	2.410142264	5.192494102	11.18688942
15	225	3.872983346	12.24744871	3375	2.466212074	5.313292846	11.44714243
16	256	4	12.64911064	4096	2.5198421	5.428835233	11.69607095
17	289	4.123105626	13.03840481	4913	2.571281591	5.539658257	11.93483192
18	324	4.242640687	13.41640786	5832	2.620741394	5.646216173	12.16440399
19	361	4.358898944	13.78404875	6859	2.668401649	5.748897079	12.3856233
20	400	4.472135955	14.14213562	8000	2.714417617	5.848035476	12.5992105
21	441	4.582575695	14.49137675	9261	2.758924176	5.943921953	12.80579165
22	484	4.69041576	14.83239697	10648	2.802039331	6.036810737	13.00591447
23	529	4.795831523	15.16575089	12167	2.84386698	6.126925675	13.20006122
24	576	4.898979486	15.49193338	13824	2.884499141	6.214465012	13.388659
25	625	5	15.8113883	15625	2.924017738	6.299605249	13.57208808
26	676	5.099019514	16.1245155	17576	2.962496068	6.382504299	13.75068867
27	729	5.196152423	16.43167673	19683	3	6.46330407	13.9247665
28	784	5.291502622	16.73320053	21952	3.036588972	6.54213262	14.09459746
29	841	5.385164807	17.02938637	24389	3.072316826	6.619105948	14.26043147
30	900	5.477225575	17.32050808	27000	3.107232506	6.694329501	14.4224957
31	961	5.567764363	17.60681686	29791	3.141380652	6.767899452	14.58099736
32	1024	5.656854249	17.88854382	32768	3.174802104	6.839903787	14.73612599
33	1089	5.744562647	18.16590212	35937	3.20753433	6.91042323	14.88805553
34	1156	5.830951895	18.43908891	39304	3.239611801	6.979532047	15.03694596
35	1225	5.916079783	18.70828693	42875	3.27106631	7.047298732	15.18294486
36	1296	6	18.97366596	46656	3.301927249	7.113786609	15.32618865
37	1369	6.08276253	19.23538406	50653	3.332221852	7.179054352	15.46680374
38	1444	6.164414003	19.49358869	54872	3.361975407	7.243156443	15.60490751
39	1521	6.244997998	19.74841766	59319	3.391211443	7.306143574	15.74060917
40	1600	6.32455532	20	64000	3.419951893	7.368062997	15.87401052

乘方開方表（續）

N	N^2	$\sqrt{N}$	$\sqrt{10N}$	N^3	$\sqrt[2]{N}$	$\sqrt[2]{10N}$	$\sqrt[2]{100N}$
41	1681	6.403124237	20.24845673	68921	3.44821724	7.428958841	16.00520664
42	1764	6.480740698	20.49390153	74088	3.476026645	7.488872387	16.13428646
43	1849	6.557438524	20.73644135	79507	3.50339806	7.547842314	16.26133332
44	1936	6.633249581	20.97617696	85184	3.530348335	7.605904922	16.38642541
45	2025	6.708203932	21.21320344	91125	3.556893304	7.663094324	16.50963624
46	2116	6.782329983	21.44761059	97336	3.583047871	7.719442629	16.63103499
47	2209	6.8556546	21.67948339	103823	3.60882608	7.774980097	16.75068684
48	2304	6.92820323	21.9089023	110592	3.634241186	7.829735282	16.86865331
49	2401	7	22.13594362	117649	3.65930571	7.883735163	16.98499252
50	2500	7.071067812	22.36067977	125000	3.684031499	7.93700526	17.09975947
51	2601	7.141428429	22.58317958	132651	3.708429769	7.98956974	17.21300621
52	2704	7.211102551	22.8035085	140608	3.732511157	8.041451517	17.32478211
53	2809	7.280109889	23.02172887	148877	3.756285754	8.092672335	17.43513401
54	2916	7.348469228	23.23790008	157464	3.77976315	8.14325285	17.54410643
55	3025	7.416198487	23.4520788	166375	3.802952461	8.193212706	17.65174168
56	3136	7.483314774	23.66431913	175616	3.825862366	8.2425706	17.75808003
57	3249	7.549834435	23.87467277	185193	3.848501131	8.291344342	17.86315988
58	3364	7.615773106	24.08318916	195112	3.870876641	8.339550915	17.96701779
59	3481	7.681145748	24.2899156	205379	3.892996416	8.387206527	18.06968869
60	3600	7.745966692	24.49489743	216000	3.914867641	8.434326653	18.17120593
61	3721	7.810249676	24.69817807	226981	3.936497183	8.480926088	18.27160137
62	3844	7.874007874	24.8997992	238328	3.95789161	8.527018983	18.3709055
63	3969	7.937253933	25.0998008	250047	3.979057208	8.572618882	18.4691475
64	4096	8	25.29822128	262144	4	8.61773876	18.56635533
65	4225	8.062257748	25.49509757	274625	4.020725759	8.662391053	18.66255578
66	4356	8.124038405	25.69046516	287496	4.041240021	8.706587691	18.75777455
67	4489	8.185352772	25.88435821	300763	4.0615481	8.750340123	18.85203631
68	4624	8.246211251	26.07680962	314432	4.081655102	8.793659344	0
69	4761	8.306623863	26.26785107	328509	4.10156593	8.836555922	19.03778262
70	4900	8.366600265	26.45751311	343000	4.1212853	8.879040017	19.12931183
71	5041	8.426149773	26.64582519	357911	4.140817749	8.921121404	19.21997343
72	5184	8.485281374	26.83281573	373248	4.160167646	8.962809493	19.30978769
73	5329	8.544003745	27.01851217	389017	4.179339196	9.004113346	19.39877415
74	5476	8.602325267	27.20294102	405224	4.198336454	9.045041697	19.4869516
75	5625	8.660254038	27.38612788	421875	4.217163327	9.085602964	19.57433821
76	5776	8.717797887	27.5680975	438976	4.235823584	9.125805271	19.66095145
77	5929	8.774964387	27.74887385	456533	4.254320865	9.165656454	19.74680822
78	6084	8.831760866	27.92848009	474552	4.272658682	9.205164083	19.83192483
79	6241	8.888194417	28.10693865	493039	4.290840427	9.244335465	19.91631701
80	6400	8.94427191	28.28427125	512000	4.30886938	9.283177667	20

乘方開方表（續）

N	N^2	$\sqrt{N}$	$\sqrt{10N}$	N^3	$\sqrt[3]{N}$	$\sqrt[3]{10N}$	$\sqrt[3]{100N}$
81	6561	9	28.46049894	531441	4.326748711	9.321697518	20.0829885
82	6724	9.055385138	28.63564213	551368	4.344481486	9.359901623	20.16529675
83	6889	9.110433579	28.80972058	571787	4.362070671	9.397796375	20.24693852
84	7056	9.16515139	28.98275349	592704	4.37951914	9.435387961	20.32792714
85	7225	9.219544457	29.15475947	614125	4.396829672	9.472682372	20.40827551
86	7396	9.273618495	29.3257566	636056	4.414004962	9.509685413	20.48799615
87	7569	9.327379053	29.49576241	658503	4.431047622	9.546402709	20.56710116
88	7744	9.38083152	29.66479395	681472	4.447960181	9.582839714	20.64560231
89	7921	9.433981132	29.83286778	704969	4.464745096	9.619001716	20.72351098
90	8100	9.486832981	30	729000	4.481404747	9.654893846	20.80083823
91	8281	9.539392014	30.16620626	753571	4.497941445	9.690521083	20.87759479
92	8464	9.591663047	30.33150178	778688	4.514357435	9.725888262	20.95379106
93	8649	9.643650761	30.49590136	804357	4.530654896	9.761000077	21.02943717
94	8836	9.695359715	30.65941943	830584	4.546835944	9.795861087	21.10454294
95	9025	9.746794345	30.82207001	857375	4.562902635	9.830475725	21.17911792
96	9216	9.797958971	30.98386677	884736	4.57885697	9.864848297	21.25317138
97	9409	9.848857802	31.144823	912673	4.594700892	9.898982992	21.32671236
98	9604	9.899494937	31.30495168	941192	4.610436292	9.932883884	21.39974961
99	9801	9.949874371	31.46426545	970299	4.626065009	9.966554934	21.47229169
100	10000	10	31.6227766	1000000	4.641588834	10	21.5443469

第 15 章

排列與組合

【教學目標】

- 認識加法原理與乘法原理
- 熟悉排列組合的概念與算則
- 能以組合概念引出二項式定理
- 認識二項係數的性質
- 能將加法原理引申為排容原理

15.1 加法原理與乘法原理

丟擲一枚硬幣有正面、反面2種結果，丟擲一顆骰子有1點、…、6點等6種結果。則我們對於丟擲硬幣和丟擲骰子有下列的描述：

(1) 丟擲一枚硬幣或一顆骰子共有 $2+6=8$ 種：(正)、(反)、(1)、(2)、(3)、(4)、(5)、(6)，它可用加法來計算。

(2) 同時丟擲一枚硬幣和一顆骰子共有 $2\times6=12$ 種：(正 , 1)、(正 , 2)、(正 , 3)、(正 , 4)、(正 , 5)、 (正 , 6)、(反 , 1)、(反 , 2)、(反 , 3)、(反 , 4) 、(反 , 5) 、(反 , 6)。

這個事例可以一般化為以下兩個原理：

加法原理：若某件事 A 有 m 種可能結果，另一件事 B 有 n 種可能結果，且它們的結果沒有相同的情形，則執行 A 或 B 的可能結果有 $m+n$ 種。

乘法原理：若某件事 A 有 m 種可能結果，另一件事 B 有 n 種可能結果，則執行 A 與 B 的可能結果有 $m\times n$ 種。

例 1 某班有 15 位男生和 17 位女生，選派一位代表參加班聯會的方法有幾種？男女生各選一位代表參加性別平等會議的方法有幾種？

解： 由男生選出一位代表有 15 種可能結果，由女生選出一位代表有 17 種可能結果。

(1)選一位代表有 $15+17=32$ 種方法；

(2)男女生各選一位代表有 $15\times 17=255$ 種方法。

加法原理與乘法原理可以推廣到超過兩件事，但需要注意的是，在加法原理的敘述裡提到「它們的結果沒有相同的情形」，一般狀況下，這個條件容易被疏忽。

例 2 有一顆公正的骰子 A 和一顆特製骰子 B，特製骰子 B 的點數為4、5、6、7、8、9。則投擲骰子 A 或骰子 B 的可能結果有幾種？

解： 投擲 A 的可能結果有 6 種，投擲 B 的可能結果有 6 種，兩者都有的4、5、6點被重複算兩次，所以必須減去，得到 $6+6-3=9$。若直接由結果觀察，則投擲 A 或投擲 B 的可能結果為 1、2、3、4、5、6、7、8、9，故有 9 種可能結果。

15.2 直線排列

若有n件相異物件，每次取k（$k \leqq n$）件排成一列，則有多少種結果？這個問題可以分為k個步驟，步驟1：從n件相異物選一件排在第一個位置，有n種結果；步驟2：從剩下的$n-1$件相異物選一件排在第二個位置，有$n-1$種結果；…；步驟k；從剩下的$n-k+1$件相異物選一件排在第k個位置，有$n-k+1$種結果。由乘法原理可知，有$n(n-1)\cdots(n-k+1)$種結果，用P_k^n表示這個數字，稱為n件相異物取k件的排列數。$1 \times \cdots \times n$稱為n階層，寫成$n!$。藉由階層的符號P_k^n也可寫成$\dfrac{n!}{(n-k)!}$。當$k=n$時，P_n^n的兩種寫法分別為$n(n-1)\cdots1=n!$和$\dfrac{n!}{0!}$，所以規定$0!=1$。

例3　用1、2、4、5、7、8、9組成四位數，其中數字不可重複，這樣的四位數有多少個？偶數有多少個？

解： 四位數有$P_4^7=7 \times 6 \times 5 \times 4=840$個；偶數個位只能為2、4、8，再從餘下的6個數字取3個排在千位、百位和十位，故有$3 \times P_3^6=360$個。

若參與排列的物件不盡相異，例如：a、a、a、b、c的排列數設為M，若這三個a是不一樣的，設為α、β、γ，則排列數是$P_5^5=5!$。因為$\alpha\beta\gamma bc$、$\alpha\gamma\beta bc$、$\beta\alpha\gamma bc$、$\beta\gamma\alpha bc$、$\gamma\alpha\beta bc$、$\gamma\beta\alpha bc$都是$aaabc$，即所有α、β、γ的排列，實際上為同一種排列，所以$5!=3! \times M$，因此

$M=\frac{5!}{3!}$，其中 3!為 α、β、γ 的排列數。這結果可以一般化如下述：

k 種物件分別有 $n_1, \cdots, n_k$ 件，則它們全取的排列數為 $\frac{(n_1+\cdots+n_k)!}{n_1!\times\cdots\times n_k!}$。

例 4 從 3、3、3、4、4、4 任取四個數字組成的四位數有多少個？

解： (1)若取 3 個 4、1 個 3 可組成 $\frac{4!}{3!\,1!}$ 個四位數；

(2)若取 2 個 4、2 個 3 可組成 $\frac{4!}{2!\,2!}$ 個四位數；

(3)若取 1 個 4、3 個 3 可組成 $\frac{4!}{1!\,3!}$ 個四位數；

(4)所以總共有 $\frac{4!}{3!\,1!}+\frac{4!}{2!\,2!}+\frac{4!}{1!\,3!}=4+6+4=14$ 個

15.3 重複排列

若參與排列的每種個數足夠任意重複擇用，則稱為重複排列。

例 5 用 1、3、4、6、7、9 組成八位數，數字可重複，這樣的八位數有多少個？其中偶數有幾個？

解： 八位數的每一位有 6 個選擇，由乘法原理，有 $6\times6\times6\times6\times6\times6\times6\times6=6^8$ 種不同排列，即有 6^8 個不同的八位數。要排列的結果得偶數，則個位數只能為 4 或 6，其他位則不變，所以有 $6^7\times2$ 個。

對照於相異物排列，重複排列時每次操作的可選擇數並不受之前操作的影響，保持相同的選擇數，所以 n 種物件取 k 件的重複排列數為 $\underbrace{n \times n \times \cdots \times n}_{k\text{個}} = n^k$。

例 6 5 封寄給不同對象的信有 3 個不同郵筒可以選擇投遞，有幾種投法？

解： 每封信有 3 個郵筒可以選擇，所以有 3^5 種方法。

15.4 環狀排列

參與排列的物件是排列在一個環周上，則稱為環狀排列。這種排列，若在環周上各物件相對位置一樣，則視為相同的排列。例如下列兩個環狀排列被視為相同：

	A				B	
B		F		C		A
C		E		D		F
	D				E	

我們可用直線排列來處理上列的環狀排列。把環狀排列的環從其中兩個物件之間切開，就可以拉直成為直線排列。例如上列的環狀排列從 AF 之間切開，拉直的直線排列為 $ABCDEF$，同樣的由 FE、ED、DC、CB、BA 邊上切開也分別可以得到直線排列 $FABCDE$、$EFABCD$、$DEFABC$、$CDEFAB$、$BCDEFA$。所以 6 個不同的直線排列

對應一個環狀排列，所以直線排列是環狀排列的 6 倍，環狀排列數為 $\frac{6!}{6}=5!$。這樣的論述可以一般化為：

n 件相異物取 k 件做環狀排列的排列數為 $\frac{P_k^n}{k}$

當 $k=n$ 時，環狀排列數為 $\frac{P_n^n}{n}=(n-1)!$

例 7 10 個人圍圓桌而坐，其中有兩個人不願比鄰而坐，有幾種坐法？

解一 10 個人圍圓桌而坐，有 $\frac{10!}{10}=9!$種方法，再扣除這兩人會比鄰而坐的排列數。此兩人比鄰而坐可將這兩人視為一個排列單元，但他們互換位置仍是比鄰而坐，所以有 $2\times 8!$。此兩個人不比鄰而坐的坐法有 $9!-2\times 8!=7\times 8!$。

解二 先請這兩位之一不要入座，讓其餘 9 人圍圓桌而坐，有 8!，再請尚未入座者，他有 7 個選擇，所以排列數是 $7\times 8!$。

像珠串、項圈之類的物件可以翻面觀察，所以兩個環狀排列視為同一個珠狀排列。例如下列二個不同環狀排列，將其中一個環狀排列進行翻面觀察時，則這二個環狀排列都為同一個環狀排列。（一為順時針，一為逆時針排列。）

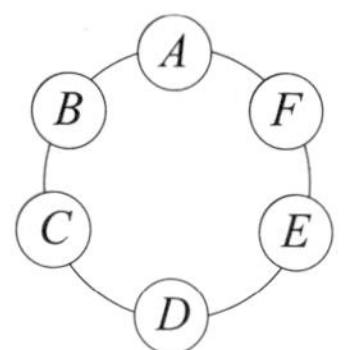

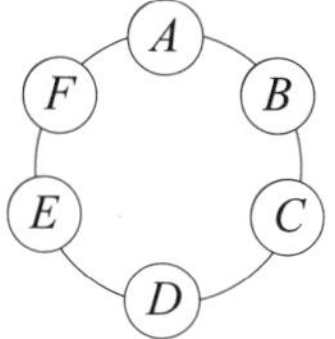

例 8　用 20 個不同顏色的珠子串成一個手環，有幾種不同的排列方法？

解： 20 個不同顏色的珠子有 $\frac{P_{20}^{20}}{20}=19!$種環狀排列，這些珠子顏色都不一樣，但是珠串可以翻面觀察，所以有 $\frac{19!}{2}$ 種排列方法。

15.5　相異物組合

從 n 件相異物選 k 件的組合，其組合數用 C_k^n 或 $\binom{n}{k}$ 表示。比較 C_k^n 與 P_k^n，可以看出 n 件選 k 件做排列就是 n 件選 k 件，再就所選的 k 件做排列。所以 1 個組合可以產生 $k!$個排列，因而

$$P_k^n = C_k^n \times k!，$$

所以
$$C_k^n = \frac{P_k^n}{k!} = \frac{n!}{k!(n-k)!}。$$

例如從 25 位議員選 5 位組成交通委員會的方法數為 $C_5^{25}=\frac{25!}{5!\,20!}$。若選出來的委員要分別督察鐵路、公路、航空、航海、觀光，則有 $P_5^{25}=\frac{25!}{20!}$ 種結果。

例 9　公園的鞦韆架掛 3 個鞦韆，一群遊客共 6 人，每次 3 個人坐到鞦韆上拍照。所有 3 人組都拍照留念，共拍了幾張照片？（鞦韆沒有區別）

解： 照片的張數就是 6 個人每次選 3 個人的組合數，即 $C_3^6=\frac{6!}{3!\,3!}$ $=20$。

組合數 C_k^n 有一些好的性質，我們先介紹兩個，供後續推理需要：

(1) 從 n 個中選取 k 個，則會剩下 $n-k$ 個，所以選 k 個與選 $n-k$ 個之間有一對一的對應關係，因而它們的數量是一樣的，即 $C_k^n=C_{n-k}^n$。

(2) 若 $n>k\geq 1$，從 n 個物件 $a_1, \cdots, a_n$ 選出 k 個物件的組合數為 C_k^n，這些組合可以分為兩類：一類含 a_1 的，此類的個數相當於從 $a_2, \cdots, a_n$ 選 $k-1$ 件的組合數，即 C_{k-1}^{n-1}；另一類不含 a_1 的，此類的個數相當於從 $a_2, \cdots, a_n$ 選 k 件的組合數，即 C_k^{n-1}，因而 $C_k^n= C_{k-1}^{n-1}+ C_k^{n-1}$，這個等式稱為巴斯卡公式。

15.6 重複組合

若參與組合的物件每種個數足夠隨意重複擇取進行組合則為重複組合，例如用桃、李、梨 3 種水果組裝成每盒 8 個的水果禮盒，則有幾種不同內容的水果禮盒？通常用 H_8^3 表示這個數字，它就是 3 種選 8 個的重複組合數；一般而言，n 種相異物且每種至少 k 個，則從這 n 種組成 k 個的重複組合數就用 H_k^n 表示。只有 1 種物件參與組合時，不論取多少個，組合數都是 1，即若 $k\geq 0$，則 $H_k^1=1$；2 種取 k 件的重複組合，第一種可取 0、⋯、k 件，第二種分別取 k、⋯、0 件以補足總數 k 件，所以若 $k\geq 0$，則 $H_k^2=k+1=C_1^{k+1}=C_k^{k+1}$。3 種取 k 件時，用第 1 種取的件數分類：第 1 種取 0 件，則第 2、3 共取 k 件，有 $H_k^2=C_k^{k+1}$ 種組合；第 1 種取 1 件，則則第 2、3 共取 $k-1$ 件，有 $H_{k-1}^2=C_{k-1}^k$ 種組合；⋯；第 1 種取 k 件，則第 2、3 共取 0 件，有 $H_0^2=C_0^1$ 種組合。由加法原理可得：

$$H_k^3=C_k^{k+1}+C_{k-1}^k+\cdots+C_0^1$$

用巴斯卡公式可以把右式合併為 C_k^{k+2}，即 $H_k^3=C_k^{k+2}$。如此進行歸納，可以獲得重複組合數如下：

$$H_k^n=C_k^{n+k-1}$$

現在我們可以給本節開始所提出的問題提供答案：共有 $H_8^3=C_8^{10}=45$ 種不同內容的水果禮盒。

例 10　用 1、3、4、6、7 組成的 10 項遞增數列有幾個？

解： 因為要求遞增，所以從 1、3、4、6、7 重複選 10 個之後只能有一種排序，所以結果有 $H_{10}^5=C_{10}^{14}=1001$ 個。

例 11　$x+y+z+u=12$ 有幾組非負整數解？

解： 這個問題相當於 4 種物件取 12 件的組合數，第 1、2、3、4 種分別取 x、y、z、u 件。所以非負整數解的組數為 $H_{12}^4=C_{12}^{15}=455$。

上例的結果可以一般化為：$x_1+\cdots+x_n=k$ 的非負整數解有 H_k^n 組。

例 12　$(1+x+x^2+\cdots)^5$ 的展開式中 x^{13} 項的係數是多少？

解： $(1+x+x^2+\cdots)^5=(1+x+x^2+\cdots)\cdots(1+x+x^2+\cdots)$

共5個$1+x+x^2+\cdots$相乘，展開時5個分別各出一項設為x^{α_1}、…、x^{α_5}相乘得$x^{\alpha_1+\cdots+\alpha_5}$。若要得到$x^{13}$，則$\alpha_1+\cdots+\alpha_5=13$。此式有$H^5_{13}$組非負整數解，即展開時共產生$H^5_{13}$個$x^{13}$，合併整理$x^{13}$後的係數就是$H^5_{13}=C^{17}_{13}=2380$。

15.7 二項式定理

形如$x+y$的就是二項式，二項式定理就是論述二項式的乘方$(x+y)^n$展開的結果。首先觀察$n=2$的情形，$(x+y)^2=(x+y)(x+y)$，乘開時每個$x+y$每次各出一項相乘，將乘積相加再合併同類項整理之後就是它的展開結果。前後兩個$x+y$各出一項共有四種情形：x、x；x、y；y、x；y、y，它們的乘積分別為x^2、xy、yx、y^2，乘積相加的結果是$x^2+xy+yx+y^2$；其中xy與yx是同類項，合併整理之後得$(x+y)^2=x^2+2xy+y^2$。這樣的過程給出幾個訊息：

(1) 最後的結果每一項都是兩個不定元的乘積，每項都是二次項，即每項各不定元的指數和都是2；

(2) 最後結果某項的係數，就是各出一項相乘能產生其同類項的個數；

(3) 各出一項的情形共有$2\times2=4$種情形，所以最後的結果就是由4項整理合併，其係數和就是$2\times2=4$。

現在把$n=2$的情形一般化，$(x+y)^n=(x+y)\cdots(x+y)$，即n個$x+y$自乘，對照前述三項訊息則為：

(1) 展開時每個$x+y$各出一項相乘，所以每項都是n個不定元的乘積，每項都是n次項，即各不定元的指數和都是n，展開每一項都形如

$x^k y^{n-k}$；

(2) 乘積的結果如果是 $x^k y^{n-k}$ 的同類項，則要從 n 個 $x+y$ 中選出 k 個 x，再從餘下的 $n-k$ 個 $x+y$ 選出 $n-k$ 個 y 相乘，所以產生 $C_k^n \times C_{n-k}^{n-k} = C_k^n$ 個 $x^k y^{n-k}$ 的同類項，整理合併之後，$x^k y^{n-k}$ 的係數就是 C_k^n；

(3) 每個 $x+y$ 各選出一項的情形共有 $2 \times \cdots \times 2 = 2^n$ 種，所以最後的結果就是由 2^n 項整理合併，其係數和就是 2^n。

以上論述可以歸納為兩個等式：

$$(x+y)^n = C_n^n x^n + C_{n-1}^n x^{n-1} y + \cdots + C_1^n x y^{n-1} + C_0^n y^n$$

與

$$C_n^n + C_{n-1}^n + \cdots + C_1^n + C_0^n = 2^n$$

前者就是本節的主題二項式定理，因為 $C_k^n = C_{n-k}^n$，它也可以寫成

$$(x+y)^n = C_0^n x^n + C_1^n x^{n-1} y + \cdots + C_{n-1}^n x y^{n-1} + C_n^n y^n$$

若使用級數的 Σ 符號，也可以把它寫成

$$(x+y)^n = \sum_{k=0}^{n} C_k^n x^k y^{n-k} = \sum_{k=0}^{n} C_k^n x^{n-k} y^k$$

因為組合數 C_k^n 在二項式乘方的展開式中擔任要角，所以它們也被稱為二項係數。

例 13 $(x+y)^{10}$ 的展開式中 x^4y^6 的係數是多少？

解 $(x+y)^{10} = \underbrace{(x+y)\cdots(x+y)}_{10\text{個}}$ 要得到 x^4y^6，就是從 10 個 $(x+y)$ 選出 4 個 x，剩下的 6 個 $(x+y)$ 選出 6 個 y 相乘。所以在乘開時產生

了 $C_4^{10}\times C_6^6=C_4^{10}$ 個 x^4y^6，合併同類項後 x^4y^6 的係數就是 $C_4^{10}=210$。

例 14　$(3x-2y)^7$ 展開式中 x^2y^4 與 x^3y^4 的係數各為何？

解： $(3x-2y)^7=((3x)+(-2y))^7$

$$=\sum_{k=0}^{7}C_k^7(3x)^k(-2y)^{7-k}$$

$$=\sum_{k=0}^{7}C_k^7 3^k(-2)^{7-k}x^ky^{7-k}，$$

所以展開式每項都是 7 次項，沒有形如 x^2y^4 的項，即其係數為 0；$k=3$ 時可得形如 x^3y^4 的項，故其係數為

$C_3^7 3^3(-2)^4=15120$。

二項式的論述推論到多項式 $(x+y+z)^n$ 的展開式，對照前述(1)、(2)、(3)的訊息，可得：

(1) 展開時每個 $x+y+z$ 各出一項相乘，所以每項都是 n 個不定元的乘積，每項都是 n 次項，即各不定元的指數和都是 n，展開每一項都形如 $x^ky^jz^{n-k-j}$；

(2) 乘積的結果如果是 $x^ky^jz^{n-k-j}$ 的同類項，則要從 n 個 $x+y+z$ 中選出 k 個 x，從餘下的 $n-k$ 個 $x+y+z$ 選出 j 個 y，再從餘下的 $n-k-j$ 個 $x+y+z$ 選出 $n-k-j$ 個 z 相乘，所以產生 $C_k^nC_j^{n-k}C_{n-k-j}^{n-k-j}=\dfrac{n!}{k!\,j!(n-k-j)!}$ 個 $x^ky^jz^{n-k-j}$ 的同類項，$x^ky^jz^{n-k-j}$ 整理合併之後的係數就是 $\dfrac{n!}{k!\,j!(n-k-j)!}$；

(3) 每個 $x+y+z$ 各選出一項的情形共有 $3\times\cdots\times 3=3^n$ 種，所以最後的結果就是由 3^n 項整理合併，其係數和就是 3^n。

以上訊息可以歸納為兩個等式：

$$(x+y+z)^n=\sum_{k=0}^{n}\sum_{j=0}^{n-k}\frac{n!}{k!\,j!(n-k-j)!}x^k y^j z^{n-k-j}$$

與

$$\sum_{k=0}^{n}\sum_{j=0}^{n-k}\frac{n!}{k!\,j!(n-k-j)!}=3^n$$

前者通常被稱為多項式定理，而廣義的多項式定理是：

$$(x_1+\cdots+x_m)^n=\sum_{\alpha_1+\cdots+\alpha_m=n}\frac{n!}{\alpha_1!\cdots\alpha_m!}x_1^{\alpha_1}\cdots x_m^{\alpha_m}$$

例 15　$(x^2-x+2)^{10}$ 的展開式中 x^{16} 的係數是多少？

解：$(x^2-x+2)^{10}=(x^2+(-x)+2)^{10}$

$$=\sum_{a+b+c=10}\frac{10!}{a!\,b!\,c!}(x^2)^a(-x)^b2^c$$

$$=\sum_{a+b+c=10}\frac{10!}{a!\,b!\,c!}2^c(-1)^b x^{2a+b}$$

聯立式 $\begin{cases}a+b+c=10\\2a+b=16\end{cases}$ 的非負整數解有三組 $\begin{cases}a=8\\b=0\\c=2\end{cases}$、$\begin{cases}a=7\\b=2\\c=1\end{cases}$、

$\begin{cases}a=6\\b=4\\c=0\end{cases}$，所以 x^{16} 的係數是

$$\frac{10!}{8!\,0!\,2!}2^2(-1)^0+\frac{10!}{7!\,2!\,1!}2^1(-1)^2+\frac{10!}{6!\,4!\,0!}2^0(-1)^4=1110$$ 。

15.8 二項係數的性質

二項係數或組合數有一些有趣的性質，例如前面所提到的：

$$C_r^n = C_{n-r}^n$$

$$C_r^n = C_r^{n-1} + C_{r-1}^{n-1}$$

$$C_0^n + C_1^n + C_2^n \cdots + C_n^n = 2^n$$

最後一式的左式是 n 件相異物所有可能的組合情形之總計，所以它是 n 件相異物的組合總數，把二項式定理中 x、y 都用 1 代入也可以得到相同的結果。在 $n \geq 1$ 時，n 件相異物的全部組合可以分割為取奇數件的組合與取偶數件的組合，它們的總數分別為 $C_1^n + C_3^n + \cdots$ 與 $C_0^n + C_2^n + \cdots$。設參與組合的 n 件相異物是 a_1、…、a_n，把取奇數件的組合分割為兩部分：含 a_n 的部分與不含 a_n 的部分。前者須在 a_1、…、a_{n-1} 中取偶數件，而後者則須在 a_1、…、a_{n-1} 中取奇數件，兩者加起來就是 a_1、…、a_{n-1} 的組合總數 2^{n-1}；因此 n 件相異物取奇數件的組合總數是 2^{n-1}，所以取偶數件的組合總數也是 2^{n-1}。寫成式子為：

$$C_1^n + C_3^n + \cdots = C_0^n + C_2^n + \cdots = 2^{n-1}$$

或

$$C_0^n - C_1^n + \cdots + (-1)^n C_n^n = 0$$

把二項式定理中 x、y 分別用 1 與 -1 代入也可以得到最後一式。二項式定理及多項式定理好像是一個無盡的寶藏，只要用特定的值代入其中的 x 與 y，就可以得到公式，例如在廣義的多項式定理裡，用 1 代入各不定元，就可獲致：

$$m^n=\sum_{\alpha_1+\cdots+\alpha_m=n}\frac{n!}{\alpha_1!\cdots\alpha_m!}$$

再從等式$(x+1)^{2n}=(x+1)^n(x+1)^n$觀察兩邊展開式中$x^n$的係數，直接由二項式定理得左式$x^n$項的係數為$C_n^{2n}$，右式兩個$(x+1)^n$分別展開相乘

$$(C_n^n x^n+C_{n-1}^n x^{n-1}+\cdots+C_0^n)(C_0^n x^n+C_1^n x^{n-1}+\cdots+C_n^n)$$

可得x^n項係數為$(C_n^n)^2+(C_{n-1}^n)^2+\cdots+(C_0^n)^2$，所以

$$C_n^{2n}=(C_n^n)^2+(C_{n-1}^n)^2+\cdots+(C_0^n)^2=\sum_{k=0}^{n}(C_k^n)^2$$

從組合的概念來解釋，考慮 $2n$ 件相異物取n件，其組合數為C_n^{2n}；若先將這$2n$件均分為A、B兩堆，先從A堆取k件，再從B堆取$n-k$件的組合數為$C_k^n C_{n-k}^n=(C_k^n)^2$，當$k$跑完 $0\sim n$，就完成所有從這$2n$件相異物取n件的組合，因而獲致上列等式。

事實上，許多代數演算獲致的等式，也可以用排列或組合的觀點以予闡釋。

例 16　用組合概念證明$C_k^n C_r^k=C_r^n C_{k-r}^{n-r}$。

解： 從n位議員選k位委員，再從k位委員選r位組成主席團的組合數與先從n位議員選r位組成主席團，再從其餘的$n-r$位議員選$k-r$位委員的組合數是一樣的，即
$C_k^n C_r^k=C_r^n C_{k-r}^{n-r}$。

觀察組合數大小的變化，例如$C_1^{10}=10$、$C_2^{10}=45$、$C_3^{10}=120$，$C_1^{10}<C_2^{10}<C_3^{10}$；但是$C_9^{10}=C_1^{10}$、$C_8^{10}=C_2^{10}$、$C_7^{10}=C_3^{10}$，所以$C_9^{10}<C_8^{10}<C_7^{10}$。當取數小的時候，組合數好像隨取數增加而變大；而取數很大時則相反，組合數隨取數增加而變小。這是組合數的一般通性嗎？如果是，這種遞增遞減的趨勢在什麼地方轉折？比較C_k^n與C_{k+1}^n：

$$\begin{aligned}C_{k+1}^n-C_k^n&=\frac{n!}{(k+1)!(n-k-1)!}-\frac{n!}{k!(n-k)!}\\&=\frac{n!}{(k+1)!(n-k)!}((n-k)-(k+1))\\&=\frac{n!}{(k+1)!(n-k)!}(n-2k-1)\end{aligned}$$

所以C_{k+1}^n與C_k^n的大小比較結果，視$n-2k-1$而定；$n-2k-1>0$，即$k<\frac{n-1}{2}$時$C_{k+1}^n>C_k^n$；$n-2k-1=0$，即$k=\frac{n-1}{2}$時$C_{k+1}^n=C_k^n$；$n-2k-1<0$，即$k>\frac{n-1}{2}$時$C_{k+1}^n<C_k^n$。所以當n（$n\geq 2$）是偶數時，

$$C_0^n<C_1^n<\cdots<C_{\frac{n}{2}}^n\cdots>C_{n-1}^n>C_n^n\text{；}$$

當n（$n\geq 2$）是奇數時則有

$$C_0^n<C_1^n<\cdots<C_{\frac{n-1}{2}}^n=C_{\frac{n+1}{2}}^n>\cdots>C_{n-1}^n>C_n^n$$

所以當取數小的時候，組合數隨取數增加而變大；而取數很大時組合數隨取數增加而變小是一般通性，而其轉折點在取數等於（n是偶數時）或接近（n是奇數時）$\frac{n}{2}$，組合數的這種性質稱為單峰性。

例 17 $A=\{1, 2, \cdots, 18\}$，若A的所有子集合中，包含k個元素的子集合個數最多，試求k值。

解： A的子集合中，含k個元素的子集合有C_k^{18}個，當$k=\frac{18}{2}=9$時有最大組合數，所以含 9 個元素的子集合最多。

15.9 加法原理的一般化：排容原理*

使用加法原理時，要注意「各種組合的結果有沒有相同的情形」；當各種組合的結果有相同的情形時，例 2 說明其調整方法，其實可以用集合的概念加以運算。集合A的元素個數用$|A|$表示，例如$|\{a, b, c, d\}|=4$，則

$$|A \cup B|=|A|+|B|-|A \cap B|。$$

當集合為三個時，要計算的是$|A \cup B \cup C|$；根據集合的運算

$$\begin{aligned}|A \cup B \cup C| &= |A \cup (B \cup C)| \\ &= |A|+|B \cup C|-|A \cap (B \cup C)| \\ &= |A|+(|B|+|C|-|B \cap C|)-|(A \cap B) \cup (A \cap C)| \\ &= |A|+|B|+|C|-|B \cap C|-(|A \cap B|+|A \cap C| \\ &\quad -|(A \cap B) \cap (A \cap C)|),\end{aligned}$$

又$(A \cap B) \cap (A \cap C)=A \cap B \cap C$，所以

$$\begin{aligned}|A \cup B \cup C| &= |A|+|B|+|C|-|B \cap C|-|A \cap B|-|A \cap C| \\ &\quad +|A \cap B \cap C|。\end{aligned}$$

相同的論述可以推論到一般k（$k \geq 2$）個集合聯集：

$$|X_1 \cup \cdots \cup X_k|=\sum_{i=1}^{k}|X_i|-\sum_{\substack{1 \leq i,j \leq k \\ i \neq j}}|X_i \cap X_j|+\cdots+(-1)^{k-1}|X_1 \cap \cdots \cap X_k|$$

上式就是排容原理的數學式。

例 18 1～300 的整數，能被 3 或 5 或 7 整除的有幾個？

解： 設 1～300 的整數中能被 3、5、7 整除的所成的集合分別為 X、Y、Z，則

$|X|=\left[\frac{300}{3}\right]=100$；$|Y|=\left[\frac{300}{5}\right]=60$；$|Z|=\left[\frac{300}{7}\right]=42$；

$|X\cap Y|=\left[\frac{300}{3\times 5}\right]=20$；$|Y\cap Z|=\left[\frac{300}{5\times 7}\right]=8$；

$|X\cap Z|=\left[\frac{300}{3\times 7}\right]=14$；$|X\cap Y\cap Z|=\left[\frac{300}{3\times 5\times 7}\right]=2$；

其中$[x]$表示小於等於 x 的最大整數。

能被 3 或 5 或 7 整除的整數個數就是

$|X\cup Y\cup Z|=100+60+42-20-8-14+2=162$。

上例中 3、5、7 兩兩互質，算交集元素個數時以乘積為分母，一般狀況則以最小公倍數為分母。

例 19 1～300 的整數，能被 4 或 6 或 14 整除的有幾個？

解： 設 1～300 能被 4、6、14 整除的所成的集合分別為 X、Y、Z，則

$|X|=\left[\frac{300}{4}\right]=75$；$|Y|=\left[\frac{300}{6}\right]=50$；$|Z|=\left[\frac{300}{14}\right]=21$。

但 4 與 6、6 與 14、4 與 14、4 與 6 與 14 的最小公倍數分別為 12、42、28、84，故

$$|X\cap Y|=\left[\frac{300}{12}\right]=25\text{；}|Y\cap Z|=\left[\frac{300}{42}\right]=7\text{；}$$

$$|X\cap Z|=\left[\frac{300}{28}\right]=10\text{；}|X\cap Y\cap Z|=\left[\frac{300}{84}\right]=3\text{。故}$$

$$|X\cup Y\cup Z|=75+50+21-25-7-10+3=107\text{。}$$

將數列$a_1, \cdots, a_n$重新排列，且重排之後a_i不排在第i位（$i=1, \cdots, n$）的排列稱為「錯排（derangement）」，n件相異物的錯排數用D_n表示，例如$D_1=0$、$D_2=1$、$D_3=2$。對於一般的n，$a_1, \cdots, a_n$的直線排列數為$n!$，其中a_i排在第i位（$i=1, \cdots, n$）的排列設為A_i，則$D_n=n!-|A_1\cup\cdots\cup A_n|$。但$|A_i|=(n-1)!$、$|A_i\cap A_j|=(n-2)!$、⋯、$|A_1\cap\cdots\cap A_n|=0!$，所以

$$\begin{aligned}|A_1\cup\cdots\cup A_n|&=C_1^n(n-1)!-C_2^n(n-2)!+\cdots+(-1)^{n-1}C_n^n0!\\&=n!\left(\frac{1}{1!}-\frac{1}{2!}+\cdots+(-1)^{n-1}\frac{1}{n!}\right)\text{。}\end{aligned}$$

因而

$$D_n=n!\left(1-\frac{1}{1!}+\frac{1}{2!}+\cdots+(-1)^n\frac{1}{n!}\right)\text{。}$$

當n很大時，$\frac{D_n}{n!}$的值會趨近e^{-1}，其中e是自然對數的底數。

習題

1. PNEUMONOULTRAMICROSCOPICSILICOVOLCANOCONIOSIS（矽肺症）的所有字母排列共有幾種結果？
2. 將0～9十個數字排列，第一個數大於0，最後一個小於9，有幾種排法？
3. 10位男孩5位女孩排坐一列有幾種方法？女孩不相鄰的方法有幾

種？

4. 男士、女士各5位圍圓桌而坐有幾種坐法？若要求同性別不相鄰有幾種坐法？
5. 若車牌號碼是兩個英文字母後接一個短槓再接四個阿拉伯數字，字母及數字都可重複。車牌號碼是不能重複的，這樣的車牌最多能製多少面？
6. 用1、2、…、100組成且數字不重複的50項遞增數列有幾個？
7. 化簡 $C_2^4+C_3^5+\cdots+C_{98}^{100}$。
8. $2n$件物品中有n件是一樣的，其餘各異，則從這$2n$件取n件的方法有幾種？
9. 5種甜甜圈每12個裝盒出售，則共有幾種不同內容的盒裝？若每盒每種至少一個，則有幾種不同內容的盒裝？
10. $x+y+z=17$ 且 $x\geq 3$，$y\geq -1$，$z\geq 4$ 的整數解有幾組？（提示：可用$x=x'+3$，$y=y'-1$，$z=z'+4$代入。）
11. n個相同的球隨意放到k個不同的箱子有幾種方法？若每個箱子至少放一個則有幾種方法？
12. 用組合概念證明：

    (1)$C_{n+1}^{2n+2}=C_{n+1}^{2n}+2C_n^{2n}+C_{n-1}^{2n}$

    (2)$C_2^{2n}=2C_2^n+n^2$。
13. $(x_1+x_2+x_3+x_4+x_5)^{10}$ 展開式中 $x_1^3x_2^2x_3^3x_5^2$ 與 $x_1^2x_2^3x_3^2x_4x_5$ 的係數各為何？
14. (1)$\sum_{k=0}^{n}C_k^n5^k=$？

    (2)$\sum_{k=0}^{n}(-1)^kC_k^n3^k=$？

15. $(x^3+3x-2)^7$ 展開式中 x^{15} 的係數為何？

16. 用代數方法證明 $\sum_{i=1}^{n} iC_i^n = n \cdot 2^{n-1}$，另用代數以外的方法證明此等式。（提示：若 $|A|=n$，考慮 A 的冪集合中元素出現的總計次）

17. 用組合推理證明 $\sum_{k=0}^{n} C_k^{m_1} C_{n-k}^{m_2} = C_k^{m_1+m_2}$。（這個等式稱為 Vandermonde convolution，$C_n^{2n} = \sum_{k=0}^{n} (C_k^n)^2$ 是它的特例）

18. MATHISFUN 的所有排列中未曾出現 MATH、IS、FUN 的方法有幾種？

19. 舞會有 8 位男士與 8 位女士，開舞第一曲女士們有幾種選男舞伴的方法？第二曲每位女士都要換男舞伴，她們有幾種選男舞伴的方法？

20. 設 n 是大於 1 的正整數，$p_1, \cdots, p_k$ 是能整除 n 的質數，$\phi(n)$ 是不大於 n 且與 n 互質的正整數個數，例如 $\phi(10)=4$。用排容原理證明

$\phi(n) = n(1-\frac{1}{p_1})\cdots(1-\frac{1}{p_k})$。

（提示：從 1、⋯、n 中，把 $p_1, \cdots, p_k$ 的倍數篩掉，留下來的數就會與 n 互質）

第16章

機率與統計

【教學目標】

- 了解機率的概念和定義
- 了解機率的性質與定理應用
- 熟悉敘述統計與統計量數的意義和應用
- 認識變數分類與統計圖表應用

16.1 機率的概念和定義

機率是描述事件的不確定性，約發展於十七世紀中有關賭徒在賭博中遇到有關丟骰子的問題。當時兩位數學家 Pascal 和 Fermat 兩人間的通信內容，引發了數學家開始探討機率的問題。數學家 Laplace 即認為，機率這門源自處理賭博中機運的科學，將成為人類知識中重要的一門科學，且生活中大部分重要問題都是機率的問題。而統計是透過蒐集整理資料等程序，在機率的理論下分析與解釋資料，並對母體的性質進行推論，進而進行決策的學科。由於統計的立論基礎奠基於機率，所以機率與統計兩者關係密切。

16.1.1 試驗與樣本空間

由於機率是描述事件的不確定性，不確定結果具有隨機現象，處理這種隨機現象的過程稱為「試驗（trial）」或「隨機實驗（random experiment）」，藉由隨機試驗可得到「結果（outcome）」。關於試驗或隨機實驗，以下界定相關的意義，包括了「樣本點（sample point）」、「樣本空間（sample space）」、「事件（event）」等名詞。

所謂樣本點，是指隨機實驗的結果，例如進行骰子的丟擲實驗，出現點數 2 的結果是一個樣本點。而一個隨機實驗所有可能結果的集合，則稱為樣本空間，可以用符號 S 表示樣本空間。因此，樣本空間內每一個元素，是隨機實驗的可能結果，即稱為樣本點。

例 1　某人進行丟擲一個骰子的隨機實驗，請寫出其樣本空間。

解： 因為骰子可能出現的結果為 1 至 6，所以樣本空間

$S=\{1, 2, 3, 4, 5, 6\}$。

例 2　某人進行丟擲兩個硬幣的隨機實驗，請寫出其樣本空間。

解： 因為每個硬幣可能出現的結果為「正」或「反」，所以丟擲兩個硬幣的樣本空間為

$S=\{$(正、正), (正、反), (反、正), (反、反)$\}$。

16.1.2 事件

我們關心事件發生的機率，但必須對「事件」的定義先加以說明。所謂事件，是指樣本空間的「子集合」，通常以集合 E 表示該事件，且以 $n(E)$ 表示該集合的元素個數。事件有兩種，分別為「簡單事件（simple event）」和「複合事件（compound event）」。如果事件只包含一個樣本點，則稱該事件為簡單事件；反之，如果事件包含兩個或兩個以上樣本點，則稱該事件為複合事件。由於樣本空間 S 本身和空集合 ϕ 都是樣本空間 S 的子集合，因此 S 和 ϕ 都是事件。各種子

集合的事件我們予以名稱如下：

1. S包含所有樣本點且都可能發生，因此S又稱為「必然事件（certain event）」；
2. ϕ不包含任何樣本點且都不會發生，因此ϕ又稱為「不可能事件（impossible event）」；
3. 若E_1和E_2是樣本空間S的子集合，則聯集$E_1 \cup E_2$稱為「E_1和E_2的和事件（sum event）」；
4. 若E_1和E_2是樣本空間S的子集合，則交集$E_1 \cap E_2$稱為「E_1和E_2的積事件（product event）」；
5. 若E_1和E_2是樣本空間S的子集合且$E_1 \cap E_2 = \phi$，則稱「E_1和E_2為互斥事件（mutually exclusive event）」；
6. 若E_1是樣本空間S的子集合且$\overline{E}_1 = S - E_1$，則稱「$\overline{E}_1$是E_1的餘事件（complement event）」。

例 3 袋子裡裝有兩顆白球$w1, w2$和三顆紅球$r1$，$r2$，$r3$，今自該袋中隨機抽取兩顆球，試回答下列各題：

(1)樣本空間

(2)必然事件E_1

(3)不可能事件E_2

(4)抽取的兩球都是紅球的事件E_3

(5)抽取的兩球顏色相異的事件E_4

解： (1)因為兩顆白球為$w1, w2$且三顆紅球為$r1, r2, r3$，所以樣本空間為

$S=\{(w1, w2), (w1, r1), (w1, r2), (w1, r3), (w2, r1), (w2, r2),$
$(w2, r3), (r1, r2), (r1, r3), (r2, r3)\}$

(2)必然事件 E_1 即為樣本空間 S，所以 $E_1=S$

(3)不可能事件 E_2 為空集合 ϕ，所以 $E_2=\phi$

(4)兩球都是紅球的事件 $E_3=\{(r1, r2), (r1, r3), (r2, r3)\}$

(5)兩球顏色相異的事件

$E_4=\{(w1, r1), (w1, r2), (w1, r3), (w2, r1), (w2, r2), (w2, r3)\}$

例 4 某人將一枚硬幣進行丟擲三次的隨機實驗，若以 H 表示正面，T 表示反面，請寫出：

(1)樣本空間

(2)恰有一次正面兩次反面的事件 E_1 和 $n(E_1)$

(3)至少出現兩次反面的事件 E_2 和 $n(E_2)$

(4)三次都出現同一面的事件 E_3 和 $n(E_3)$

(5)E_1 和 E_3 的和事件

(6)E_1 和 E_2 的積事件

(7)判斷 E_1 和 E_3 是否為互斥事件

(8)E_2 的餘事件

解： (1)將正、反面分別記為 H 和 T，則樣本空間為

$S=\{(H, H, H), (T, H, H), (H, T, H), (H, H, T), (T, T, H), (T, H, T),$
$(H, T, T), (T, T, T)\}$

(2)恰有一次正面兩次反面的事件 $E_1=\{(T, T, H), (T, H, T),$
$(H, T, T)\}$，$n(E_1)=3$

(3)至少出現兩次反面的事件 $E_2=\{(T, T, H), (T, H, T), (H, T, T), (T, T, T)\}$，$n(E_2)=4$

(4)三次都出現同一面的事件 $E_3=\{(H, H, H), (T, T, T)\}$，$n(E_3)=2$

(5) E_1 和 E_3 的和事件 $E_1 \cup E_3=\{(H, H, H), (T, T, H), (T, H, T), (H, T, T), (T, T, T)\}$

(6)E_1 和 E_2 的積事件 $E_1 \cap E_2=\{(T, T, H), (T, H, T), (H, T, T)\}$

(7)由於$E_1 \cap E_3=\phi$，因此 E_1 和 E_3 為互斥事件

(8)E_2 的餘事件

$\overline{E}_2=\{(H, H, H), (T, H, H), (H, T, H), (H, H, T)\}$

16.1.3　機率的測度與定義

對於事件 E 發生的機會，我們以機率值 $P(E)$ 來表示。然而如何定義事件發生的機率，則為機率的測度。關於機率的測度方法，主要有如下三種：

一、古典機率（classical probability）

此測度方法由 Pierre-Simon Laplace 所提出，古典機率源自於十七世紀有關賭徒的賭博遊戲，又稱為「先驗機率（prior probability）」。假設隨機實驗之樣本空間 S 中，各種結果（樣本點）出現的機率相等。在此假設下，則事件 E 發生的機率定義為 $P(E)=\dfrac{n(E)}{n(S)}$，其中 $n(E)$、$n(S)$ 分別表示 E 和 S 的樣本點個數。

例 5 投擲一顆公平的骰子，請計算出現奇數點的機率。

解： 由於是公平的骰子，所以每一點出現的機率都相等。由於樣本空間 $S=\{1, 2, 3, 4, 5, 6\}$ 且奇數點事件 $E=\{1, 3, 5\}$，所以出現奇數點的機率為 $P(E)=\dfrac{n(E)}{n(S)}=\dfrac{3}{6}=\dfrac{1}{2}$

二、相對次數機率（relative frequency probability）

相對次數機率是由 John Venn 所提出，當樣本空間 S 中各種結果（樣本點）出現機率相等之假設不適用時，此時便可考慮以事件 E 發生的相對次數來衡量機率。相對次數機率又稱為「客觀機率（objective probability）」，如果重複進行隨機實驗 N 次，且事件 E 出現 n 次，則事件 E 發生的機率定義為 $P(E)=\dfrac{n}{N}$。

例 6 投擲一顆銹蝕的古代錢幣 100 次，其中正面出現的次數為 67 次。由於是銹蝕的錢幣，無法假設正反面出現的機率相等，請計算出現正面之事件 E 機率。

解： 銹蝕的錢幣無法假設正反面出現的機率相等，所以不能使用古典機率，但可以用相對次數機率算出。在 100 次實驗中，正面出現 67 次，所以正面的機率為

$P(E)=\dfrac{n}{N}=\dfrac{67}{100}=0.67$。

三、主觀機率（subjective probability）

主觀機率是 Leonard Jimmie Savage 所提出，人類所面對未發生的事件，有時無法以古典機率或相對次數機率求得機率，此時只能依賴個人對事件綜合訊息的掌握和判斷，主觀地給予機率值，因此每人對相同事件的主觀機率都有可能不同。例如：「明天股票漲的機率為何？」、「選前判斷各總統候選人當選的機率為何？」、「明天下雨的機率為何？」。事件的主觀機率值依個人對事件發生的信心程度，所以事件 E 發生的主觀機率可大致表示為 $P(E)=$[對事件 E 發生的信心程度]。

例 7　試判斷明天下雨的機率。

解： 本題為主觀機率的問題，因此每人所參考的訊息和準則等都有所不同，所以並無標準答案。如果依據今晚氣象報告內容，顯示明天會下雨，但你可能又會依據經驗，主觀認為明天會下雨的機率為 0.4。

16.2　機率性質與定理應用

根據上述事件的定義和機率的測度，以下討論有關常見機率性質和應用。

16.2.1　機率公理與事件機率

不論是上述何種機率的測度，事件機率必須符合公理才能合乎機率的性質，並進行機率的運算。給定樣本空間 S 且事件 E_i 的機率為 $P(E_i)$，則必須滿足如下三個條件的機率公理：

1. $0 \le P(E_i) \le 1$；
2. $P(E_1 \cup E_2 \cup \cdots \cup E_K) = \sum_{i=1}^{K} P(E_i)$，其中對每一個 $i \ne j$，$E_i \cap E_j = \phi$；
3. $P(S) = 1$。

事件是樣本空間的子集合，令樣本空間 S 中，$E \subseteq S$ 且 $E = \{e_1, e_2, \cdots, e_K\}$，則事件 E 的機率 $P(E)$ 定義如下：

$$P(E) = \sum_{i=1}^{K} P(e_i),\ e_i \in E$$

根據上式中 $P(E)$ 可知，事件 E 的機率是累積樣本點的機率值而得，至於 $P(e_i)$則是根據前述的機率測度而得。根據事件機率的定義，我們可獲得機率的基本性質如下：

1. 零機率：空集合 ϕ 發生的機率為 0，亦即 $P(\phi) = 0$。
2. 全機率：樣本空間 S 發生的機率為 1，亦即 $P(S) = 1$。
3. 非負性：任一事件發生的機率值必介於 0 和 1 之間，亦即 $0 \le P(E) \le 1$。
4. 單調性：若 $E_1 \subseteq E_2$，則 $P(E_1) \le P(E_2)$。

16.2.2 事件機率運算與期望值

由於事件是一個集合，因此事件可以透過集合的交集、聯集和餘集運算，構成新事件。而新事件機率值的計算，則可透過數值的四則運算法則求得。

一、和事件的機率

E_1 和 E_2 的和事件為 $E_1 \cup E_2$，由集合的「排容原理（inclusion-exclusion principle）」可知 $n(E_1 \cup E_2) = n(E_1) + n(E_2) - n(E_1 \cap E_2)$，所以和事件的機率為：

$$P(E_1 \cup E_2) = \frac{n(E_1 \cup E_2)}{n(S)} = \frac{n(E_1)}{n(S)} + \frac{n(E_2)}{n(S)} - \frac{n(E_1 \cap E_2)}{n(S)}$$
$$= P(E_1) + P(E_2) - P(E_1 \cap E_2)$$

二、積事件的機率

E_1 和 E_2 的積事件為 $E_1 \cap E_2$，由和事件的機率可推得積事件的機率為：

$$P(E_1 \cap E_2) = P(E_1) + P(E_2) - P(E_1 \cup E_2)$$

二、互斥事件的機率

E_1 和 E_2 為互斥事件，由零機率的性質可得互斥事件同時發生的機率為：

$$P(E_1 \cap E_2) = P(\phi) = 0$$

三、餘事件的機率

$\overline{E}_1$ 是 E_1 的餘事件，所以 $\overline{E}_1 = S - E_1$。由於 $\overline{E}_1 \cup E_1 = S$ 且 $\overline{E}_1 \cap E_1 = \phi$，根據前述事件機率的運算可知：$P(\overline{E}_1 \cup E_1) = P(\overline{E}_1) + P(E_1) - P(\overline{E}_1 \cap E_1)$，因為 $P(\overline{E}_1 \cup E_1) = P(S) = 1$ 且 $P(\overline{E}_1 \cap E_1) = P(\phi) = 0$，因此餘事件 $\overline{E}_1$ 的機率為：

$$P(\overline{E}_1) = 1 - P(E_1)$$

例 8 有一隨機實驗為投擲一枚公平的硬幣三次，請寫出下列各事件的機率：

(1)樣本空間

(2)恰有一次正面兩次反面的事件 E_1

(3)至少出現兩次反面的事件 E_2

(4)三次都出現同一面的事件 E_3

(5) E_1 和 E_3 的和事件

(6) E_1 和 E_2 的積事件

(7) E_1 和 E_3 積事件

(8) E_2 的餘事件

解： (1)樣本空間的機率 $P(S)=1$

(2)恰有一次正面兩次反面的事件機率 $P(E_1)=\frac{n(E_1)}{n(S)}=\frac{3}{8}$

(3)至少出現兩次反面的事件機率 $P(E_2)=\frac{4}{8}=\frac{1}{2}$

(4)三次都出現同一面的事件機率 $P(E_3)=\frac{2}{8}=\frac{1}{4}$

(5) E_1 和 E_3 的和事件機率 $P(E_1\cup E_3)=\frac{n(E_1\cup E_3)}{n(S)}=\frac{5}{8}$

(6) E_1 和 E_2 的積事件機率 $P(E_1\cap E_2)=\frac{n(E_1\cap E_2)}{n(S)}=\frac{3}{8}$

(7)由於 $E_1\cap E_3=\phi$，E_1 和 E_3 積事件機率 $P(E_1\cap E_3)=0$

(8) E_2 的餘事件機率 $P(\overline{E}_2)=\frac{n(\overline{E}_2)}{n(S)}=\frac{4}{8}=\frac{1}{2}$

在日常生活中，事件發生後可得到報酬或必須付出。例如：買大樂透中獎的事件發生了，則可得到報酬；又例如違反交通規則的行為被舉發了，則必需要繳交罰緩。計算報酬或付出的期望數值，稱為「期望值（expected value）」。期望值是事件機率與報酬量或付出量之乘積和。令事件 E 發生後可得到報酬量或付出量為 m，則期望值為 $x = m \times P(E)$。在 K 個事件情形下，事件 E_i 發生後可得到報酬量或付出量為 m_i，則期望值為 $x = \sum_{i=1}^{K} (m_i \times P(E_i))$。

例 9　根據內政部統計，50 歲的人，五年內生存的機率為 0.92。張三今年 50 歲，向人壽保險公司投保五年期人壽保險二百萬元，一次全部繳納保險費十八萬。請算出人壽保險公司獲利的期望值為多少？

解： 事件機率和獲利的數值列表如下：

事件	五年內死亡	五年內生存
機率	0.08	0.92
人壽保險公司獲利	−2000000 + 180000	180000

由於有兩個事件，人壽保險公司獲利的期望值為

$x = (-2000000 + 180000) \times 0.08 + (180000 \times 0.92) = 20000$，所以該公司的獲利期望值為 20000 元。

16.2.3　聯合機率與邊際機率

在多個樣本空間下，假設每個樣本空間都可分割成互斥事件，亦即每個樣本空間都是互斥事件的聯集。在此情形下，需探討「聯合機

率（joint probability）」和「邊際機率（marginal probability）」的情形。以兩個樣本空間為例，假設樣本空間 S_1 有 K_1 個事件 E_{1j} $(j=1, 2, \cdots, K_1)$，且 $S_1=\bigcup_{j=1}^{K_1} E_{1j}$，其中對每一個 $j \neq j'$，$E_{1j} \cap E_{1j'}=\phi$；樣本空間 S_2 有 K_2 個事件 E_{2i} $(i=1, 2, \cdots, K_2)$，且 $S_2=\bigcup_{i=1}^{K_2} E_{2i}$，其中對每一個 $i \neq i'$，$E_{2i} \cap E_{2i'}=\phi$，則聯合機率和邊際機率敘述如下：

一、聯合機率

樣本空間 S_1 中事件 E_{1j} 與樣本空間 S_2 中事件 E_{2i} 同時發生的機率稱為事件 E_{1j} 與 E_{2i} 事件的聯合機率，以 $P(E_{1j} \cap E_{2i})$表示。

二、邊際機率

若只考慮某個事件發生的機率，此時稱為邊際機率。所以若只考慮樣本空間 S_1 中事件 E_{1j} 機率，則 E_{1j} 的邊際機率為 $P(E_{1j})=\sum_{i=1}^{K_2} P(E_{1j} \cap E_{2i})$；同理，若考慮樣本空間 S_2 中事件 E_{2i} 機率，則 E_{2i} 的邊際機率為 $P(E_{2i})=\sum_{j=1}^{K_1} P(E_{2i} \cap E_{1j})$。

以上兩個樣本空間的聯合機率和邊際機率可用機率分配表示如下，由下表的二維度樣本空間可知，聯合機率即為「欄（column）」和「列（row）」交叉時該事件的機率，而邊際機率即為累加欄或列的聯合機率所得該事件的機率。

		樣本空間 S_1 事件				邊際機率
樣本空間 S_2 事件		E_{11}	E_{12}	…	$E_{1(K_1)}$	
	E_{21}	$P(E_{11} \cap E_{21})$	$P(E_{12} \cap E_{21})$	…	$P(E_{1(K_1)} \cap E_{21})$	$P(E_{21})$
	E_{22}	$P(E_{11} \cap E_{22})$	$P(E_{12} \cap E_{22})$	…	$P(E_{1(K_1)} \cap E_{22})$	$P(E_{22})$
	⋮	⋮	⋮	⋮	⋮	⋮
	$E_{2(K_2)}$	$P(E_{11} \cap E_{2(K_2)})$	$P(E_{12} \cap E_{2(K_2)})$	…	$P(E_{1(K_1)} \cap E_{2(K_2)})$	$P(E_{2(K_2)})$
邊際機率		$P(E_{11})$	$P(E_{12})$	…	$P(E_{1(K_1)})$	1

例 10 假設某螺絲製造公司有 A、B、C 三間廠房，所生產的螺絲品質可分成優、佳、可、差四種等級，品管人員累計多次抽樣所得的機率分配如下：

		廠房事件		
螺絲品質事件		A 廠房(E_{11})	B 廠房(E_{12})	C 廠房(E_{13})
	優（E_{21}）	0.11	0.07	0.13
	佳（E_{22}）	0.07	0.04	0.06
	可（E_{23}）	0.09	0.13	0.09
	差（E_{24}）	0.07	0.03	0.11

請寫出下列各事件機率：(1)A 廠房製造且螺絲品質為「佳」 (2)C 廠房製造且螺絲品質為「差」 (3)B 廠房製造 (4)螺絲品質為「可」

解： (1)A 廠房製造且螺絲品質為「佳」的事件機率為聯合機率

$$P(E_{11} \cap E_{22}) = 0.07$$

(2)C 廠房製造且螺絲品質為「差」的事件機率為聯合機率

$P(E_{13} \cap E_{24}) = 0.11$

(3)B 廠房製造的事件機率為邊際機率 $P(E_{12}) = \sum_{i=1}^{4} P(E_{12} \cap E_{2i})$

$= 0.07 + 0.04 + 0.13 + 0.03 = 0.27$

(4)螺絲品質為「可」的事件機率為邊際機率 $P(E_{23}) =$

$\sum_{j=1}^{3} P(E_{1j} \cap E_{23}) = 0.09 + 0.13 + 0.09 = 0.31$

16.2.4 條件機率與獨立事件

考慮事件發生機率與其他事件的關聯，則涉及條件機率（conditional probability）和獨立事件（independent event）的觀念。條件機率是針對某事件發生的情形下，探討另一事件發生的機率；而獨立事件是探討某事件機率與另一事件發生的機率關聯性。分述如下：

一、條件機率

針對事件 A 在事件 B 發生且事件 B 的機率不為 0 之條件下，考慮事件 A 發生的機率，此機率稱為「在事件 B 的條件下，事件 A 的條件機率」，此條件機率以 $P(A|B)$表示並定義如下：

$$P(A|B) = \frac{P(A \cap B)}{P(B)}$$

由於$(A \cap B) \subseteq B$ 且 $P(A \cap B) \le P(B)$，因此由條件機率的公式可知，此條件機率意指事件 $A \cap B$ 的機率占事件 B 機率的比值。

例 11 某縣市進行教師徵聘考試，前來報名的 30 名考生中，依性別和畢業學校類型可表列人數如下：

		畢業學校類型事件		
		公立大學（E_{11}）	私立大學（E_{12}）	合計
性別事件	男生（E_{21}）	9	3	12
	女生（E_{22}）	10	8	18
	合計	19	11	30

今隨機抽取一位考生，且假設每位考生抽中機率皆相同，請寫出下列各事件機率：(1)男生　(2)私立大學畢業　(3)男生且為私立大學畢業　(4)已知抽中為男生的情形下，其為私立大學畢業

解： (1)抽中者為男生的事件機率為邊際機率，其機率值為 $P(E_{21})=\dfrac{12}{30}$

(2)抽中者為私立大學畢業的事件機率為邊際機率，其機率值為 $P(E_{12})=\dfrac{11}{30}$

(3)抽中者為男生且為私立大學畢業的事件機率為聯合機率，其機率值為 $P(E_{21}\cap E_{12})=\dfrac{3}{30}$

(4)已知抽中者為男生，其為私立大學畢業的事件機率為條件機率，其機率值為

$$P(E_{12}|E_{21})=\frac{P(E_{12}\cap E_{21})}{P(E_{21})}=\frac{\frac{3}{30}}{\frac{12}{30}}=\frac{3}{12}$$

二、獨立事件

「事件A的機率$P(A)$」和「在事件B的條件下，事件A的條件機率$P(A|B)$」，這兩個機率值可能會有不同，如果$P(A)$和$P(A|B)$兩個機率值相同，表示事件B發生與否不影響事件A的機率，此時稱事件A與B為「獨立事件」，所以$P(A|B)=\dfrac{P(A\cap B)}{P(B)}=P(A)$關係成立，由此關係可推得事件$A$與$B$為獨立事件的判斷公式如下：

$$P(A\cap B)=P(A)P(B)。$$

依上述同理可證，若事件A發生與否不影響事件B的機率，可得$P(B\cap A)=P(B)P(A)$，此時「事件B與A為獨立事件」。所以，「事件A與B為獨立事件」和「事件B與A為獨立事件」同時成立。若事件A與B不為獨立事件，則稱事件A與B為「相依事件（dependent event）」。

例 12 某公司招聘員工，前來報名的 60 名考生中，依錄取與否和公私立畢業學校可表列人數如下：

		畢業學校事件		
錄取與否事件		公立（E_{11}）	私立（E_{12}）	合計
	錄取（E_{21}）	15	10	25
	未錄取（E_{22}）	21	14	35
	合計	36	24	60

今隨機抽取一位考生，每位考生抽中機率皆相同，請回答下列各事件機率並判斷：

(1)錄取

(2)公立學校畢業

(3)錄取且為公立學校畢業

(4)錄取與否和畢業學校是否為獨立事件？

解： (1)錄取的事件機率為邊際機率，其機率值為$P(E_{21})=\frac{25}{60}$

(2)公立學校畢業為邊際機率，其機率值為$P(E_{11})=\frac{36}{60}$

(3)錄取且為公立學校畢業為聯合機率，其機率值為$P(E_{21}\cap E_{11})=\frac{15}{60}$

(4)由於錄取且為公立學校畢業機率值為$P(E_{21}\cap E_{11})=\frac{15}{60}=\frac{1}{4}$，而錄取機率值為$P(E_{21})=\frac{25}{60}=\frac{5}{12}$且公立學校畢業機率值為$P(E_{11})=\frac{36}{60}=\frac{3}{5}$。因為$P(E_{21}\cap E_{11})=\frac{1}{4}$且$P(E_{21})\times P(E_{11})=\frac{5}{12}\times\frac{3}{5}=\frac{1}{4}$，所以錄取與否和畢業學校為獨立事件

16.2.5 總機率定理與貝氏定理

由於「貝氏定理（Bayes' theorem）」需以「總機率定理（theorem of total probability）」為基礎，因此本小節首先敘述總機率定理後，再說明貝氏定理。

一、總機率定理

總機率定理可將事件機率分解成多個互斥事件機率的總和，假設

樣本空間 S 中，事件 $A_1, A_2, \cdots, A_K$ 滿足下列三個性質，則稱事件 $A_1, A_2, \cdots, A_K$ 為樣本空間 S 的「分割（partition）」：

1. $A_i \neq \phi$，對每一個 $i = 1, 2, \cdots, K$
2. $A_1 \cup A_2 \cup \cdots \cup A_K = S$
3. $A_i \cap A_{i'} = \phi$，對每一個 $i \neq i'$，$i, i' \in \{1, 2, \cdots, K\}$

由分割的意義可知，樣本空間 S 可表示成多個非空集合的互斥事件之聯集。針對樣本空間 S 中的事件 B，因為 $B = B \cap S = B \cap (A_1 \cup A_2 \cup \cdots \cup A_K) = \bigcup_{k=1}^{K} (B \cap A_k)$，且 $(B \cap A_i) \cap (B \cap A_{i'}) = \phi$，對每一個 $i \neq i'$，$i, i' \in \{1, 2, \cdots, K\}$，則根據機率公理的性質，總機率定理的內容是「對任一在樣本空間 S 的事件 B，且 $A_1, A_2, \cdots, A_K$ 為樣本空間 S 的分割，則 $P(B) = \sum_{k=1}^{K} P(B \cap A_k) = \sum_{k=1}^{K} P(A_k)P(B|A_k)$」。

二、貝氏定理

前述所談的機率為「事前機率（prior probability）」，亦即在事件未發生之前，依據機率的法則對事件發生的可能性進行描述。然而，如果我們擁有事件的「額外訊息（additional information）」，貝氏定理可利用事前機率，計算事件發生後歸因於某事件的「事後機率（posterior probability）」。已知兩事件的機率分別為 $P(A)$、$P(B)$，其中 $P(A)$ 為事前機率，且已知額外的訊息（此額外的訊息為條件機率）為 $P(B|A)$，貝氏定理公式如下：

$$P(A|B) = \frac{P(A \cap B)}{P(B)} = \frac{P(B|A)P(A)}{P(B)}$$

在貝氏定理公式中，只要我們已知兩事件的機率分別為 $P(A)$、$P(B)$ 和額外的訊息 $P(B|A)$，則可利用公式算出事後機率 $P(A|B)$，此事

後機率為事件 B 發生後事件 A 發生的機率。如果樣本空間 S 中，事件 $A_1, A_2, \cdots, A_K$ 為樣本空間 S 的分割，則一般化的貝氏定理公式為：

$$P(A_k|B)=\frac{P(A_k\cap B)}{P(B)}=\frac{P(B\cap A_k)}{\sum_{i=1}^{K}P(B\cap A_i)}=\frac{P(A_k)P(B|A_k)}{\sum_{i=1}^{K}P(A_i)P(B|A_i)}$$

例 13 某汽車零件製造公司有 A_1, A_2, A_3 三個生產工廠，已知三工廠所製造的零件占該公司全部產量分別為 25%、40%、35%，且依過去經驗可知，三工廠製造零件的不良率分別為 5%、4%、7%，試求：

(1)自全部零件產品中隨機抽取一零件，其為不良品的機率

(2)已知所抽取的零件為不良品的情形下，該不良品來自 A_1 工廠的機率

解： (1)假設不良品為事件 B，A_1, A_2, A_3 為零件樣本空間的分割，依總機率定理，可得

$$P(B)=\sum_{i=1}^{3}P(B\cap A_i)=\sum_{i=1}^{3}P(A_i)P(B|A_i)$$
$$=0.25\times 0.05+0.40\times 0.04+0.35\times 0.07$$
$$=0.0125+0.016+0.0245=0.053$$

(2)依貝氏定理可知，該不良品來自 A_1 工廠的機率為事後機率，所以

$$P(A_1|B)=\frac{P(A_1\cap B)}{P(B)}=\frac{0.25\times 0.05}{0.053}=\frac{0.0125}{0.053}=\frac{125}{530}=\frac{25}{106}$$

16.3 敘述統計與統計量數

統計是描述與了解資料的分布特性並進行決策判斷的科學，統計學應用的領域很廣，舉凡生物、醫農、社會、教育、心理等方面的研究，常利用統計的方法進行問題探究。統計內容可略分為「數理統計（mathematical statistics）」和「應用統計（applied statistics）」；如依統計資料解釋對象而言，則可分為「敘述統計（descriptive statistics）」和「推論統計（inferential statistics）」。

研究者所要探討研究的對象稱為「母群（population）」，母群資料的獲得可透過「普查（census）」或「抽樣（sampling）」。一般而言，由於母群龐大使得普查較不可行，因此透過抽樣得到「樣本（sample）」，因此樣本即為母群的子集合，而樣本每個觀察點稱為「樣本點（sample point）」。利用抽樣而得的樣本之統計資料，必須經過分析才有意義。若統計資料分析僅在了解樣本的特性，亦即資料解釋的對象是樣本，則稱為敘述統計；若統計資料分析希望透過樣本進而推論至母群，亦即資料解釋的對象是母群，則稱為推論統計，本章僅著重於敘述統計的統計量數進行說明。

16.3.1 參數和統計量

關於母體資料特徵相關量數，稱為「參數（parameter）」，此參數通常以希臘字母表示；關於樣本資料特徵相關量數，稱為「統計量（statistic）」，通常以英文字母表示，限於篇幅，本章以下所說明的是樣本統計量。有關母群和樣本關係圖示如下。

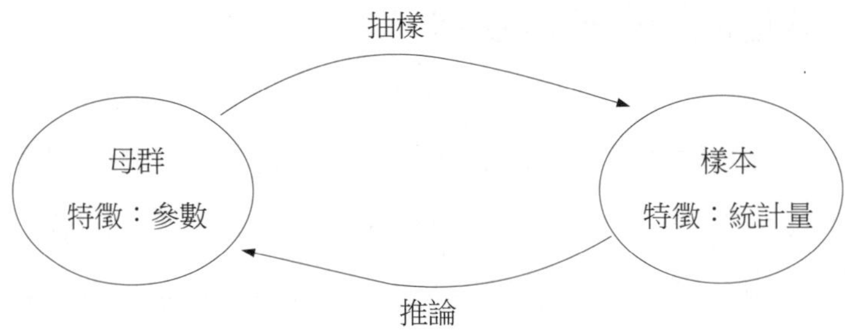

16.3.2 集中量數之類型

要描述資料分布的集中情形，可以用統計量中的「集中量數（measures of central tendency）」來表示，較常用的集中量數有「平均數（mean）」、「中位數（median）」、「眾數（mode）」、「百分位數（percentile）」等。

一、平均數

統計應用以算術平均數為主，假設有 $x_1, x_2, \cdots, x_n$ 共 n 個樣本點，則算術平均數 $\overline{X}$ 為：

$$\overline{X}=\frac{x_1+x_2+\cdots+x_n}{n}=\frac{\sum_{i=1}^{n} x_i}{n}$$

平均數容易受到極端值（極大或極小）的影響，此時平均數的代表性受到影響。

二、中位數

將一組資料由小到大排序後，位於中間位置的數值稱為中位數。假設有 $x_1, x_2, \cdots, x_n$ 共 n 個樣本點，將這些樣本經過排序後滿足 $x^{(1)} \leq$

$x^{(2)} \leq \cdots \leq x^{(n)}$（$x^{(i)}$代表排列後第 i 位的數值）：

(1)若 n 為奇數，則中位數 $M_e = x^{(\frac{n+1}{2})}$；

(2)若 n 為偶數，則中位數 $M_e = \frac{1}{2}\left[x^{(\frac{n}{2})} + x^{(\frac{n}{2})+1}\right]$。

三、眾數

眾數是指發生次數最多的數值。假設有 $x_1, x_2, \cdots, x_n$ 共 n 個樣本點，若經整理後次數最多的數值為 x_k，則眾數 $M_o = x_k$。需注意的是，由於發生次數最多的數值可能不是唯一，所以眾數可能不只一個。

例 14 某同學抽樣調查該年級 10 位同學的數學週考成績，所得資料如下：

88 74 45 98 62 77 76 64 91 74

試求：(1)算術平均數 (2)中位數 (3)眾數

解： (1)算術平均數 $\bar{X} = \frac{88+74+\cdots+74}{10} = 74.90$

(2)中位數 $M_e = \frac{74+76}{2} = 75$

(3)眾數 $M_o = 74$

16.3.3 離差量數之類型

資料分布有不同的分散性，此資料的分散情形可以用「離差量數（dispersion measures）」來表示，較常用的離差量數有「全距（range）」、「四分位差（quartile deviation）」、「平均絕對偏差（mean absolute deviation）」、「變異數與標準差（variance and standard deviation）」等。

一、全距

所謂全距是指一組資料中最大與最小的差距，差距越大表示資料愈分散，反之則愈小，全距公式雖然簡明易懂，但全距數值很容易受到極端值（極大或極小）的影響。假設一組資料中最大值為 $x_{\max}$，最小值為 $x_{\min}$，則全距 R 為：

$$R = x_{\max} - x_{\min}$$

二、四分位差

若將資料由小到大排序累積，並將分割成 100 等份，若低於某數值的觀察值個數占全部 $k\,\%$，則稱此數值為該資料第 k 百分位數（k^{th} percentile），此數值以 P_k 表示。因此，中位數即為 P_{50}。再者，若將資料分成四等份，「第 1 四分位數（the first quartile）」Q_1 即為 P_{25}，「第 3 四分位數（the third quartile）」Q_3 即為 P_{75}。而四分位差 QD 即為這兩個四分位數的差之平均，四分位差 QD 愈大，表示資料分佈愈分散。四分位差 QD 的公式為：

$$QD = \frac{Q_3 - Q_1}{2}$$

三、平均絕對偏差

平均絕對偏差考慮每個樣本點與算術平均數的距離，假設有 $x_1, x_2, \cdots, x_n$ 共 n 個樣本點，其算術平均數為 $\overline{X}$。平均絕對偏差 MAD 公式為：

$$MAD=\frac{\sum_{i=1}^{n}|x_i-\overline{X}|}{n}$$

平均絕對偏差 MAD 愈大，表示資料愈分散。

四、變異數與標準差

變異數與平均絕對偏差類似，考慮每個樣本點與算術平均數距離的平方，假設有 $x_1, x_2, \cdots, x_n$ 共 n 個樣本點，其算術平均數為 $\bar{x}$，

則變異數 $S^2=\frac{\sum_{i=1}^{n}(x_i-\bar{x})^2}{n}$，而標準差 S 是變異數的平方根 $S=\sqrt{\frac{\sum_{i=1}^{n}(x_i-\bar{x})^2}{n}}$。變異數表示資料的分散情形，若變異數 S^2 愈大，表示資料愈分散，變異數有較佳的統計性質。

例 15 某同學調查實驗苗圃中花苞的長度（單位：公分），所得資料如下：

13　8　6　7

試求：

(1)全距　(2)四分位差　(3)平均絕對偏差

(4)變異數與標準差

解： (1)全距 $R=13-6=7$

(2)四分位差 $QD=\frac{Q_3-Q_1}{2}=\frac{10.5-6.5}{2}=2$

(3)平均絕對偏差

$$MAD=\frac{|13-8.5|+|8-8.5|+|6-8.5|+|7-8.5|}{4}=2.25$$

(4)變異數

$$S^2=\frac{(13-8.5)^2+(8-8.5)^2+(6-8.5)^2+(7-8.5)^2}{4}=7.25$$

標準差 $S=\sqrt{7.25}\cong 2.69$

16.3.4　相對地位量數

在資料的分析過程中，有時需要比較樣本點在群體中所在的地位。例如，僅知某生數學分數為 78 分，想了解他在全班學生相較下表現如何，則很難得知。「相對地位量數（measures of relative position）」即在衡量樣本點在群體中所占地位的高低，本章說明常用的「百分等級（percentile rank，大寫 PR）」和「標準分數（standard score）」兩種相對地位量數。

一、百分等級

若將資料由小到大排序累積，並將分割成 100 等份，若低於某數值的觀察值占有 k 等份，則稱此數值的百分等級為 k，記為 $PR=k$，由於等份為整數，因此百分等級必須為整數。假設某資料共有 n 個樣本點，則每個樣本點占 $\frac{100}{n}$ 等級，由於必須以中點來代表每個樣本點，因此若由小到大排序得到 $x^{(1)}\leq x^{(2)}\leq\cdots\leq x^{(n)}$，則 $x^{(1)}$ 的百分等級為 $\frac{100}{n}-\frac{100}{2n}$，$x^{(2)}$ 的百分等級為 $2\times\frac{100}{n}-\frac{100}{2n}$，$x^{(3)}$ 的百分等級為 $3\times\frac{100}{n}-\frac{100}{2n}$，依此類推，$x^{(k)}$ 樣本點的百分等級為 $k\times\frac{100}{n}-\frac{100}{2n}$。上述的百分等級數值，要用無條件捨去法取至整數為宜。

二、標準分數

標準分數有很多種，本章僅介紹最常見的Z分數和T分數，其他很多的標準分數是由Z分數轉換而來的。

1. Z分數

假設有一組原始資料，其算術平均數為$\overline{X}$且標準差為S。則原始資料的Z分數公式如下：

$$Z=\frac{X-\overline{X}}{S}$$

由該公式可知，低於平均數的原始資料，其Z分數為負；高於平均數的原始資料，其Z分數為正。當原始資料等於平均數時，則Z分數為零。若進一步計算Z分數的平均數$\overline{Z}$和標準差S_Z，則可得$\overline{Z}=0$ 且$S_Z=1$。

2. T分數

由於Z分數的數值較小，要比較大小會顯得較為不易，因此可將Z分數進行放大和平移，而T分數即為Z分數的放大和平移。假設有一組原始資料，其T分數公式如下

$$T=50+10Z$$

由該公式可知，Z分數為負時，其T分數小於 50；Z分數為正時，其T分數大於 50；當Z分數為零，其T分數等於 50。若進一步計算T分數的平均數$\overline{T}$和標準差S_T，則可得$\overline{T}=50$ 且$S_T=10$。

例 16 抽樣 10 位六年級學生身高（單位：公分）如下，請算出其 Z 分數和 T 分數。

學生	1	2	3	4	5	6	7	8	9	10
身高	145	152	148	143	136	147	157	152	147	143

解： 令身高為變數 X，得到 $\overline{X}=147$、$S=\sqrt{30.80}\cong 5.55$，因此以 $Z=\dfrac{X-\overline{X}}{S}$ 和 $T=50+10Z$ 計算，求得 Z 分數和 T 分數分別如下（以四捨五入計算至小數點第二位）：

學生	1	2	3	4	5	6	7	8	9	10
Z 分數	−0.36	0.90	0.18	−0.72	−1.98	0.00	1.80	0.90	0.00	−0.72
T 分數	46.40	59.01	51.80	42.79	30.18	50.00	68.02	59.01	50.00	42.79

16.3.5 相關係數

當每個樣本點有兩個變數，要了解這兩個變數的相互變化情形，可以用「相關係數（correlation coefficient）」來計算。隨著這兩個變數類型的不同，相關係數有不同種類，本章僅說明最常用的「積差相關（product-moment correlation）」。假設有 n 個樣本點，以及兩個變數 X, Y，每個樣本點為 $(x_i, y_i), i=1, 2, \cdots, n$，則積差相關係數的統計量為 r_{XY}：

$$r_{XY}=\frac{\frac{\sum_{i=1}^{n}(x_i-\overline{X})(y_i-\overline{Y})}{n}}{\sqrt{\frac{\sum_{i=1}^{n}(x_i-\overline{X})^2}{n}}\sqrt{\frac{\sum_{i=1}^{n}(y_i-\overline{Y})^2}{n}}}$$

相關係數數值範圍 $-1 \leq r_{XY} \leq 1$，正值表示兩個變數呈現正向關係，而負值表示兩個變數呈現負向關係。依照統計檢定的二分結果，相關係數可區分為有相關和零相關。在有相關的情形下，又可區分為正相關和負相關，其關係結構如下所示。

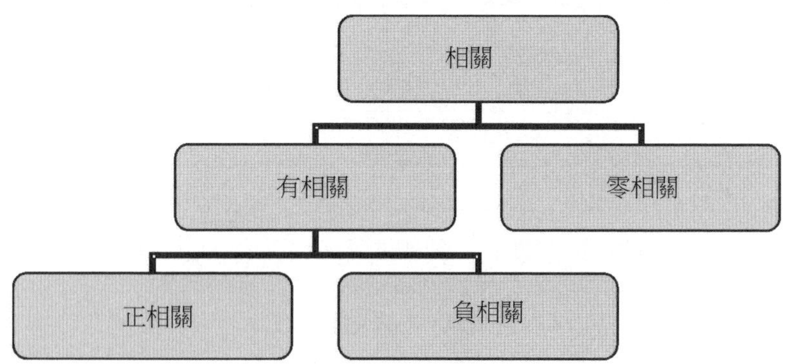

如下圖所示，如果兩個變數 X, Y 呈現正向的關係（若 X 愈大，Y 大致上也會愈大），則兩變數為正相關；如果兩個變數 X, Y 呈現負向的關係（若 X 愈大，Y 大致上愈小），則兩變數為負相關；如果變數 Y 大致上不隨著 X 而有所改變，則兩變數為零相關。

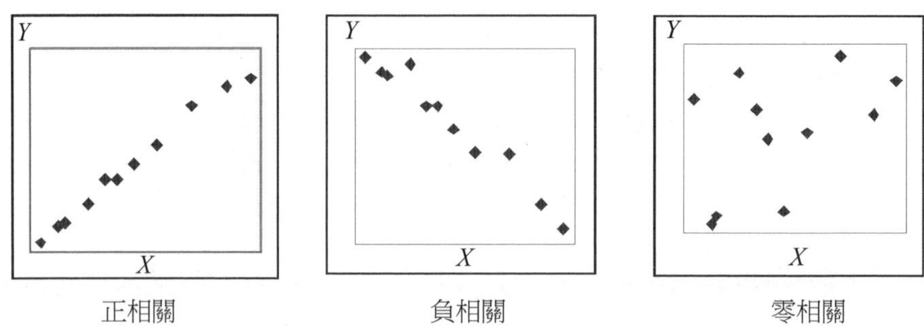

正相關　　負相關　　零相關

例 17　抽樣 10 位六年級學生的國語和數學期末考成績如下，請算出國語和數學的積差相關係數。

國語	92	74	89	86	95	90	75	72	75	90
數學	86	52	75	75	79	76	61	63	66	84

解：　令國語為變數 X，數學為變數 Y，得到 $\overline{X}=83.80$，$\overline{Y}=71.70$

$$\text{所以 } r_{XY}=\frac{\dfrac{\sum_{i=1}^{n}(x_i-\overline{X})(y_i-\overline{Y})}{n}}{\sqrt{\dfrac{\sum_{i=1}^{n}(x_i-\overline{X})^2}{n}}\sqrt{\dfrac{\sum_{i=1}^{n}(y_i-\overline{Y})^2}{n}}}=\frac{76.64}{\sqrt{69.16}\sqrt{106.01}}$$

$$=0.8950$$

16.4　變數分類與統計圖表

為了方便容易了解資料分布的特徵和性質，常常將資料加以整理，以統計表或統計圖的型式呈現。各種統計表或統計圖有不同適用的情境，原因和資料變數性質有關係。因此，以下說明各種變數的分類。

16.4.1 變數的分類

變數（variable）是呈現樣本屬性的符號，此符號可表示成不同的數值或文字等。依不同的分類觀點，統計上的變數可分成下列各種：

一、連續變數和離散變數

以變數所表示的數值連續性或離散性而言，可分成「連續變數（continuous variable）」和「離散變數（discrete variable）」。所謂連續變數係指其任兩數值間，存在另一數值，例如：身高、體重、時間、數學能力等；反之，離散變數係指其任兩相鄰數值間，無法找到一數值，例如：班級學生數、丟骰子所出現的點數等。

二、自變數和依變數

在探討資料變數的因果關係上，可分成「自變數（independent variable）」和「依變數（dependent variable）」。自變數為「因」，而依變數為「果」。例如：在教學實驗設計中，實驗者所操弄的不同教學法即為自變數，而教學實驗效果即為依變數。

三、名義變數、次序變數、等距變數和比率變數

S. S. Stevens根據變數所具有的測量性質和功能，將變數分成「名義變數（nominal variable）」、「次序變數（ordinal variable）」、「等距變數（interval variable）」和「比率變數（ratio variable）」四

種變數，說明如下：

1. 名義變數

此變數僅有分類辨識的功能，例如：球員背號、血型編號（四種血型分別以 1, 2, 3, 4 表示）、性別編碼（男女生分別以 1, 0 表示）。此變數不能進行大小比較或數值計算，在統計資料時，可以用表格呈現次數或百分比。

2. 次序變數

此變數除了具有名義變數的功能外，尚可以根據某特質進行大小排序。例如：比賽名次、作文等第。此變數不能直接進行數值計算，在統計資料時，可以用表格呈現次數或百分比。

3. 等距變數

此變數除了具有名義變數、次序變數功能外，由於具有「相等單位」的特性，因此可利用加減計算差別大小。但由於單位沒有絕對零點，所以不能進行用乘除或倍數計算。例如：溫度、海拔高度即為此種變數。以溫度為例，如果近三天溫度（單位：攝氏）分別是 22、25、28，其溫度差異 $25-22=28-25$ 的關係是成立的，但不能說 25 是 22 的 $\frac{25}{22}$ 倍，因為若溫度測量單位改變（例如：由攝氏改成華氏），此乘除倍數關係便不成立。在統計資料時，可以使用平均數、標準差、積差相關等。

4. 比率變數

此變數除了具有名義變數、次序變數、等距變數的功能外，由於具有「絕對零點」，所以可進行加減乘除計算。例如：長度、重量即為此種變數，以長度為例，如果三條繩子長度（單位：公分）分別是

22、25、28，其長度差異 25 − 22 = 28 − 25 的關係不僅成立，也可以說 25 是 22 的 $\frac{25}{22}$ 倍，因為不論長度單位如何改變，此乘除倍數關係永遠成立。在統計資料時，亦可以使用平均數、標準差、積差相關等。

16.4.2 常用統計表

大量的數值或符號之原始資料，常常難以直接看出有意義的訊息，因此必須藉助資料整理後的統計表。統計表的類型，可依變數個數（單變數或雙變數）及變數特性（質性或量性）而有不同的統計表類型。

一、次數分配表

當整理的變數只有一個時，則適用次數分配表來呈現資料。在「次數分配表（frequency distribution table）」中，可依需要呈現該變數各「水準（level）」的「次數（frequency）」、「相對次數（relative frequency）」、「累積次數（cumulative frequency）」、「相對累積次數（relative cumulative frequency）」等。

1. 質性資料

當整理的變數屬於質性資料時，可用次數分配表說明資料分布。例如：調查全學年 50 名學生的血型，血型為質性變項，且血型有四個水準（A、B、O、AB），可整理次數分配表如下。其中相對次數是指該血型人數除以全部次數，累積次數則為依序累加各次數，相對累積次數則為累積次數除以全部次數。

血型	次數	相對次數	累積次數	相對累積次數
A	21	0.42	21	0.42
B	9	0.18	30	0.60
O	16	0.32	46	0.92
AB	4	0.08	50	1.00

2. 量性資料

量性資料可依實際需要將資料數據進行分組，分組後的資料處理如同質性資料。例如：調查全學年 50 名學生的身高（單位：公分），由於身高是量性資料，可取 5 公分為「組寬（class width）」，整理次數分配表如下：

身高 x	次數	相對次數	累積次數	相對累積次數
$120 \le x < 125$	2	0.04	2	0.04
$125 \le x < 130$	10	0.20	12	0.24
$130 \le x < 135$	18	0.36	30	0.60
$135 \le x < 140$	9	0.18	39	0.78
$140 \le x < 145$	6	0.12	45	0.90
$145 \le x < 150$	3	0.06	48	0.96
$150 \le x < 155$	2	0.04	50	1.00

二、列聯表

當整理的變數有兩個時，則適用「列聯表（contingency table）」呈現資料。在列聯表中，可依需要呈現各變數的「邊際次數（marginal frequency）」。列聯表中的變數，若為量性資料，可依需要先將資料數據進行分組。

1. 質性資料

當兩個變數均為質性的資料，要先計算各個水準組合內的細格次數。例如：調查全學年 50 名學生的血型和性別，血型和性別都是質性變項，可整理列聯表如下。該表中針對不同血型和性別，在「合計」該欄中列出其邊際次數。例如：男生和女生的邊際次數分別為 23 和 27。

血型	性別		合計
	男	女	
A	10	11	21
B	3	6	9
O	7	9	16
AB	3	1	4
合計	23	27	50

2. 量性資料

當兩個變數均為量性的資料，可依需要先將資料數據進行分組並計算各個水準組合內的細格次數。例如：調查全學年 50 名學生的身高（單位：公分）和體重（單位：公斤），由於身高、體重是量性資料，身高可取 5 公分為組寬，體重可取 10 公斤為組寬，得到列聯表如下。

身高 x	體重 y					合計
	$y<25$	$25\le y<35$	$35\le y<45$	$45\le y<55$	$y\ge 55$	
$120\le x<125$	1	1	0	0	0	2
$125\le x<130$	2	5	2	1	0	10
$130\le x<135$	0	8	6	3	1	18
$135\le x<140$	0	2	6	1	0	9
$140\le x<145$	0	1	2	3	0	6
$145\le x<150$	0	0	1	2	0	3
$150\le x<155$	0	0	0	1	1	2
合計	3	17	17	11	2	50

3. 質性與量性資料

當兩個變數分別為質性和量性資料時，量性資料經過分組後，亦可整理成列聯表。例如：調查全學年50名學生的身高（單位：公分）和血型，因為身高是量性資料，可取5公分為組寬，得到列聯表如下。

身高 x	血型				合計
	A	B	O	AB	
$120\le x<125$	1	0	1	0	2
$125\le x<130$	3	1	4	2	10
$130\le x<135$	8	4	6	0	18
$135\le x<140$	4	2	2	1	9
$140\le x<145$	3	1	2	0	6
$145\le x<150$	1	0	1	1	3
$150\le x<155$	1	1	0	0	2
合計	21	9	16	4	50

16.4.3 常用統計圖

如同統計表目的，統計圖能幫助了解資料的分佈特性，特別是透過視覺圖形的呈現，使資料解讀更具意義。以下分別說明常見的統計圖以及適用的統計資料類型。

一、長條圖

如果原始統計資料是離散變數，可繪製「長條圖（bar chart）」以方便了解各類的次數高低。由於離散變數的數值並不連續，所以長條圖中各長條間應分隔呈現。例如：調查全學年 50 名學生的血型，調查結果可用長條圖呈現如下。

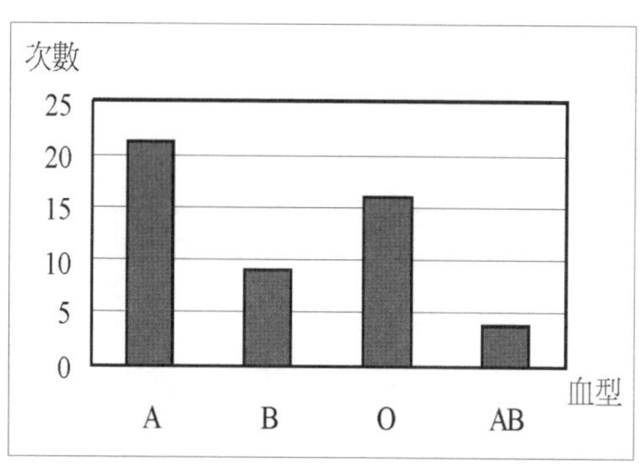

二、直方圖

如果原始統計資料是連續變數，選定組寬分組計算次數後，可繪製「直方圖（histogram）」以方便了解各組別的人數。由於資料是連續性，所以直方圖中各長條應是相連接的。前述調查全學年 50 名學生

的身高為例，取 5 公分為組寬後，可得直方圖如下。

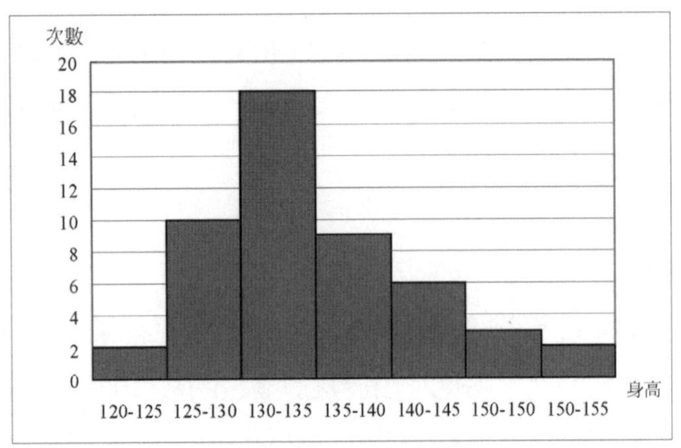

三、折線圖

如果原始統計資料含有次序變數，「折線圖（line chart）」可呈現這種有序資料下的數值變化情形。例如：要呈現某城市一週的氣溫變化情形，橫軸日期是次序變數，縱軸則是每日的平均氣溫，可用折線圖繪製如下。

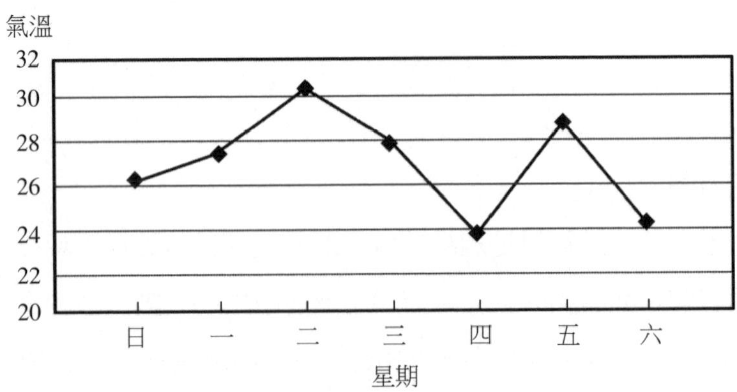

四、圓餅圖

資料經過整理後，如果要強調各類別所占比例高低，則可用「圓餅圖（pie chart）」呈現。在圓餅圖中，每個類別以扇形表示，該類別（部分量）占全體（全體量）的百分比，則為該類別扇形面積占整個圓形面積的比率；或是該類別扇形的圓心角，占整個周角 360 度的比率。以前述長條圖的血型資料為例，可圖繪圓餅圖如下。

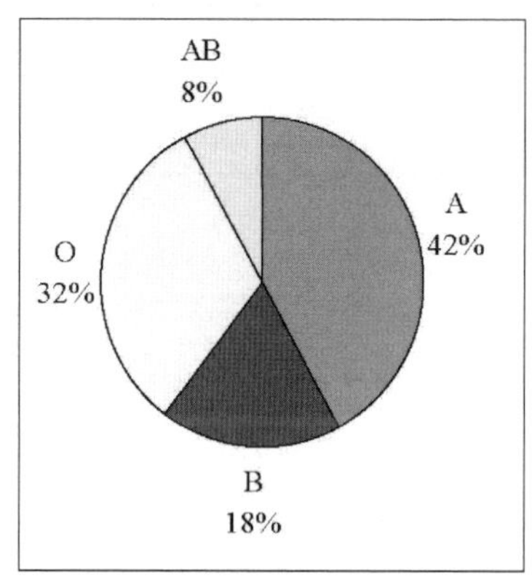

五、莖葉圖

如果要將資料呈現兼具「統計圖」和「統計表」的特色，則可用莖葉圖（stem-and-leaf）。在莖葉圖中，以較高位值數字為「莖」，將較低位值數字為「葉」，並依序排列。但必須注意的是，莖葉圖適用於樣本數不多且數值不大的情況，否則會因視覺因素使得莖葉圖難以解讀。以全學年 50 位學生數學考試資料為例，可整理成莖葉圖如下。該莖葉圖中表示，三十幾分的學生有 35、38 兩位，四十幾分的學生有 40、49、49 三位，而一百分的學生有五位。由此可知，莖葉圖不僅能呈現原始資料，更能呈現資料的分布情形。

莖	葉
3	58
4	099
5	2678
6	77899
7	0045799
8	01133357789
9	0003445566699
10	00000

習題

1. 投擲一顆骰子兩次，請寫出點數和為 7 的樣本空間。
2. 箱子裡有 7 顆紅球，3 顆白球。今隨機依序抽取三顆球且不放回，請寫出所抽取的球中至少有一顆紅球的樣本空間。
3. 投擲一顆骰子兩次並記錄其出現點數，請寫出：(1)樣本空間　(2)必然事件 E_1　(3)不可能事件 E_2　(4)兩次點數和小於 4 的事件 E_3　(5)兩次點數相同的事件 E_4
4. 某人進行同時丟擲一個骰子和一個銅板的隨機實驗，並觀察骰子出現點數和銅板正反面，請寫出：(1)樣本空間　(2)骰子出現偶數點且銅板正面的事件 E_1 和 $n(E_1)$　(3)骰子點數大於 4 且銅板正面的事件 E_2 和 $n(E_2)$　(4)骰子出現奇數點且銅板正面的事件 E_3 和 $n(E_3)$

(5)E_1 和 E_3 的和事件　(6)E_1 和 E_2 的積事件　(7)判斷 E_1 和 E_3 是否為互斥事件　(8)E_2 的餘事件

5. 某種賭博遊戲規則為：先不必交賭金，同時投擲三個公正銅板後，若出現 k（$k=1, 2, 3$）個正面，則可得 $2k+1$ 元；若無出現正面，則需認賠 20 元。請算出可獲得金錢的期望值為多少？

6. 某研究調查國中生血型和喜好的球類運動，累計多次抽樣所得的相對次數分配如下：

		血型事件			
喜好球類事件		A (E_{11})	B (E_{12})	O (E_{13})	AB (E_{14})
	籃球（E_{21}）	0.08	0.07	0.15	0.03
	排球（E_{22}）	0.07	0.14	0.08	0.06
	羽球（E_{23}）	0.13	0.03	0.12	0.04

請寫出下列各事件機率：(1)A 血型且喜好籃球　(2)O 血型且喜好羽球　(3)B 血型　(4)喜好排球

7. 某公司招聘員工，前來報名的 80 名考生中，依錄取與否和性別可表列人數如下：

		性別		
錄取與否		男生	女生	合計
	錄取	9	6	15
	未錄取	45	30	75
	合計	54	36	90

今隨機抽取每位考生，每位考生抽中機率皆相同，請回答下列各事件機率並判斷：(1)錄取　(2)男生　(3)未錄取且為男生　(4)錄取與否和性別是否獨立事件？

8. 某玩具工廠有臺北、臺中、高雄三個生產工廠，已知臺北、臺中、高雄三工廠的產量比 2：3：5，且依過去經驗可知，臺北、臺中、高雄三工廠製造零件的不良率分別為 5%、4%、2%，試求：(1)自全部零件產品中隨機抽取一零件，其為不良品的機率　(2)已知所抽取的零件為不良品的情形下，該不良品來自臺中工廠的機率

9. 老師抽樣調查該年級 12 位同學的國語考試成績，排序後所得資料如下：

   65　74　74　75　76　80　80　82　83　88　94　98

   試求：(1)算術平均數　(2)中位數　(3)眾數　(4)全距　(5)四分位差　(6)平均絕對偏差　(7)變異數與標準差

10. 老師抽樣調查該年級 12 位同學的國語考試成績，排序後所得資料如下，請算出其 Z 分數和 T 分數。：

    65　74　74　75　76　80　80　82　83　88　94　98

11. 抽樣 10 位六年級學生的身高（單位：公分）和體重（單位：公斤）如下，請算出身高和體重的積差相關係數。

身高	154	148	150	145	156	160	146	152	149	152
體重	42	36	40	34	43	48	36	41	37	41

12. 臺中市近兩週的每日氣溫如下，請將該資料整理成莖葉圖。

    19　23　30　28　32　28　26　20　19　18　25　24　27　33

第 17 章 三角函數

【教學目標】

- 能了解一銳角的正弦、餘弦及正切的意義
- 能了解廣義角的概念，並將銳角三角函數的定義推廣到廣義角及 藉由三角函數來理解極坐標與直角坐標的關係
- 能利用正弦定理與餘弦定理解決三角形之相關問題
- 能應用和角、倍角及半角公式
- 能將正弦定理、餘弦定理與和角公式應用於測量問題

17.1　銳角三角函數

在本節我們將介紹銳角三角函數。給定一個直角三角形（如圖 17.1）：

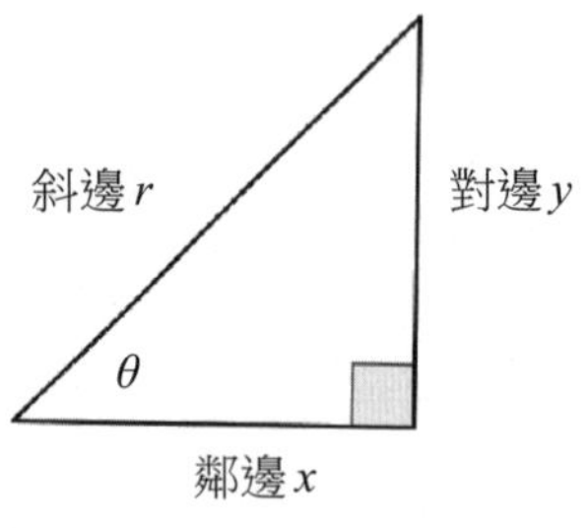

圖 17.1　直角三角形

以 θ 為主，則三邊長有六種比值關係。因此我們分別定義六個比值如下：

■ θ 的正弦 $=\sin\theta=\dfrac{\text{對邊}}{\text{斜邊}}=\dfrac{y}{r}$；■ θ 的餘弦 $=\cos\theta=\dfrac{\text{鄰邊}}{\text{斜邊}}=\dfrac{x}{r}$；

■ θ的正切 $=\tan\theta=\dfrac{\text{對邊}}{\text{鄰邊}}=\dfrac{y}{x}$；■ θ的餘切 $=\cot\theta=\dfrac{\text{鄰邊}}{\text{對邊}}=\dfrac{x}{y}$；

■ θ的正割 $=\sec\theta=\dfrac{\text{斜邊}}{\text{鄰邊}}=\dfrac{r}{x}$；■ θ的餘割 $=\csc\theta=\dfrac{\text{斜邊}}{\text{對邊}}=\dfrac{r}{y}$。

我們留意到當θ改變時，六個三角函數值亦隨之改變。此外根據相似三角形特性當θ為定值時，直角三角形的大小並不會影響其任意兩邊的比值。

例 1　設直角三角形的兩股長為 5 與 12，若股長 5 的對應角為θ，試求 $\sin\theta$、$\cos\theta$和 $\tan\theta$。

解：　如圖斜邊長為

$\sqrt{12^2+5^2}=\sqrt{169}=13$。

因此

$\sin\theta=\dfrac{5}{13}$、$\cos\theta=\dfrac{12}{13}$、$\tan\theta=\dfrac{5}{12}$。

例 2　已知θ為一銳角且 $\sin\theta=\dfrac{3}{5}$，試求 $\cos\theta$。

解：　考慮右圖直角三角形，則θ的鄰邊長為

$\sqrt{5^2-3^2}=4$，

所以 $\cos\theta=\dfrac{4}{5}$。

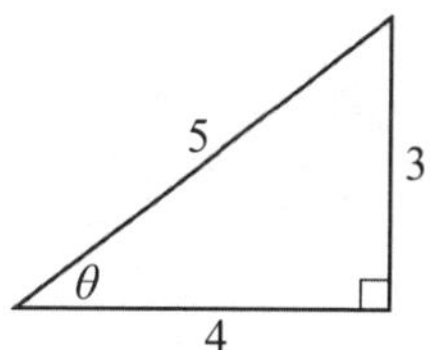

1.倒數關係

根據三角函數的定義可得：

$$\sin\theta=\frac{y}{r}=\frac{1}{\csc\theta}、\cos\theta=\frac{x}{r}=\frac{1}{\sec\theta}、\tan\theta=\frac{y}{x}=\frac{1}{\cot\theta}$$

我們將上述稱為倒數關係。

2. 餘角關係

觀察圖 17.1，可知直角三角形的兩銳角為θ與 $90°-\theta$。根據三角函數的定義可得：

$$\sin\theta=\frac{y}{r}=\cos(90°-\theta)、\cos\theta=\frac{x}{r}=\sin(90°-\theta)$$

我們將上述的關係稱為餘角關係。

3. 平方關係

如圖 17.1，以θ為一內角的直角三角形，根據畢氏定理可得 $x^2+y^2=r^2$。

因此

$$1=\frac{r^2}{r^2}=\frac{x^2+y^2}{r^2}=(\frac{y}{r})^2+(\frac{x}{r})^2=(\sin\theta)^2+(\cos\theta)^2=\sin^2\theta+\cos^2\theta$$

通常我們將$(\sin\theta)^2$記為 $\sin^2\theta$，以此類推。我們將下列的恆等式

$$\sin^2\theta+\cos^2\theta=1$$

稱為平方關係。

例 3 試求 $\sin^2 25°+\sin^2 65°$的值。

解： 根據餘角關係與平方關係，我們可得

$$\sin^2 25°+\sin^2 65°=\sin^2 25°+\cos^2 25°=1$$

例 4 設 θ 是一個銳角，已知 $\sin\theta-\cos\theta=\frac{1}{5}$，試求 $\cos\theta$。

解： 由已知可得 $\sin\theta=\cos\theta+\frac{1}{5}$，又由平方關係

$\sin^2\theta+\cos^2\theta=1$，我們可得 $(\cos\theta+\frac{1}{5})^2+\cos^2\theta=1$。

經由計算可得 $25\cos^2\theta+5\cos\theta-12=0$，亦即

$(5\cos\theta-3)(5\cos\theta+4)=0$。因此

$\cos\theta=\frac{3}{5}$ 或 $\cos\theta=-\frac{4}{5}$（不合），故 $\cos\theta=\frac{3}{5}$

4. 商數關係

考慮圖 17.1 的直角三角形，我們將下列式子稱為商數關係

$$\tan\theta=\frac{y}{x}=\frac{y/r}{x/r}=\frac{\sin\theta}{\cos\theta}$$

亦即

$$\tan\theta=\frac{\sin\theta}{\cos\theta}$$

同理

$$\cot\theta=\frac{\cos\theta}{\sin\theta}$$

17.2 廣義角與極坐標

17.2.1 廣義角

在直角坐標上，以 x 軸正向為基準，繞著原點 O 轉動某一角度，則我們稱 x 軸正向為此角的始邊，停止的一邊稱為終邊。若是逆時針

旋轉，我們將此角規定為正角；反之，若是順時針旋轉，則規定此角為負角，上述的正角與負角，我們統稱廣義角。假如終邊在第一象限，則稱此角為第一象限角，其它二、三、四象限亦同。若終邊在坐標軸上，則稱為象限角。

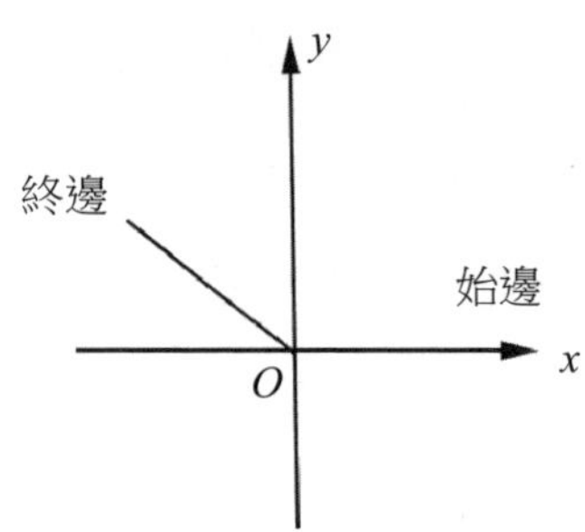

我們留意到 30°與 390°（390° = 30° + 360°）的終邊相同，這種終邊相同的廣義角，我們稱為同界角。事實上型如 θ 與 $\theta + 360° \times n$（$n \in \mathbb{Z}$）互為同界角。

例 5　下列何者與 70°為同界角？

(1)110°　(2)790°　(3)−290°

解： (1)110° − 70° = 40°不是同界角。

(2)790° − 70° = 720° = 360° × 2 是同界角。

(3)70° − (−290°) = 360°是同界角。

如下圖，設 $\angle AOP = \theta$ 為一銳角且 $A(r, 0)$、$P(x, y)$，其中 $r > 0$ 且 $x^2 + y^2 = r^2$，則 $\sin\theta = \dfrac{y}{r}$、$\cos\theta = \dfrac{x}{r}$、$\tan\theta = \dfrac{y}{x}$。

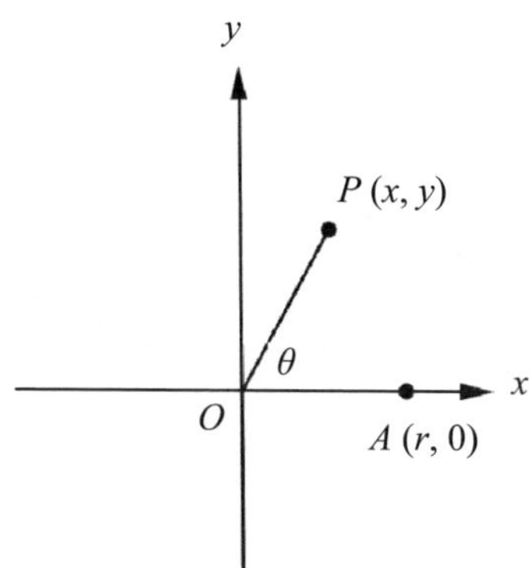

若θ是任意廣義角，則我們同樣定義廣義角的三角函數如下：

$$\sin\theta=\frac{y}{r}\text{、}\cos\theta=\frac{x}{r}\text{、}\tan\theta=\frac{y}{x}\text{，}$$

且平方關係依舊成立，因為

$$\sin^2\theta+\cos^2\theta=(\frac{y}{r})^2+(\frac{x}{r})^2=\frac{x^2+y^2}{r^2}=1\text{。}$$

例 6　設$P(-3,4)$為廣義角θ終邊上一點，試求$\sin\theta$、$\cos\theta$、$\tan\theta$。

解： 令$(x,y)=(-3,4)$，$r=\overline{OP}=\sqrt{(-3)^2+4^2}=5$。故

$$\sin\theta=\frac{y}{r}=\frac{4}{5}\text{、}\cos\theta=\frac{x}{r}=\frac{-3}{5}=-\frac{3}{5}\text{、}$$

$$\tan\theta=\frac{y}{x}=\frac{4}{-3}=-\frac{4}{3}\text{。}$$

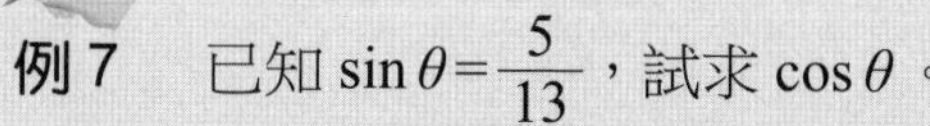

例 7　已知$\sin\theta=\frac{5}{13}$，試求$\cos\theta$。

解： 由平方關係，可得$(\frac{5}{13})^2+\cos^2\theta=1$，因此$\cos\theta=\pm\frac{12}{13}$。

17.2.2 極座標

若$P(x, y)$為廣義角θ的終邊上一點，則根據廣義角三角函數的定義可知

$$\begin{cases} x = r\cos\theta \\ y = r\sin\theta \end{cases}$$

其中$r^2 = x^2 + y^2$。因此我們亦可透過r、θ來表達P點的位置；而(r, θ)稱為P點的極坐標，以$P[r, \theta]$表示之。

例 8　已知P、Q、R的極坐標如下，試求各點的直角坐標。

(1)$P[2, 30°]$　(2)$Q[2, 315°]$　(3)$R[6, 0°]$

解： (1)$(2\cos 30°, 2\sin 30°) = (\sqrt{3}, 1)$

(2)$(2\cos 315°, 2\sin 315°) = (\sqrt{2}, -\sqrt{2})$

(3)$(6\cos 0°, 6\sin 0°) = (6, 0)$

例 9　已知P、Q、R的直角坐標如下，試求各點的極坐標。

(1)$P(\sqrt{3}, 1)$　(2)$Q(\sqrt{2}, -\sqrt{2})$　(3)$R(6, 0)$

解： (1)因為$r = \sqrt{x^2 + y^2} = 2$，所以

$$\begin{cases} \cos\theta = \dfrac{\sqrt{3}}{2} \\ \sin\theta = \dfrac{1}{2} \end{cases}。$$

因此$\theta = 30°$，故極坐標為$[2, 30°]$。

(2)因為$r=\sqrt{x+y}=2$，所以

$$\begin{cases}\cos\theta=\dfrac{\sqrt{2}}{2}\\ \sin\theta=-\dfrac{\sqrt{2}}{2}\end{cases}。$$

因此$\theta=315°$，故極坐標為[2, 315°]。

(3)因為$R(6,\ 0)$在x軸正向上，所以$\theta=0°$；又$r=6$，故極坐標[6, 0°]。

17.3 正弦定理與餘弦定理

我們將在本節介紹邊與角之間的一些定量關係，主要內容為正弦定理和餘弦定理。首先我們先利用三角函數來表達三角形面積。

1. 面積公式

設△為△ABC的面積且$\overline{BC}=a$、$\overline{AC}=b$、$\overline{AB}=c$，則

$$\triangle=\frac{1}{2}ab\sin C=\frac{1}{2}bc\sin A=\frac{1}{2}ca\sin B$$

說明：

我們以下圖為例並證明$\triangle=\frac{1}{2}ab\sin C$。如圖，以$\overline{BC}$為底，其高為$b\sin C$，故$\triangle=\frac{1}{2}\cdot a\cdot b\sin C=\frac{1}{2}ab\sin C$。

因此△可用邊a、b及其夾角計算之，同理可得

$\triangle=\frac{1}{2}ab\sin C=\frac{1}{2}bc\sin A=\frac{1}{2}ca\sin B$。

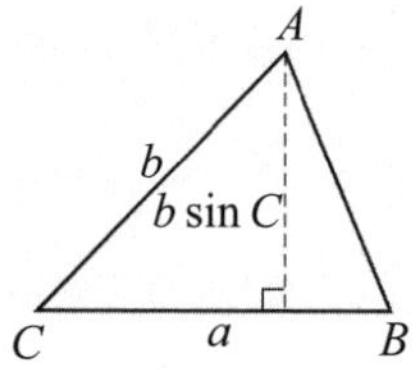

例 10 在△ABC中，已知$\overline{AB}=8$、$\overline{AC}=6$、$\sin A=\dfrac{1}{2}$，試求△ABC的面積。

解： 依據面積公式，可得

$$\triangle=\frac{1}{2}bc\sin A=\frac{1}{2}\cdot 6\cdot 8\cdot \frac{1}{2}=12。$$

2. 正弦定理

在任意△ABC中，設$\overline{BC}=a$、$\overline{AC}=b$、$\overline{AB}=c$，則

$$\frac{a}{\sin A}=\frac{b}{\sin B}=\frac{c}{\sin C}=2R，$$

其中R為△ABC的外接圓半徑。

說明：

不失一般性，我們假設$\angle A$是銳角（如下圖）。先作△ABC外接圓的直徑$\overline{BA'}$及弦$\overline{A'C}$，則$\overline{A'C}\perp\overline{BC}$且$\angle A'=\angle A$。

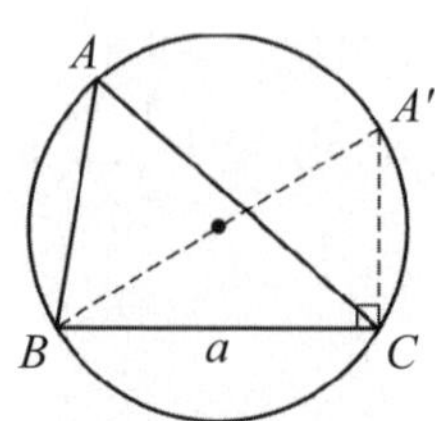

故根據正弦函數的定義，可得$\dfrac{a}{\sin A}=\dfrac{a}{\sin A'}=\dfrac{a}{\dfrac{a}{2R}}=2R$。

同理可知$\dfrac{b}{\sin B}=2R$及$\dfrac{c}{\sin C}=2R$。

例 11　在$\triangle ABC$中，已知$\angle A=45°$、$\angle B=30°$、$\overline{BC}=2\sqrt{2}$，試求$\overline{AC}$的長。

解：　由正弦定理可得

$\dfrac{2\sqrt{2}}{\sin 45°}=\dfrac{\overline{AC}}{\sin 30°}$，亦即$\dfrac{2\sqrt{2}}{\dfrac{1}{\sqrt{2}}}=\dfrac{\overline{AC}}{\dfrac{1}{2}}$，故$\overline{AC}=2$。

例 12　若$\triangle ABC$外接圓半徑為 5，且$\angle A=60°$，試求$\overline{BC}$邊長。

解：　由正弦定理可知$10=2R=\dfrac{a}{\sin A}=\dfrac{\overline{BC}}{\dfrac{\sqrt{3}}{2}}$，所以$\overline{BC}=5\sqrt{3}$。

3. 餘弦定理

在任意$\triangle ABC$中，設$\overline{BC}=a$、$\overline{AC}=b$、$\overline{AB}=c$，則

$$a^2=b^2+c^2-2bc\cos A$$

$$b^2=a^2+c^2-2ac\cos B$$

$$c^2=a^2+b^2-2ab\cos C$$

說明：

我們以$\angle A$是銳角為例，來說明此定理。

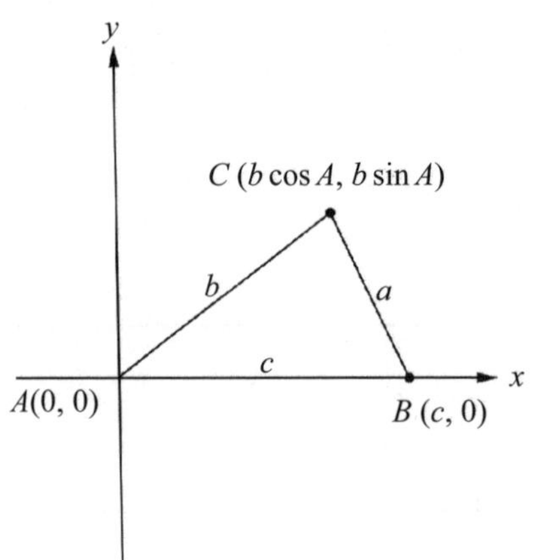

如圖可知

$a^2=\overline{BC}^2$

$=(c-b\cos A)^2+(0-b\sin A)^2$

$=c^2-2bc\cos A+b^2\cos^2 A+b^2\sin^2 A$

$=b^2+c^2-2bc\cos A$。

同理可得另兩式。

例 13 在$\triangle ABC$中，已知$\overline{AB}=3$、$\overline{AC}=4$ 且$\angle A=60°$，試求$\overline{BC}$的長。

解： 由餘弦定理可得

$\overline{BC}^2=a^2=b^2+c^2-2bc\cos A=4^2+3^2-2\cdot 4\cdot 3\cdot \cos 60°$

$=16+9-12=13$，

故$\overline{BC}=\sqrt{13}$。

例 14　在$\triangle ABC$中，已知$\overline{AB}=3$、$\overline{AC}=4$且$\overline{BC}=\sqrt{13}$，試求$\angle A$。

解： 根據餘弦定理可知，$\cos A=\dfrac{b^2+c^2-a^2}{2bc}=\dfrac{4^2+3^2-(\sqrt{13})^2}{2\cdot 4\cdot 3}=\dfrac{1}{2}$，

故$\angle A=60^\circ$。

4. 海龍公式

設$\triangle ABC$的三邊長為a、b、c，則其面積為

$\triangle=\sqrt{s(s-a)(s-b)(s-c)}$　其中$s=\dfrac{1}{2}(a+b+c)$。

證明：

在$\triangle ABC$中，若$\overline{BC}=a$、$\overline{CA}=b$、$\overline{AB}=c$，則

$$
\begin{aligned}
\triangle &=\frac{1}{2}bc\sin A\\
&=\frac{1}{2}bc\sqrt{1-\cos^2 A}\\
&=\frac{1}{2}bc\sqrt{1-\left(\frac{b^2+c^2-a^2}{2bc}\right)^2}\\
&=\frac{1}{4}\sqrt{(2bc)^2-(b^2+c^2-a^2)^2}\\
&=\frac{1}{4}\sqrt{(a+b+c)(b+c-a)(a+c-b)(a+b-c)}\\
&=\sqrt{s(s-a)(s-b)(s-c)}\text{。}
\end{aligned}
$$

例 15　在$\triangle ABC$中，已知$\overline{AB}=5$、$\overline{BC}=6$、$\overline{CA}=7$，試求$\triangle ABC$的面積。

解： 設$s=\frac{1}{2}(5+6+7)=9$，則三角形面積為

$\triangle=\sqrt{9(9-5)(9-6)(9-7)}=6\sqrt{6}$。

17.4 和角、倍角與半角公式

本節將介紹如何利用已知兩個角度α與β來求其差$(\alpha-\beta)$與和$(\alpha+\beta)$的三角函數值。

1. 和角公式

$$\sin(\alpha+\beta)=\sin\alpha\cos\beta+\cos\alpha\sin\beta$$

$$\sin(\alpha-\beta)=\sin\alpha\cos\beta-\cos\alpha\sin\beta$$

$$\cos(\alpha+\beta)=\cos\alpha\cos\beta-\sin\alpha\sin\beta$$

$$\cos(\alpha-\beta)=\cos\alpha\cos\beta+\sin\alpha\sin\beta$$

$$\tan(\alpha+\beta)=\frac{\tan\alpha+\tan\beta}{1-\tan\alpha\tan\beta}$$

$$\tan(\alpha-\beta)=\frac{\tan\alpha-\tan\beta}{1+\tan\alpha\tan\beta}$$

說明：

右圖為單位圓（半徑為 1 的圓），不失一般性，我們可假設$\alpha>\beta$且令$\theta=\alpha-\beta<180°$。

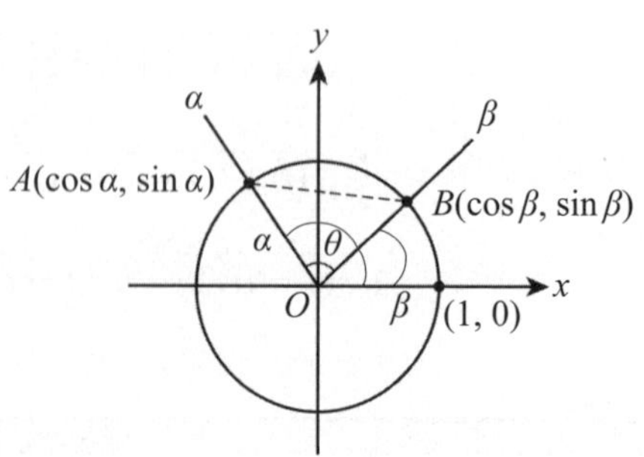

首先在$\triangle AOB$中考慮餘弦定理可得：

$\overline{AB}^2=\overline{OA}^2+\overline{OB}^2-2\overline{OA}\cdot\overline{OB}\cdot\cos\theta$，

化簡可得

$(\cos\alpha-\cos\beta)^2+(\sin\alpha-\sin\beta)^2=1^2+1^2-2\cdot1\cdot1\cdot\cos\theta$，

亦即

$\cos^2\alpha-2\cos\alpha\cos\beta+\cos^2\beta+\sin^2\alpha-2\sin\alpha\sin\beta+\sin^2\beta=2-2\cos\theta$，

故 $2-2(\cos\alpha\cos\beta+\sin\alpha\sin\beta)=2-2\cos\theta$，

所以 $\cos\theta=\cos\alpha\cos\beta+\sin\alpha\sin\beta$。

因此 $\cos(\alpha-\beta)=\cos\alpha\cos\beta+\sin\alpha\sin\beta$。

透過三角函數的關係式，我們可得其它的和角公式。

例 16 試利用 60°與 45°，求 cos 15°。

解： $\cos 15°=\cos(60°-45°)=\cos 60°\cos 45°+\sin 60°\sin 45°$

$$=\frac{1}{2}\cdot\frac{\sqrt{2}}{2}+\frac{\sqrt{3}}{2}\cdot\frac{\sqrt{2}}{2}=\frac{\sqrt{2}+\sqrt{6}}{4}。$$

例 17 利用和角公式求 sin 15°及 cos 105°。

解： $\sin 15°=\sin(45°-30°)=\sin 45°\cos 30°-\cos 45°\sin 30°$

$$=\frac{\sqrt{2}}{2}\cdot\frac{\sqrt{3}}{2}-\frac{\sqrt{2}}{2}\cdot\frac{1}{2}=\frac{\sqrt{6}-\sqrt{2}}{4}；$$

$\cos 105°=\cos(60°+45°)=\cos 60°\cos 45°-\sin 60°\sin 45°$

$$=\frac{1}{2}\cdot\frac{\sqrt{2}}{2}-\frac{\sqrt{3}}{2}\cdot\frac{\sqrt{2}}{2}=\frac{\sqrt{2}-\sqrt{6}}{4}。$$

例 18 試求 cos 91° cos 46° + sin 91° sin 46°。

解： $\cos 91°\cos 46°+\sin 91°\sin 46°=\cos(91°-46°)=\cos 45°$

$= \dfrac{\sqrt{2}}{2}$。

例 19 設 $90° < \alpha < 180°$、$270° < \beta < 360°$，已知 $\sin\alpha = \dfrac{4}{5}$、$\cos\beta = \dfrac{5}{13}$，試求 $\cos(\alpha - \beta)$。

解： 由上述條件可得 $\cos\alpha = -\dfrac{3}{5}$、$\sin\beta = -\dfrac{12}{13}$，因此

$$\cos(\alpha - \beta) = \cos\alpha\cos\beta + \sin\alpha\sin\beta = -\frac{3}{5}\cdot\frac{5}{13} + \frac{4}{5}\cdot\left(-\frac{12}{13}\right)$$

$$= -\frac{63}{65}\text{。}$$

例 20 試求 $\dfrac{\tan 10° + \tan 50°}{1 - \tan 10° \tan 50°}$ 之值。

解： $\dfrac{\tan 10° + \tan 50°}{1 - \tan 10° \tan 50°} = \tan(10° + 50°) = \tan 60° = \sqrt{3}$。

接下來我們將考慮和角公式的特殊情形，即當 $\alpha = \beta$ 時，和角公式將變成二倍角公式。

2. 倍角公式

$\sin 2\theta = 2\sin\theta\cos\theta$

$\cos 2\theta = \cos^2\theta - \sin^2\theta = 1 - 2\sin^2\theta = 2\cos^2\theta - 1$

$\tan 2\theta = \dfrac{2\tan\theta}{1 - \tan^2\theta}$

由 $\tan 2\theta$ 畫圖，

可得

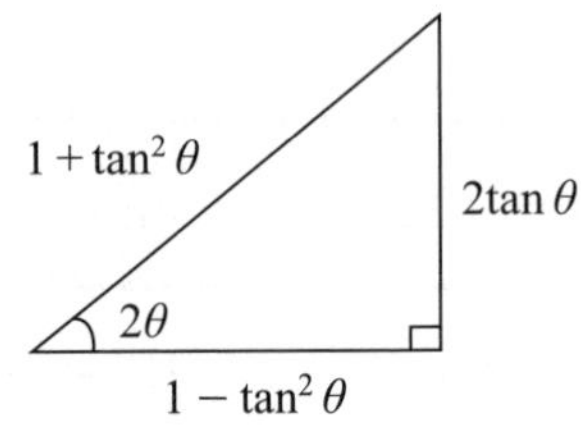

$$\sin 2\theta=\frac{2\tan\theta}{1+\tan^2\theta}、\cos 2\theta=\frac{1-\tan^2\theta}{1+\tan^2\theta}$$

說明：

為了說明，我們先假設 $\alpha=\beta=\theta$。因此

$\sin 2\theta=\sin(\theta+\theta)=\sin\theta\cos\theta+\cos\theta\sin\theta=2\sin\theta\cos\theta$、

$\cos 2\theta=\cos(\theta+\theta)=\cos\theta\cos\theta-\sin\theta\sin\theta=\cos^2\theta-\cos^2\theta$

與 $\tan 2\theta=\tan(\theta+\theta)=\dfrac{\tan\theta+\tan\theta}{1-\tan\theta\tan\theta}=\dfrac{2\tan\theta}{1-\tan^2\theta}$。

我們將上述三個公式稱為倍角公式。又因為

$$\cos^2\theta-\sin^2\theta=(1-\sin^2\theta)-\sin^2\theta=1-2\sin^2\theta、$$

$$\cos^2\theta-\sin^2\theta=\cos^2\theta-(1-\cos^2\theta)=2\cos^2\theta-1，$$

所以餘弦的倍角公式可以三種形式出現。

例 21　設 $\sin\theta=\dfrac{3}{5}$，試求 $\sin 2\theta$、$\cos 2\theta$及 $\tan 2\theta$。

解： 因為 $\sin\theta=\dfrac{3}{5}$，所以 $\cos\theta=\pm\sqrt{1-\sin^2\theta}=\pm\dfrac{4}{5}$。

因此 $\sin 2\theta=2\sin\theta\cos\theta=2\cdot\dfrac{3}{5}\cdot(\pm\dfrac{4}{5})=\pm\dfrac{24}{25}$；

$\cos 2\theta=1-2\sin^2\theta=1-2(\dfrac{3}{5})^2=\dfrac{7}{25}$；

$$\tan 2\theta=\frac{\sin 2\theta}{\cos 2\theta}=\frac{\pm\frac{24}{25}}{\frac{7}{25}}=\pm\frac{24}{7}。$$

例 22　設 $\sin\theta+\cos\theta=\dfrac{7}{5}$，試求 $\sin 2\theta$。

解： 將兩邊平方，可得

$$(\sin\theta+\cos\theta)^2=\sin^2\theta+2\sin\theta\cos\theta+\cos^2\theta=1+2\sin\theta\cos\theta$$
$$=\frac{49}{25}$$

因此，$\frac{24}{25}=2\sin\theta\cos\theta=\sin 2\theta$。

例 23 試證三倍角公式：$\cos 3\theta=4\cos^3\theta-3\cos\theta$。

證： 根據和角公式可得

$$\begin{aligned}\cos 3\theta&=\cos(2\theta+\theta)\\&=\cos 2\theta\cos\theta-\sin 2\theta\sin\theta\\&=(2\cos^2\theta-1)\cos\theta-2(1-\cos^2\theta)\cos\theta\\&=4\cos^3\theta-3\cos\theta\end{aligned}$$

以下我們將由倍角公式導出半角公式。

3. 半角公式

$$\sin\frac{\theta}{2}=\pm\sqrt{\frac{1-\cos\theta}{2}}$$

$$\cos\frac{\theta}{2}=\pm\sqrt{\frac{1+\cos\theta}{2}}$$

$$\tan\frac{\theta}{2}=\pm\sqrt{\frac{1-\cos\theta}{1+\cos\theta}}=\pm\frac{\sin\theta}{1+\cos\theta}=\pm\frac{1-\cos\theta}{\sin\theta}$$

說明：

因為 $\cos\theta=\cos 2(\frac{\theta}{2})=1-2\sin^2\frac{\theta}{2}$，所以 $\sin^2\frac{\theta}{2}=\frac{1-\cos\theta}{2}$。

故 $\sin\frac{\theta}{2}=\pm\sqrt{\frac{1-\cos\theta}{2}}$。同理 $\cos\theta=\cos 2(\frac{\theta}{2})=2\cos^2\frac{\theta}{2}-1$，

亦即　$\cos^2\frac{\theta}{2}=\frac{1+\cos\theta}{2}$。故 $\cos\frac{\theta}{2}=\pm\sqrt{\frac{1+\cos\theta}{2}}$。

根據商數關係可得

$$\tan\frac{\theta}{2}=\frac{\sin\frac{\theta}{2}}{\cos\frac{\theta}{2}}=\pm\frac{\sqrt{\frac{1-\cos\theta}{2}}}{\sqrt{\frac{1+\cos\theta}{2}}}=\pm\sqrt{\frac{1-\cos\theta}{1+\cos\theta}}。$$

經過有理化可得 $\tan\frac{\theta}{2}=\pm\frac{\sin\theta}{1+\cos\theta}=\pm\frac{1-\cos\theta}{\sin\theta}$

例 24　試求 $\cos 22.5°$。

解： 利用半角公式可得

$$\cos 22.5°=\sqrt{\frac{1+\cos 45°}{2}}=\sqrt{\frac{1+\frac{\sqrt{2}}{2}}{2}}=\frac{\sqrt{2+\sqrt{2}}}{2}。$$

上述式子，因為 $\cos 22.5°>0$，所以只取正號。

例 25　設 θ 是第三象限角且 $\sin\theta=-\frac{3}{5}$，求 $\sin\frac{\theta}{2}$、$\cos\frac{\theta}{2}$ 及 $\tan\frac{\theta}{2}$。

解： 由平方關係可知 $\cos\theta=\pm\sqrt{1-\sin^2\theta}=\pm\sqrt{1-(-\frac{3}{5})^2}=\pm\frac{4}{5}$

（正不合）。

因為 $90°<\frac{\theta}{2}<135°$，因此 $\sin\frac{\theta}{2}$、$\cos\frac{\theta}{2}$ 分別取正數與負數。

所以

$$\sin\frac{\theta}{2}=\sqrt{\frac{1-(-\frac{4}{5})}{2}}=\frac{3}{\sqrt{10}}=\frac{3\sqrt{10}}{10}；$$

$$\cos\frac{\theta}{2}=-\sqrt{\frac{1+(-\frac{4}{5})}{2}}=-\frac{1}{\sqrt{10}}=-\frac{\sqrt{10}}{10}\text{；}$$

$$\tan\frac{\theta}{2}=\frac{\sin\frac{\theta}{2}}{\cos\frac{\theta}{2}}=\frac{\frac{3\sqrt{10}}{10}}{-\frac{1}{\sqrt{10}}}=-3\text{。}$$

17.5　三角測量

本節將介紹如何利用三角函數的關係式來解決測量上的問題。我們以實際的例子來說明其應用。

例 26　PSY 測得山頂的仰角為 30°。當 PSY 向山腳前進 100 公尺後，再測得山頂的仰角為 60°，試求山高。

解： 設山高為 $\overline{BD}$ 且 $\overline{AC}=100$ 公尺。因為 $\angle BCD$ 為 $\triangle ABC$ 的外角，所以 $\angle ABC=30°$；因此 $\triangle ABC$ 為等腰三角形，故 $\overline{BC}=100$ 公尺。在直角 $\triangle BCD$ 中，$\frac{\sqrt{3}}{2}=\sin 60°=\frac{\overline{BD}}{\overline{BC}}=\frac{\overline{BD}}{100}$；所以山高 $\overline{BD}=50\sqrt{3}$ 公尺。

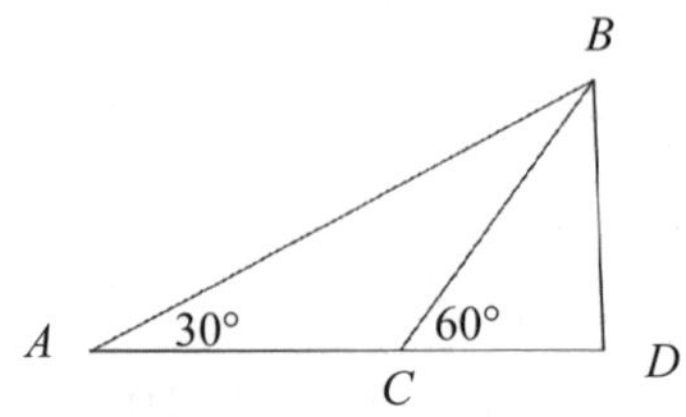

例 27 如圖，已知 A、B 兩點之間有湖泊。若 $\overline{AC}=80$ 公尺、$\overline{BC}=60$ 公尺且 $\angle C=60°$，試求 A、B 兩點間的距離。

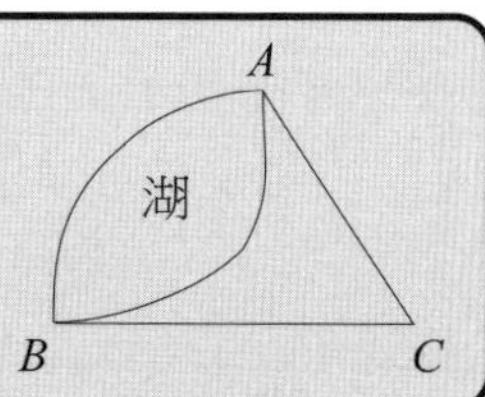

解： 由餘弦定理可得

$\overline{AB}^2=80^2+60^2-2\cdot 80\cdot 60\cdot \cos 60°=5200$；因此

$\overline{AB}=\sqrt{5200}=20\sqrt{13}$。即 A、B 兩點間的距離為 $20\sqrt{13}$ 公尺。

習題

1. 若 $A(8,-6)$ 為廣義角 θ 終邊上一點，試求 $\sin\theta$ 之值。
2. 試求 $\tan^2 60°+\sin 270°+\sec^2 30°$ 的值。
3. 若 $\tan\theta$、$\cot\theta$ 為 $x^2-2x+k=0$ 的兩根，試求 $\sin\theta\cos\theta$ 之值。
4. 設 $90°<\theta<180°$ 且 $\sin\theta=\frac{3}{5}$，試求 $\sin 2\theta$ 之值。
5. 已知 α、β 分別是第一與第二象限角。若 $\sin\alpha=\frac{5}{13}$ 且 $\cos\beta=\frac{-3}{5}$，試求 $\sin(\alpha+\beta)$ 的值。
6. 設 $\cos 10°=k$，試以 k 表達 $\sin 200°$ 之值。
7. 若 $\sin 2\theta=\frac{1}{3}$，試求 $(\sin\theta+\cos\theta)^2$ 之值。
8. $\triangle ABC$ 中，已知 $\angle A=40°$、$\angle B=110°$、$\overline{AB}=10$，試求 $\triangle ABC$ 的外接圓直徑。
9. 已知 $\triangle ABC$ 的三邊長為 4、6、8，試求內切圓半徑。
10. 已知點 P 的直角坐標為 $(1,-\sqrt{3})$，試求其極坐標。

國家圖書館出版品預行編目資料

普通數學／易正明等作. --二版. --臺北市：五南圖書出版股份有限公司，2020.10
面；公分.
ISBN 978-986-522-285-7（平裝）

1. 數學

310 109014187

5BG8

普通數學

主 編 者— 林原宏(115.8) 謝闓如
作　　者— 易正明 林炎全 林原宏 張其棟 陳中川 陳彥廷 陳鉝逸 黃一泓 楊晉民 廖寶貴 劉 好 鄭博文 謝闓如
企劃主編— 王正華
責任編輯— 金明芬
封面設計— 姚孝慈
出 版 者— 五南圖書出版股份有限公司
發 行 人— 楊榮川
總 經 理— 楊士清
總 編 輯— 楊秀麗
地　　址：106台北市大安區和平東路二段339號4樓
電　　話：(02)2705-5066　傳　　真：(02)2706-6100
網　　址：https://www.wunan.com.tw
電子郵件：wunan@wunan.com.tw
劃撥帳號：01068953
戶　　名：五南圖書出版股份有限公司
法律顧問 林勝安律師
出版日期 2014年 9 月初版一刷（共五刷）
2020年10月二版一刷
2024年 9 月二版四刷
定　　價 新臺幣540元

經典永恆·名著常在

五十週年的獻禮——經典名著文庫

五南，五十年了，半個世紀，人生旅程的一大半，走過來了。
思索著，邁向百年的未來歷程，能為知識界、文化學術界作些什麼？
在速食文化的生態下，有什麼值得讓人雋永品味的？

歷代經典・當今名著，經過時間的洗禮，千錘百鍊，流傳至今，光芒耀人；
不僅使我們能領悟前人的智慧，同時也增深加廣我們思考的深度與視野。
我們決心投入巨資，有計畫的系統梳選，成立「經典名著文庫」，
希望收入古今中外思想性的、充滿睿智與獨見的經典、名著。
這是一項理想性的、永續性的巨大出版工程。
不在意讀者的眾寡，只考慮它的學術價值，力求完整展現先哲思想的軌跡；
為知識界開啟一片智慧之窗，營造一座百花綻放的世界文明公園，
任君遨遊、取菁吸蜜、嘉惠學子！